DAG OLAV HESSEN

DIE WELT AUF DER KIPPE

1. Auflage

Originaltitel: *Verden på vippepunktet*,
Res Publica, 2020

Übersetzung: Karoline Hippe und Günther Frauenlob
Lektorat: Margit Ritzka
Korrektorat: Verena Simon/torat.ch
Titelbild, Gestaltung und Satz: Anneka Beatty
Druck: Beltz Grafische Betriebe

ISBN 978-3-905574-18-0

Kommode Verlag GmbH, Zürich
www.kommode-verlag.ch

Diese Übersetzung wurde mit der finanziellen
Unterstützung von NORLA veröffentlicht.

NORLA
Norwegian
Literature Abroad

DAG OLAV HESSEN

DIE WELT AUF DER KIPPE

Aus dem Norwegischen von
Karoline Hippe und Günther Frauenlob

Kommode
Verlag

DIE WELT AUF DER KIPPE
– Wie schlimm kann es noch werden?

Dag Olav Hessen

INHALT

VORWORT 11

1 WIE MAN IN DEN WALD HINEINRUFT
– Der Aufschrei 17
– Was uns die Forschung zeigt 21
– Runter vom Elfenbeinturm 27
– Erkenntnisse für die heutige Zeit 33
– Nachhaltige Verschmutzung? 39

2 ÜBER DIE VERHÄLTNISSE
– Malthus und seine Jünger 50
– Sinn und Verstand 60
– Hinein in das Anthropozän 71

3 DER VERLUST DER NATUR
– Kanarienvögel 81
– Eine Million Arten 86
– Wenn Insekten sterben wie die Fliegen 88
– Alleine auf einem Zweig 94
– Kollaps und Katastrophen 98
– Fünf Massenaussterben – und noch ein sechstes? 103
– Der Wert eines Vielfraßes 113
– Eine halbe Kugel? 119
– Die kostenlosen Dienste der Natur 124
– Kipppunkte I 129

4 KLIMA
– Sicherheit und Unsicherheit 135
– Alte Wahrheiten 138
– Die Keeling-Kurve 141
– Der Kohlenstoffkreislauf 150
– Von 0,5 bis 3 Grad 153

– Schneebälle in der Hölle 156
– Das Dach 158
– Wie schlimm kann es kommen? 163
– Die apokalyptischen Reiter 168
– Kipppunkte II 174

ZAUBERER UND PROPHETEN
– Ökonomie versus Ökologie 183
– Der Traum von der Entkopplung 187
– Der Segen der Erde 198
– Sauberes Wasser 203
– Gorillas und Handys 206
– Die Grenzen des Wachstums 207
– Der Elefant im Raum 214
– Quick Fixes? 218
– Kipppunkte III 220
– Das Land des Glücks 238
– Vorbild Sein ist alles 246
– Dreieinigkeit 250

AUS DER EWIGKEITSPERSPEKTIVE 258

NACHTRAG: CORONA ALS KIPPPUNKT 264
– Corona, Klima und Krisen 267
– Post-Corona 270
– CO_2 in der Badewanne 272
– Die Rache der Natur? 278
– Gemeinsinn und Systeme 281

QUELLEN 284

VORWORT

Artensterben, brennende Wälder, steigende Meeresspiegel, Stürme und Hitzewellen. Es gibt Anlass zur Befürchtung, dass die Menschheit bald aussterben könnte, während viele Bewohner:innen des privilegierten Nordens zu glauben scheinen, dass sich alles von selbst einrenken wird und wir nur wenig dagegen unternehmen können. Wir haben es mit bedrohlichen und komplexen Problemen und vielen widersprüchlichen Informationen zu tun. Was ist wahr, was falsch, was ungewiss, und wie hängt alles zusammen? Was wissen wir? Und was glauben wir nur?

Wir stehen vor zwei großen Herausforderungen: Es gibt immer weniger Natur und immer mehr Treibhausgase. Beide Entwicklungen hängen mit dem rasanten Wachstum einer Bevölkerung zusammen, in der sowohl von Einzelpersonen als auch gesamtgesellschaftlich immer mehr Ressourcen verbraucht werden. Im Folgenden werde ich versuchen, diese Probleme einzeln darzustellen, bevor ich sie unter der großen Fragestellung nach den Zielen und der Zukunft unseres Planeten als Ewigkeitsperspektive zusammenführe. Da die Fachliteratur zu diesem Thema unerschöpflich ist und ich mir kaum vorstellen kann, dass die Mehrheit sowohl die IPCC[1]-Berichte als auch die IPBES[2]-Berichte gelesen hat, folgt nun meine persönliche Zusammenfassung vorweg: Die Welt geht nicht unter, die Menschheit stirbt nicht aus, aber uns stehen schwere Zeiten bevor. Es gibt keine schnellen Lösungen, und wir können nicht warten, bis die Probleme sich von selbst in Luft auflösen. Tatsächlich reicht CO_2-freie Energie

---

1 Zwischenstaatlicher Sachverständigenrat für Klimaänderungen (Weltklimarat)

2 Zwischenstaatliche Plattform für Biodiversität und Ökosystem-Dienstleistungen (Weltbiodiversitätsrat)

allein nicht aus, denn unser Fußabdruck auf dem Planeten besteht aus so viel mehr als Kohlenstoffemissionen in der Atmosphäre.

An der Schwelle zum Anthropozän, einer geologischen Epoche, die nach der Menschheit selbst benannt ist, stehen wir vor etwas grundlegend Neuem in der Geschichte unseres Planeten, etwas, wofür wir evolutionär, psychologisch, sozial oder politisch nicht gerüstet sind – aber wir müssen uns bereit machen. Das Warum ist leicht zu beantworten. Darüber besteht weitgehend Einigkeit. Die Frage nach dem Wie ist schon schwieriger. Darauf gibt es unzählige und teils widersprüchliche Antworten.

Diese existenzielle Frage lässt alle anderen Streitpunkte zur Nebensache werden. Damit unsere Existenz einen Sinn hat, müssen wir in der Lage sein, uns einen Planeten vorzustellen, auf dem sowohl die Spezies Homo sapiens als auch die 5 bis 10 Millionen anderen Arten, mit denen wir die Erde teilen, sich entfalten können. Der Zeithorizont, der sich uns Menschen auftut, ist in diesem Fall subjektiv – einige Leute sind in erster Linie mit den irdischen Bedingungen zu ihren eigenen Lebzeiten beschäftigt; andere denken etwas weiter in die Zukunft, aber 1.000 Jahre erscheinen ihnen wie ein unendlicher Ozean der Zeit, und der Zustand des Planeten im Jahr 3023 ist beinahe irrelevant. Wieder andere denken vielleicht wie ich, dass Voraussetzungen für einen bewohnbaren Planeten in absehbarer Zeit geschaffen werden müssen.

Doch es gibt zwei weitere Herausforderungen ethischer Natur. Die erste ist wohlbekannt: das gewaltige Ungleichgewicht bei der Verteilung der Güter in der Welt, ein Ungleichgewicht, das sich zu vergrößern scheint, obwohl in den letzten Jahrzehnten Millionen von Menschen aus der Armut befreit werden konnten. Dieses Ungleichgewicht wird durch die Tatsache verschärft, dass die Auswirkungen des übermäßigen Konsums der reichen Welt und der Treibhausgasemissionen den Teil der Welt am härtesten treffen, der am wenigsten zu den Problemen beigetragen hat. Das zweite ethische Dilemma besteht darin, dass wir den Wert künftiger Generationen, sowohl von Menschen als auch von allen anderen Lebewesen, außer Acht lassen. Die Tatsache, dass wir derzeit Ressourcen verbrauchen, die die Kapazitäten des Planeten bei Weitem übersteigen, bedeutet, dass wir diejenigen berauben, die nach uns kommen.

Die Welt steht auf der Kippe. Das klingt dramatisch, aber manchmal braucht es harte Worte. Tatsächlich ist die Rede von einer ganzen Reihe möglicher Kipppunkte in Öko- und Klimasystemen, auf die wir zu gegebener Zeit gebührend zurückkommen werden. Jeder dieser möglichen Kipppunkte muss unbedingt vermieden werden, da sie sich im schlimmsten Fall gegenseitig bedingen und zu fatalen globalen Veränderungen führen können.

Allerdings stellen wir auch fest, dass das Bewusstsein für diese Risiken zunimmt. Im besten Fall führt dies zu soziokulturellen, politischen und wirtschaftlichen Wendepunkten, die im besten Interesse des Planeten liegen. Doch zunächst muss die gewaltige systemische Trägheit überwunden werden, wenn wir unsere Ziele erreichen wollen. Diese Trägheit ist in der westlichen Gesellschaft besonders offensichtlich: Nur wenige wollen auf vermeintlich altehrwürdige Privilegien verzichten. In aller Bescheidenheit ist das Ziel dieses Buches, uns einen kleinen Schubs in die richtige Richtung zu geben.

Dies ist vielleicht kein besonders optimistisches Buch, aber es ist auch kein Buch, das den Untergang prophezeit. Es verfolgt zwei Ziele, und ich bin mir darüber im Klaren, dass es schwierig ist, hier die Balance zu wahren. Einerseits muss in aller Deutlichkeit gesagt werden, dass die Lage ernst ist, aber gleichzeitig möchte ich betonen, dass wir nicht dem Untergang geweiht sind. Die Verwendung der Kippe als Metapher kann zu dem Eindruck führen, dass der Zug abgefahren ist. Das ist nicht der Fall, aber wir müssen tun, was in unserer Macht steht, um zu verhindern, dass sich die Situation weiter verschlechtert. Es gibt keine absoluten Grenzen, auch wenn wir sowohl mit 1,5- als auch mit 2-Grad-Zielen arbeiten. Das sind politische Ziele, aber auch wenn zwischen 1,5 und 2 Grad Temperaturanstieg ein gewaltiger Unterschied liegt, wie auch zwischen 2 und 2,5 Grad, ist jedes Zehntelgrad, um das wir den Temperaturanstieg verringern können, wichtig. Genauso wie jeder einzelne Quadratkilometer erhaltener Natur wichtig ist – auch in Bezug auf das Klima. Die Leser:innen mögen mir verzeihen, wenn ich diese und einige andere Kernaussagen des Textes immer mal wiederhole, aber es ist besser, diese Dinge einmal öfter zu sagen als einmal zu wenig.

Mein Dank gilt den Herausgeber:innen Gine Johansen und Gerd Johnsen und meinem Lektor Halvor Finess Tretvoll für ihre enthusiastische Unterstützung und das gründliche Lektorat, außerdem Bjørn H. Samset für die Durchsicht und den tollen Beitrag zum Klimakapitel. Obwohl es sich um ein Buch handelt, das auf den uns bekannten Fakten beruht, werden natürlich auch einige subjektive Einschätzungen vorgenommen. Ich betone daher, dass die Lektüre auf eigene Gefahr erfolgt.

Frühjahr 2023

Es ist viel passiert, seit dieses Buch im Jahr 2019 geschrieben wurde. 2019 war in vielerlei Hinsicht ein Jahr des Erwachens, zum einen wegen der zunehmend alarmierenden Berichte über das Abdriften unserer Welt auf eine schiefe Bahn, zum anderen auch, weil die Natur selbst in ihrer eigenen klaren Sprache zum Ausdruck gebracht hat, dass die Dinge aus dem Gleichgewicht geraten sind. Besonders ermutigt hat mich das enorme Interesse an der Veröffentlichung, das weit über die traditionelle grüne

Gemeinde hinausging. Ich habe aufgehört zu zählen, zu wie vielen Meetings und Vorträgen im Finanzsektor, in der Industrie, bei Politiker:innen, in Bildungseinrichtungen vom Kindergarten bis zur Universität, im privaten und öffentlichen Sektor, ich eingeladen worden bin. Alle machen sich Gedanken über Nachhaltigkeit, alle Bereiche wollen sich als Teil der Lösung und nicht als Teil des Problems definieren, und das mit ehrlichen Absichten. Die Zeit des machiavellistischen Greenwashings ist vorbei. Wir befinden uns auf dem richtigen Weg, aber uns läuft die Zeit davon und es ist schon zu spät, als dass sich noch alles zum Guten wenden kann. Im vergangenen Jahr habe ich an mehreren Konferenzen teilgenommen, die entweder »Besorgnis« oder »Hoffnung« als Thema hatten. Für beides gibt es gute Gründe, aber die Hoffnung erfüllt sich eben nicht von selbst; wir müssen dafür sorgen, dass sie sich erfüllt. Heute gibt es zwei große Lesarten für den aktuellen Stand der Dinge: Die (techno-)optimistische Lesart besagt, dass der grüne Wandel in vollem Gange ist, dass die Marktmechanismen uns helfen werden, uns schnell in Richtung einer nachhaltigen Gesellschaft zu bewegen, und dass kaum Opfer erforderlich sein werden. Die andere Lesart ist, dass die Kurven für den Erhalt unserer Natur noch immer fallen, während die Kurven für Treibhausgase und Temperatur stetig ansteigen; das wahrscheinlichste Szenario für das Jahr 2100, das bereits vor der Tür steht, ist demnach ein durchschnittlicher Temperaturanstieg von mindestens 2,5 Grad, selbst wenn die Verpflichtungen des Pariser Abkommens eingehalten werden. Die vergangenen 3 Jahre haben die Argumente beider Seiten untermauert, uns aber auch neue Berichte, neue Zahlen und neue Erkenntnisse beschert.

1 WIE MAN IN DEN WALD HINEINRUFT

Der Aufschrei

Am Freitag, den 30. August 2019 versammelten wir uns zu Tausenden vor dem norwegischen Parlament zum Klimaaufschrei. Herumzuschreien ist vielleicht nicht die feinste Art und Weise der Argumentation, aber viele von uns bringen seit mehreren Jahren nüchterne und wissensbasierte Argumente vor, ohne dass unsere Botschaft Gehör findet. Manchmal ist es daher verlockend, unsere zurückhaltende Sachlichkeit fallen zu lassen. Schreien ist ein wirksames Ventil für Emotionen. Es ist ein Ausdruck von Frustration und Angst.

Viele Menschen haben Angst vor dem, was die Zukunft bringt. Die Urwälder des Amazonas und Australien brennen, das Grönlandeis schmilzt, extreme Wetterlagen und Hitzewellen grassieren. Die Ozeane sind voller Plastik, während die Populationen von Insekten, Vögeln und Amphibien – ja, der meisten Tiere – drastisch zurückgehen. All dies kann einem wie die Vorzeichen der Apokalypse vorkommen. Folglich haben Erwachsene Angst um die Zukunft ihrer Kinder, während Kinder das Gefühl haben, dass sie ihrer Zukunft beraubt werden. Junge Menschen zweifeln, ob sie selbst Kinder haben sollten. In diesem Moment ist Greta Thunberg als eine neue und kompromisslose Prophetin für das Klima und den Planeten auf den Plan getreten. Begriffe wie Klimakrise und ökologischer Kollaps stehen auf der Tagesordnung – für viele. Wie berechtigt sind derartige Begriffe? Und wird die Welle des kollektiven Erwachens anhalten?

Es besteht inzwischen ein breiter politischer Konsens darüber, dass wir unter 1,5 oder 2 Grad globaler Temperaturerhöhung bleiben müssen, um gefährliche positive

Rückkopplungen in den Klimasystemen zu vermeiden. Allerdings ist das Zeitfenster zu klein. Schon bald werden diese Grenzen überschritten sein, und Expert:innen sind sich weitgehend einig, dass 1,5 Grad unrealistisch sind, dass es auch schwierig sein wird, 2 Grad einzuhalten. Aber 2 Grad sind immer noch unendlich viel besser als 2,5. Werden wir es schaffen, dies so zu kommunizieren, dass wir die notwendigen politischen, sozialen und technologischen Wendepunkte einleiten können?

Natürlich gibt es auch Menschen, die glauben, dass wir es in erster Linie mit einer Massenhysterie zu tun haben, dass wir einer Panikmache und Untergangsvisionen ausgesetzt sind und dass die Klimaaktivisten den Wohlfahrtsstaat für einen höchst ungewissen Umweltnutzen aufs Spiel setzen. Denn ist die Welt nicht dauernd in Änderung begriffen? Wurden Umweltpessimisten seit Thomas Robert Malthus nicht immer wieder eines Besseren belehrt?

Wie Hans Rosling in seinem Buch *Factfulness* (2018) darlegt, ist die Welt für die meisten von uns eindeutig ein besserer Ort geworden.[3] Wir leben heute länger und in besseren Verhältnissen als je zuvor. Wir sind gesünder, freier und haben ein weit weniger beschwerliches Leben als unsere Eltern, ganz zu schweigen von unseren Großeltern. In unserem Teil der Welt scheinen wir eine bequeme und nahezu risikofreie Existenz zu genießen. Wir haben ein Erfolgsrezept gefunden: Wirtschaftswachstum. Machen wir uns trotzdem Sorgen um die Umwelt, ist auch hier Wirtschaftswachstum die Lösung des Problems, heißt es oft. Wie sonst sollen wir uns die grüne Wende leisten können? Schließlich kommen Solarzellentechnologie und Windkraftanlagen nicht von irgendwoher …

Dieses Buch richtet sich auch an diejenigen unter uns, die wie auf Autopilot »mehr Wachstum« antworten,

---

3 Rosling (2019): Factfulness – Wie wir lernen, die Welt so zu sehen, wie sie wirklich ist. Ullstein Taschenbuch

wenn schwierige Fragen zur Zukunft unserer Erde im Raum stehen.

Das wachstumsoptimistische Argument, dass es uns immer besser geht, trifft vermutlich für große Teile der Weltbevölkerung zu. Es beruht jedoch auf einigen problematischen Annahmen wie z. B. der, dass der Mensch das Maß aller Dinge ist. Diese Annahme sollte unbedingt infrage gestellt werden. Wenn alle anderen Lebewesen auf dem Planeten, evtl. mit Ausnahme unserer Hunde, Katzen und anderer privilegierter Haustiere, ihre Meinung äußern könnten, würden sie wohl kaum zu dem Schluss kommen, dass die Welt ein besserer Ort geworden ist. Für die große Mehrheit der anderen Lebensformen auf dem Planeten hat das Wachstum – unser Wachstum – zu schlechteren Bedingungen geführt.

Kein Baum, so heißt es, kann in den Himmel wachsen – das gilt auch für unseren eigenen Baum. Die menschliche Gesellschaft zehrt von einer schrumpfenden Natur, und es ist daher keineswegs selbstverständlich, dass weiteres Wachstum besseres Leben bedeutet – ad infinitum – auch für uns nicht. Im Gegenteil: Vieles deutet darauf hin, dass wir in unserem Teil der Welt längst ein Niveau erreicht haben, auf dem das Rezept für Glück und der Sinn des Lebens nicht mehr in der Steigerung der Kaufkraft liegen. Stattdessen ist kontinuierliches Wachstum zu einem Mittel geworden, um das Wirtschaftssystem am Laufen zu halten. Solange wir uns an die Erwartung klammern, dass Wachstum so etwas wie ein Naturgesetz ist und das Heute dem Gestern gleicht, ist es schwer vorstellbar, dass das Morgen dramatisch anders sein wird. Gleichzeitig ist die Unzufriedenheit mehr an Erwartungen als an den tatsächlichen Lebensstandard geknüpft. Die Erwartungslücke zwischen gewünschtem und möglichem Wachstum ist eine der vielen Lücken, die wir überwinden müssen.

Bis vor Kurzem schienen diese Probleme für die meisten von uns recht abstrakt zu sein. Obwohl wir inzwischen mit Nachrichten zu Klimathemen nahezu bombardiert werden, akzeptieren auch heute noch nicht alle, dass ein ungiftiges, unsichtbares, geruchloses Gas – das weniger als 0,05 Prozent der Luft um uns herum ausmacht – unsere Existenz bedrohen könnte. Klimaskeptiker:innen weisen gerne darauf hin, dass jegliches Pflanzenwachstum von CO_2 abhängig ist – und wir wiederum von Pflanzen abhängig sind. Nach dieser Logik ist eine höhere CO_2-Konzentration also eine gute Nachricht. Und hier bei uns in Nordeuropa ist ein bisschen weniger Kälte und Frost doch auch nicht zu verachten? Besonders ausgeprägt ist diese Denkweise in den nordischen Ländern und vielleicht besonders in Norwegen: Mehrere Meinungsumfragen weisen auf ein auffallend geringes Klimabewusstsein in diesem bildungsbürgertümlichen, sozialdemokratischen, angeblich grünen Land hin, das trotz allem auch ein Ölstaat ist. Vielleicht fühlen wir uns hier im hohen Norden einfach unverwundbar?

Gleichzeitig ist es bekanntermaßen schwierig, beide Gehirnhälften mit Diagrammen und Zahlen zu konfrontieren, die den Temperaturanstieg mit der erhöhten CO_2-Konzentration in der Atmosphäre in Verbindung bringen, wie unwiderlegbar diese Daten auch sein mögen. Wir alle sehen die Welt durch unsere persönliche und oft ideologisch geprägte Brille. Da uns eine Fülle von alternativen Wahrheiten zur Auswahl steht, gelangen manche Menschen zu einer Sicht der Realität, die den wissenschaftlichen Erkenntnissen widerspricht. Wir alle filtern, was wir lesen und hören, genauso wie unsere Politiker:innen nur die Fakten aus den Forschungsberichten herauspicken, die ihre Agenda begünstigen, wie Rosinen aus dem Kuchen. Das passiert in den meisten politischen Diskussionen und bei den meisten Menschen mehr oder weniger bewusst. Wenn man sich nur mit denen umgibt, die genauso denken wie man selbst, wird man in der Überzeugung bestärkt, dass es »die anderen« sind, die nicht verstanden haben, wie die Welt funktioniert. Die digitalen Echokammern sind heute ein sicherer Hafen für diejenigen, die ihre eigene Weltsicht bestätigt sehen wollen. Auf diese Weise werden abweichende Meinungen und widersprüchliche Fakten vermieden.

Ich will jedoch der Erste sein, der zugibt, dass selbst Umweltschützer:innen sich in Echokammern wiederfinden können und dass weder das Klimasystem noch die biologische Vielfalt Fachgebiete sind, in denen es immer klare und eindeutige Antworten gibt. Wir wissen eine Menge, aber vieles nehmen wir auch nur an. Dieses Buch ist ein Versuch, eine professionelle Einschätzung des Status quo zu geben – und dessen, was uns bevorsteht. Kurz gesagt, es stellt die dringende Frage: Wie schlimm kann es noch werden?

Was uns die Forschung zeigt

Im Sommer 1988 wurden die USA von einer ungewöhnlichen Hitzewelle heimgesucht. Sie war der Vorbote eines Zustands, der bald häufiger auftreten sollte. Ernten verdorrten, Wälder brannten, der mächtige Mississippi schrumpfte zu einem mittelgroßen Fluss und in weiten Teilen der USA wurde der Notstand ausgerufen.

Zur gleichen Zeit kam der NASA-Wissenschaftler James Hansen zu dem Schluss, dass wir Menschen das Klima des Planeten erheblich verändern.[4] Hansen begründete seine Aussagen nicht mit einem einzigen Dürresommer, sondern mit Daten, mit denen er seit mehreren Jahren gearbeitet hatte. Hitze und Dürre kamen ironischerweise zu einem günstigen Zeitpunkt, denn sie verschafften dem Wissenschaftler Zugang zum Senat, wo er in einer Anhörung vor dem Kongress sprechen durfte. Das Datum selbst

---

4 Hansen (2011)

wurde auf den Tag gelegt, an dem für Washington die Spitzentemperatur vorhergesagt worden war. Der 28. Juni 1988 erwies sich als ideal: Es waren 38 °C, als Hansen vor einen schwitzenden Senatsausschuss für Energiesicherheit und Klimaschutz und fünfzehn Fernsehkameras trat und seine Botschaft in aller Deutlichkeit verkündete. Er wies darauf hin, dass das Extremjahr 1988 das wärmste jemals aufgezeichnete Jahr war, und sagte voraus, dass die Extremjahre sich in unmittelbarer Zukunft häufen würden. »Auch die Extreme werden immer extremer«, sagte er. Dafür gebe es einen logischen Grund: Die großen Temperaturschwankungen seien auf unsere CO_2-Emissionen zurückzuführen.

Hansens Aussage war unfassbar mutig. Damit wurde die Klimadebatte erstmals mit bitterem Ernst geführt. Eine solch starke Aussage eines NASA-Wissenschaftlers war unerwartet, und dieser heiße Junitag war ein Wendepunkt. Seit 120 Jahren wusste man bereits, dass die Verbrennung fossiler Brennstoffe einen Temperaturanstieg verursacht. Lange Zeit war dieses Wissen jedoch auf einen engen Kreis von Wissenschaftler:innen beschränkt geblieben. Seit Anfang der 1960er-Jahre wurde das Wissen durch konkrete Messungen ergänzt, die einen tatsächlichen Anstieg der CO_2-Werte zeigten – begleitet von immer deutlicher werdenden Warnungen – und allmählich setzte sich die Erkenntnis bei mehr und mehr Menschen durch. Ab 1988 war es nicht mehr möglich, die Augen zu verschließen.

Im Jahr vor Hansens Aussage wurde der Allgemeine Bericht der Brundtland-Kommission[5] zur nachhaltigen Entwicklung veröffentlicht.[6] Er war weniger »erschreckend« als die Aussage des NASA-Wissenschaftlers im Senat, nicht zuletzt deshalb, weil er den Staats- und

---

5 Weltkommission für Umwelt und Entwicklung (World Commission on Environment and Development, WCED)

6 Brundtland et al. (1987): Unsere gemeinsame Zukunft. Der Brundtland-Bericht der Weltkommission für Umwelt und Entwicklung. Eggenkamp

Regierungschef:innen der Welt versicherte, dass vorangetriebenes Wirtschaftswachstum die Lösung der Probleme sei – auch wenn ansonsten klar war, dass »die Zeit für einen Kurswechsel gekommen ist«. Gemeint war jedoch ein Kurswechsel innerhalb eines vertrauten Rahmens. Ministerpräsidentin Brundtlands eigenes Mantra in der norwegischen Innenpolitik war, einen steten Kurs zu halten. Dies hat die norwegische Umweltpolitik im Wesentlichen geprägt: Wenn es um das große Ganze geht, haben wir mit einer aktiven Politik nach außen durch Milliarden für den Regenwald und eine offensive harte Linie zu internationalen Klimaverhandlungen beigetragen – aber vor unserer eigenen Haustür galt es, weiterzumachen wie bisher oder uns von unangenehmen Entscheidungen freizukaufen. In den letzten 30 Jahren, seit Hansens Aussage vor dem Senat, wurde bis zum Überdruss wiederholt, dass »wir genug wissen, um zu handeln«. Zweifellos wurde etwas getan, aber bisher eher halbherzig im Vergleich zu all den Aktionen, die zum anhaltenden Anstieg der CO_2-Werte beigetragen haben.

Die Warnungen des NASA-Wissenschaftlers sind inzwischen etwas justiert worden, aber im Nachhinein hat sich gezeigt, dass er mit seinen Analysen weitgehend richtig lag. Die Sorge wird inzwischen von den meisten anderen in der Klimaforschung geteilt. Warum also gehen nicht mehr Menschen auf die Barrikaden? Gibt es etwas Wichtigeres, dem man sein Leben widmen kann, als den Planeten und die Menschheit vor einem verheerenden Klimawandel zu bewahren? An wissenschaftlichen Artikeln über den Zusammenhang zwischen CO_2-Emissionen und Temperaturanstieg mangelt es nicht. Bei einer schnellen Suche im Web of Science erscheinen fast 180.000 akademische Artikel zum Thema climate, von denen sich eine Mehrzahl auf den climate change beziehen. Die meisten enthalten wahrscheinlich auch implizite oder explizite Warnungen. Dennoch sind nur wenige Menschen dem

Beispiel Hansens gefolgt – zumindest bis vor Kurzem. Vielleicht sind es die Erfahrungen, die Hansen – und auch Michael E. Mann – gemacht haben, die so viele Menschen davon abschrecken, ihre Stimme zu erheben?

Mann war der Klimawissenschaftler, der im Jahr 1999 das berühmte Hockeyschläger-Diagramm vorgelegt hat. Diese Grafik zeigt den raschen Temperaturanstieg der Neuzeit, der in scharfem Kontrast zu einer stabileren und viel niedrigeren Temperatur in der Vergangenheit steht. Der Hass und die Hetze, die Mann und seinen Kolleg:innen nach der Veröffentlichung ihrer Ergebnisse entgegenschlug, war Stoff genug für ein eigenes Buch – und ist genau dazu geworden: Es lohnt sich – Manns Publikation *The Hockey Stick and the Climate Wars* ist als Wissenschaftsgeschichte der Klimakriege durchaus lesenswert.[7]

Selbst die vergleichsweise milde Brise, die norwegischen Klimawissenschaftler:innen entgegenschlägt, wenn sie ihre Köpfe aus ihren Löchern herausstrecken, kann so unangenehm sein, dass sie die Öffentlichkeit meiden. Ich habe keine Ahnung, wie viele Stunden ich in meinem eigenen Forschungsleben damit verbracht habe, mit Kreationist:innen und Klimaskeptiker:innen zu debattieren (ohne sie über einen Kamm scheren zu wollen), aber es sind einige zusammengekommen. Zu wichtigen Themen auf die Barrikaden zu gehen, gehört ebenfalls zu den Aufgaben von Wissenschaftler:innen, manchmal sogar zu den wichtigsten. Meinungsverschiedenheiten sind auch im Sinne der Wissenschaft – solange es sich um fachliche und sachliche Meinungsverschiedenheiten und Argumente handelt.

Gleichzeitig herrscht in der Wissenschaft eine Kultur der Vorsicht. Diese Kultur sollte nicht als Feigheit interpretiert werden, denn Klimasysteme sind komplex, und niemand hat einen vollständigen Überblick. Außerdem wird die Ungewissheit bei den Prognosen durch zwei

---

7 Der Hockeyschläger und die Klima-Kriege; Mann (2012)

unbekannte Faktoren vervielfacht: Wie reagiert die Gesellschaft und wie reagiert die Natur? In diesem unwegsamen Terrain haben viele das Gefühl, dass es gegen die Natur der Forschung verstößt, eine definitive Feststellung zu treffen, so sicher man sich ihrer auch ist. Dennoch scheint es heute ziemlich offensichtlich, dass ein gewisser Aufschrei, auch vonseiten der Forscher:innen, notwendig ist.

Ein ziemlich treffender Comic zeigt einen jungen Wissenschaftler in den 1980er-Jahren, der ganz aufgebracht über einen möglichen Klimawandel spricht. 10 Jahre später – im nächsten Bild – stellt der Wissenschaftler fest, dass seine Prognose zur Tatsache geworden ist, dass die Zeit drängt und dass es jetzt nur noch darum geht, »die Ärmel hochzukrempeln und sich an die Arbeit zu machen«. Weitere 10 Jahre vergehen, und der in die Jahre gekommene Forscher erkennt, dass seitdem wenig passiert ist, außer dass die Welt genau den Weg eingeschlagen hat, vor dem er gewarnt hat. Deshalb dürfe man jetzt keine Zeit mehr verstreichen lassen. Nach weiteren zehn Jahren stellt der inzwischen ergraute Wissenschaftler mit leicht resignierter Miene fest, dass das Ende nahen werde, wenn wir nicht sofort handeln.

Oft sind es Schriftsteller:innen und Künstler:innen, die die Zukunft am schärfsten und düstersten beschreiben. In ihren Werken begegnet uns gelegentlich eine postapokalyptische Dystopie, in der verwahrloste Menschen in die Welt zurückgekehrt sind, aus der wir uns mühsam herausgekämpft haben. In diesen Dystopien ist der Planet zerstört, und die knappen, noch verbliebenen Ressourcen werden hart umkämpft. Unsere zivilisatorische Fassade ist zerbröckelt. Alles, was bleibt, ist das Gesetz des Dschungels: Der Stärkere überlebt.

Solche Darstellungen bilden natürlich nicht unbedingt die Realität ab. Sie sind künstlerischer Ausdruck eines Worst-Case-Szenarios, und ihre Aufgabe ist es, genau das zu sein. Sie mögen ihr Publikum aufrütteln, aber der

Schrecken hat letztendlich seine Grenzen, denn wir wissen ja, dass sie fiktiv sind. Auch wenn es in der Natur solcher kulturellen Äußerungen liegt, Dinge auf die Spitze zu treiben, ist es bedauerlich, wenn ihre Botschaft als reine Fiktion abgetan wird, während Forschungsergebnisse nur in maßvollem Ton in geschlossenen Foren, auf Konferenzen oder in schwer verständlichen Fachzeitschriften in technischer Buchhalterprosa kommuniziert werden. Wenn wir so weitermachen, wird aus Science schon ganz bald Science-Fiction werden.

Ist es vielleicht so, dass die Forscher:innen absichtlich zurückhaltend sind? Wollen sie – bzw. wir, ich schließe mich da nicht aus – der Welt die grausame Wahrheit ersparen? Oder könnte es sein, dass die Zukunft nicht ganz so schwarz ist, wie man meinen könnte, sondern eher ein Sowohl-als-auch sein kann statt eines Entweder-oders? In ihrem Buch *Discerning Experts* behaupten Naomi Oreskes und ihre Mitautor:innen, dass Wissenschaftler:innen den Ernst der Lage, mit der wir jetzt konfrontiert sind, absichtlich herunterspielen.[8] Das ist das genaue Gegenteil von dem, was Klimaskeptiker:innen uns oft vorhalten. Sie behaupten, Wissenschaftler:innen würden notorisch übertreiben, weil sie nach Aufmerksamkeit und Forschungsgeldern streben oder weil sie in ihren Echokammern eingeschlossen und unempfänglich für Gegenargumente sind. Oreskes hat eine Reihe von forschungsbasierten Prognosen überprüft und stellt fest, dass sich Wissenschaftler:innen im Allgemeinen zu konservativ und vorsichtig ausdrücken.

Ein Grund für diese Vorsicht ist die Notwendigkeit eines Konsenses bei den Präsentationen. Dies gilt insbesondere für Werke mit mehreren Autor:innen, wie sie heute die Norm sind. Und vor allem gilt dies für die Berichte des Weltklimarats (IPCC), die von einer großen Anzahl Autor:innen mit sehr unterschiedlichen Hintergründen

8 Namhafte Experten; Oppenheimer et al. (2019)

verfasst werden. Es ist leichter, einen Konsens über eine abgeschwächte Schlussfolgerung zu erzielen als über eine mutige und dringliche. Wenn die Mehrheit davon ausgeht, dass ein Wert zwischen 0 und 10 liegt, während einige glauben, er könne 50 oder sogar 100 betragen, wird der Konsens schnell einstimmig bei 0 bis 10 liegen. Der lange Rattenschwanz der extremeren Schätzungen wird bei solchen Prozessen oft abgeschnitten.

Für uns Forscher:innen ist es oft auch mit einem größeren Risiko verbunden, eindringliche Worte zu benutzen, die normalerweise Interessengruppen, Lobbyist:innen oder dystopischen Künstler:innen vorbehalten sind. Wenn es etwas gibt, das Wissenschaftler:innen vermeiden wollen, dann ist es, als »Panikmacher:innen« abgestempelt zu werden. Genau aus diesem Grund halten wir uns oft zurück, statt uns Gehör zu verschaffen.

Runter vom Elfenbeinturm

Selbst der unveränderliche Grundsatz der wissenschaftlichen Neutralität kann die Tatsache nicht vollständig wettmachen, dass auch Forscher:innen von persönlichen Erfahrungen beeinflusst werden. Dies gilt zumindest, wenn es Raum für Nuancen und Interpretationen gibt, was fast immer der Fall ist. Gerade deshalb ist die Einigkeit darüber umso bemerkenswerter, dass der Zustand der Natur und des Klimas inzwischen tiefe Besorgnis erregt. Die Menschen unterscheiden sich heute eher in der Art, wie sie miteinander kommunizieren, als in ihrem Verständnis für den zugrunde liegenden Ernstfall.

Selbst unter nüchternen Wissenschaftler:innen herrscht Verzweiflung darüber, dass so wenig geschieht und dass die vorgeschlagenen Lösungen so oft zu anderen Umweltproblemen führen, statt die bestehenden zu lösen. Einige wenige tun jetzt, was James Hansen getan hat. Andere bringen ihre Besorgnis auf andere Weise zum Ausdruck. So veröffentlichte die renommierte Fachzeitschrift *Nature* im Herbst 2019 einen Artikel der Rechtsanwältin Farhana Yamin.[9] Sie ist zwar keine Klimawissenschaftlerin, kennt sich aber dennoch gut mit Klimafragen aus. Ein großer Teil ihres Artikels wurde als Einspruch während eines Prozesses Ende September 2019 vor dem Osloer Bezirksgericht gegen die Gruppe Extinction Rebellion wiedergegeben, deren Mitglied Yamin ist:

Mein Name ist Farhana Yamin. Ich bin britische Staatsbürgerin und lebe in London. Ich bin eine internationale Anwältin, Klimaaktivistin und Mitarbeiterin am Royal Institute of International Affairs im Chatham House in London. Ich war federführende Autorin von drei der fünf Hauptberichte des Zwischenstaatlichen Sachverständigenrates für Klimaänderungen (Intergovernmental Panel on Climate Change, IPCC) und bin seit fast 30 Jahren Beraterin bei den UN-Klimaverhandlungen. Ich war Rechtsberaterin der Allianz der kleinen Inselstaaten zum Kyoto-Protokoll und Beraterin der Republik Marshallinseln im Vorfeld des Pariser Abkommens 2015. Außerdem bin ich Gründerin von Track-Zero, einer gemeinnützigen Organisation, die sich für das Ziel von Netto-Null-Emissionen bis spätestens 2050 einsetzt. Ich wende mich an das Gericht mit der Frage, ob gewaltloser ziviler Ungehorsam erforderlich ist, um angemessene Maßnahmen der Regierungen gegen die zivilisationsbedrohenden Auswirkungen der vom Menschen verursachten globalen Erwärmung und des daraus resultierenden Klimawandels zu erreichen.

Yamin schrieb dies, nachdem sie sich bei einer Protestaktion vor dem Hauptsitz des Ölkonzerns Shell buchstäblich auf den Bürgersteig geklebt hatte. »Warum habe ich als

9 Yamin (2019)

internationale Umweltanwältin das Gesetz gebrochen?«, fragt sie in ihrem Text, bevor sie selbst die Antwort verkündet: »Nachdem es mir drei Jahrzehnte lang nicht gelungen war, die Regierungen dazu zu bringen, der Klimakrise Aufmerksamkeit zu schenken, obwohl ich versucht habe, die Entscheidungsfindung auf höchster Ebene zu beeinflussen, war ich der Meinung, dass eine friedliche, direkte Aktion notwendig war.« Es ist die Forderung nach einem solchen Engagement, die jetzt an uns alle gerichtet ist und auf die wir reagieren müssen.

Ich selbst leite ein Zentrum an der Universität Oslo, das den Kohlenstoffkreislauf und das Klima erforscht. Wir befassen uns mit biogeochemischen Rückkopplungen in den nördlichen Breiten unserer Erde. Wir führen Messungen und Berechnungen durch, veröffentlichen in internationalen Fachzeitschriften und unterrichten Studierende vom Bachelor- bis zum Doktoratsstudium. Wir erheben selten unsere Stimme, sondern tun das, was von uns Wissenschaftler:innen erwartet wird. Das ist alles schön und gut, aber manchmal habe ich das Gefühl, dass das nicht ausreicht. Das Motiv für die Gründung unseres Zentrums für Biogeochemie im Anthropozän war es, etwas zur Bewältigung der größten Herausforderung der Menschheit beizutragen. Dies erfordert wahrscheinlich, dass wir manchmal aus unserer akademischen Komfortzone heraustreten. Es ist nur schwer zu sagen, wie weit heraus. Auf diese Frage gibt es keine eindeutige Antwort.

Ich gehöre z. B. zu einer Gruppe von 25 Wissenschaftler:innen und Kulturschaffenden, die eine Petition zur Unterstützung des ersten Schulstreiks für das Klima unterzeichnet haben.[10] Die Petition wurde von Extinction Rebellion organisiert und mit den Worten eingeleitet: »Wir sehen einem Verbrechen gegen das Leben auf der Erde ins Auge. Das sechste Massensterben der Arten ist bereits

10 »Vi støtter skolestreiken«. Aftenposten, 14. März 2019

im vollen Gange, das globale Ökosystem steuert auf den Zusammenbruch zu, wenn wir nicht sofort handeln.«

So hieß es weiter:

Wir wissen auch, dass wir nur einen Bruchteil der bekannten fossilen Energiereserven nutzen können, wenn wir die globale Erwärmung unter 2 Grad Celsius halten wollen. Dennoch erschließt die norwegische Öl- und Gasindustrie weiterhin neue Ölfelder und erkundet fossile Lagerstätten in zunehmend vulnerablen Gebieten. Die weltweiten und norwegischen Treibhausgasemissionen sind seit dem Inkrafttreten des Rahmenübereinkommens der Vereinten Nationen über Klimaänderungen im Jahr 1992 gestiegen, obwohl seit fast 40 Jahren ein Abkommen zur Bekämpfung des Treibhauseffekts besteht. Heute ist Norwegen mit seinen 5 Millionen Einwohnern der siebtgrößte Exporteur von CO2-Emissionen in der Welt.

Neben dieser ebenso nüchternen wie zutreffenden Situationsbeschreibung enthielt die Petition einige Formulierungen, die eine lange und hitzige Debatte auslösten: »Es ist daher unsere Pflicht, jetzt zu handeln, um die Sicherheit und das Wohlergehen unserer Kinder zu gewährleisten und das Leben auf der Erde selbst zu schützen. In Übereinstimmung mit unserem Gewissen und unserer Vernunft erklären wir eine Rebellion gegen die Regierung und die mitverantwortlichen und gelähmten Institutionen, die unsere gemeinsame Zukunft bedrohen«, hieß es, bevor sie zu folgendem Schluss kam:

Damit erklären wir den Sozialpakt für gebrochen, durch die anhaltende Untätigkeit der Behörden hinfällig geworden. Wir rufen alle prinzipientreuen und friedlichen Bürger:innen auf, sich uns in der gewaltlosen Rebellion anzuschließen.

Wir fordern, dass wir gehört werden; wir fordern, dass durchdachte Lösungen für die anhaltenden ökologischen

Krisen rasch umgesetzt werden. Und wir fordern die Ernennung eines Rates, der die Umsetzung der notwendigen Maßnahmen zur Änderung unseres derzeitigen katastrophalen Kurses überwacht.

Der Ton dieser Petition war laut und deutlich und sie enthielt einige Formulierungen, die als undemokratisch, um nicht zu sagen antidemokratisch, interpretiert wurden. So war es nicht gemeint, aber die Demokratie muss auch zeigen, dass sie in der Lage ist, mit den Umweltproblemen umzugehen, vor denen wir stehen. Der Präsident der Norwegischen Akademie der Wissenschaften, Hans Petter Graver, hat dies in seiner Rede auf der Jahrestagung 2019 mit beispielhafter Klarheit zum Ausdruck gebracht: »Wir müssen es wagen, der Öffentlichkeit kundzutun, dass die bestehenden Entscheidungssysteme möglicherweise nicht genug Durchsetzungsvermögen haben, um sich der Probleme anzunehmen, die durch die klimatische Herausforderung aufgeworfen werden.«[11]

Natürlich ist niemand von uns, die wir die Petition unterzeichnet haben, antidemokratisch. Die Behauptung, dies sei der Fall, hat jedoch die daran anschließende Debatte vom Kern unserer Botschaft abgelenkt, die da lautete, die Streiks der Studierenden, ausgerufen aufgrund ihrer Verzweiflung über halbherzige politische Maßnahmen, zu unterstützen.

Eine wohlwollendere Interpretation wäre gewesen, dass die Petition als Aufruf zur Rebellion im Rahmen der Demokratie und mit Mitteln der Demokratie zu sehen sei – in der Hoffnung, dass die Wähler:innen aufwachen. Der von uns geforderte Wissenschaftsrat war nie als ein Rat gedacht, der über den demokratisch gewählten Gremien steht, sondern als ein Rat mit einer Autorität, von der zu

11 Rede auf der Jahrestagung der Norwegischen Akademie der Wissenschaften am 3. Mai 2019

erwarten ist, dass sie gehört und ernst genommen wird, wie es ihn in vielen anderen Ländern bereits gibt.

Ich bereue es keineswegs, die Petition unterstützt zu haben, aber ich hätte mir gewünscht, sie wäre so formuliert worden, dass die Aufmerksamkeit nicht vom Kern des Anliegens abgelenkt werden kann. Gleichzeitig erkenne ich an, dass es keine eindeutige Antwort darauf gibt, wie die Probleme, mit denen wir derzeit konfrontiert sind, kommuniziert werden sollten, außer dass wir Forschungsergebnisse vorlegen müssen, dass klar sein muss, was wir wissen und was wir nur glauben – und dass die Kommunikation effektiver sein muss, als sie es bisher war. Es ist klar, dass eine Kommunikation, die die Menschen nicht auch emotional anspricht, auf unfruchtbaren Boden fällt. Hier werden Literatur, Kunst und Kultur zu wichtigen Verbündeten im Kampf für die Umwelt. Gleichzeitig müssen wir Forscher:innen auch in der Lage sein, den Ernst der Lage mit einer gewissen emotionalen Überzeugung zu vermitteln.

Es sieht jedoch so aus, dass wir uns einem Wendepunkt nähern, was das Engagement und die Intensität der wissenschaftlichen Gemeinschaft angeht. Anlässlich des 40. Jahrestages der ersten internationalen Klimakonferenz, die 1979 in Genf stattfand, unterzeichneten 11.000 Wissenschaftler:innen eine Petition, in der es heißt, dass der Welt durch den Klimawandel »unsägliches Leid« droht und dass sich der Klimawandel schneller beschleunigt, als irgendjemand hätte vorhersagen können.[12] Unsägliches Leid ist ein ungewöhnlicher Ausdruck für vernünftige Akademiker:innen. Der Artikel geht jedoch Punkt für Punkt darauf ein, warum solch starke Worte gerechtfertigt seien, und kommt zu folgendem Schluss: »Um eine nachhaltige Zukunft zu sichern, müssen wir unseren Lebensstil ändern. Das bedeutet entscheidende Veränderungen in der

12 Ripple et al. (2020)

Art und Weise, wie unsere globale Gesellschaft funktioniert und mit den Ökosystemen der Natur interagiert.«

Der Artikel gibt auch einen Überblick über aktuelle Trends. Momentan fällt die Kurve für eine intakte Natur und intakte Arten, die Kurven für den Naturverbrauch und die Treibhausgasemissionen steigen jedoch an. Des Weiteren zeigt der Artikel verschiedene Wege auf, die die Weltgemeinschaft in Bezug auf die Besteuerung von Kohlenstoff, die Verringerung von Investitionen in naturzerstörende Unternehmen und den Rückgang der Geburtenraten einschlagen muss, wenn wir die schlimmsten Folgen vermeiden wollen. Wir müssen uns wirklich klarer ausdrücken, als wir es bisher getan haben, aber es fühlt sich leider oft so an, als würden wir gegen eine Wand anreden.

Erkenntnisse für die heutige Zeit

Derzeit sind es aber nicht die Wissenschaftler:innen, die vor allem, wenn schon nicht zur Rebellion, so doch zumindest zum Handeln in einem ganz anderen Ausmaß aufrufen, als wir es bisher erlebt haben. Die Schulstreiks haben sich im vergangenen Jahr wie ein Lauffeuer über die ganze Welt ausgebreitet und gipfelten in der intensiven und emotionalen Rede ihrer Initiatorin Greta Thunberg auf dem UN-Gipfel in New York Ende September 2019. Einige haben diese Rede mit Martin Luther Kings berühmter »I have a dream«-Rede von 1963 verglichen. Andere taten sie als übertriebenes Pathos eines verängstigten und fehlgeleiteten Kindes ab. In Wahrheit vermittelte Thunberg Fakten, aber mit einer Dramaturgie, die ihnen eine gewaltige Wirkung verlieh. Sie selbst ist sich darüber im Klaren, dass sie nicht nur das Sprachrohr der Jugendlichen ist, sondern auch der Wissenschaftler:innen. Dennoch stimmt es, dass sowohl ihre Botschaft als auch ihr Vortrag eine gewisse Untergangsstimmung ausstrahlen, und es ist natürlich fraglich, ob ihr berühmtes »Bla, Bla, Bla« bei einer Rede auf der Youth4Climate im Herbst 2021 im Vorfeld des Klimagipfels in Glasgow motivierend oder einfach nur provokativ war. Selbstverständlich ist es falsch zu behaupten, dass gar nichts passiert, aber Thunberg will verdeutlichen, dass die Realität immer noch mit den politischen Visionen kollidiert. Außerdem ist es wichtig, dass einige Leute die Rolle der drastischen Verfechter:innen für Umwelt und Zukunft übernehmen, statt der von Pragmatiker:innen und krampfhaften Optimist:innen, wie es Politiker:innen laut Programm zu sein haben. Dennoch ist es falsch, alle Schuld auf Letztere zu schieben; denn auch sie unterliegen den Anforderungen des Systems selbst, in dem die wirtschaftliche Nachhaltigkeit (soll heißen: das Wachstum) die ökologische Nachhaltigkeit übertrumpft und demokratisch gewählte Politiker:innen von der Gunst ihrer Wählerschaft abhängig sind. Es nützt Poltiker:innen wenig, grün und offensiv zu sein, wenn die Wähler:innen den Umschwung nicht mittragen.

In einer Gesellschaft, die von flimmernden Nachrichten, großen Schlagzeilen und einer Vielzahl von laut schreienden Stimmen beherrscht wird, frage ich mich oft, wie ich den Ernst der Lage am besten vermitteln kann, während ich gleichzeitig die Anforderung an Differenziertheit und Ungewissheit erfüllen möchte. Die Situation schwarz-weiß darzustellen, ist ebenso sinnlos wie der endlose Optimismus, mit dem oft jeder leidenschaftliche Beitrag über den Klimawandel schließt. Andererseits: Deutliche Warnungen sind nicht unbedingt gleichbedeutend mit Schwarzmalerei.

Auch wenn weder die Menschheit noch der Planet »untergehen« oder »kollabieren« werden, wie oft prophezeit wird, müssen wir uns höhere Ziele setzen als das schiere Überleben auf einem kaputten Planeten. Deshalb reicht ein »Entspann dich mal, das wird schon« nicht mehr aus. Wir sind evolutionär nicht darauf ausgelegt, unsere eigenen Interessen zugunsten künftiger Generationen zurückzustellen, aber wir können uns der Tatsache nicht entziehen, dass wir auch eine moralische Verpflichtung gegenüber denjenigen tragen, die nach uns auf der Erde leben werden. Auch sind wir evolutionär nicht für das gemacht, was man die Rationalität der Diskontierung nennen könnte. Tendenziell würden wir lieber heute die Früchte ernten, als bis morgen auf eine größere Belohnung zu warten. Leider sind wir mehr auf das Hier und Jetzt ausgerichtet, als es dem Planeten und uns selbst guttäte. Deshalb sind deutliche Botschaften, ob sie nun von James Hansen oder Greta Thunberg kommen, so wichtig. Ich habe die Hoffnung, sie rufen mehr Menschen zum Handeln auf. Es ist auch nicht schlimm, wenn sich jemand wegen seines Beitrags zur Ungerechtigkeit in der Welt schuldig fühlt. Derzeit grassiert die seltsame Angst davor, dass uns ein schlechtes Gewissen in Form von »Flugscham«, »Fleischscham« oder »Ölscham« aufgezwungen wird. Die Evolution hat uns mit einem Gewissen ausgestattet, damit wir uns anderen gegenüber angemessen verhalten können. Der Mensch hat viele gute Eigenschaften, und die Tatsache, dass wir in erster Linie soziale Tiere sind, bedeutet, dass wir einen moralischen Kompass für das Funktionieren der Gesellschaft entwickelt haben.[13] Unser Gewissen ist dazu da, um genutzt zu werden.

Eine nüchterne, sachliche und faktenbasierte Kommunikation ist ebenfalls vonnöten, aber zu viele Forscher:innen haben das Gefühl, dass ihr einziger Auftrag darin besteht, für einen engen Kreis von Kolleg:innen zu veröffentlichen oder zur Not noch zu lehren. Darüber hinaus ist es angesichts des zunehmenden Tempos und des härteren Wettbewerbs in der akademischen Welt inzwischen auch gang und gäbe, das hintenanzustellen, was gemeinhin als Lehre bezeichnet wird, aber eigentlich als

---

13 Hessen (2017)

Gesellschaftsengagement bezeichnet werden sollte. Ein wichtiges Argument für die Beibehaltung der Hochschulen als autonome Einheiten mit einem hohen Maß an Freiheit ist ja gerade, dass sie bei Bedarf ein kritisches Korrektiv bieten sollen, ohne Repressalien von Auftraggebern oder anderen Geldgebern fürchten zu müssen. Befinden wir uns nicht gerade jetzt in einer Situation, in der die Wissenschaft eben jenes kritische Korrektiv sein sollte? Im Jahr 2021 leitete ich die Arbeit an einem UNESCO-Report, in dem untersucht wurde, wie Universitäten und die Hochschulbildung im Allgemeinen bei der Förderung der UN-Ziele für nachhaltige Entwicklung eine Vorreiterrolle spielen könnten.[14] Das Gremium bestand aus internationalen Expert:innen verschiedener Bereiche, aber wir waren uns alle einig über die einleitende Beschreibung der Ausgangssituation: »Die Welt steht vor noch nie dagewesenen Herausforderungen«, und darin, dass der Hochschulsektor eine führende Rolle bei der Festlegung eines neuen Kurses übernehmen, zu wissensbasierten Lösungen beitragen und nicht zuletzt neue Generationen junger, bewusster Menschen ausbilden muss, die zu neuem Denken fähig sind. Die Universitäten haben in Umweltfragen zu zögerlich die Führung übernommen und nehmen das Thema in der Lehre nicht ernst genug. Obwohl die Ziele für eine nachhaltige Entwicklung Eingang in die Strategiepläne gefunden haben und inzwischen auch in einigen Studiengängen auftauchen, waren es bisher nicht die Universitäten, die den Kampf um die »Rettung der Welt« angeführt haben. Vielleicht liegt das daran, dass wir in einer zunehmend wettbewerbsorientierten akademischen Welt zu sehr damit beschäftigt sind, karrierefördernden Aktivitäten den Vorrang zu geben?

Wissenschaftliche Erkenntnisse haben eine große Glaubwürdigkeit, und diese Glaubwürdigkeit muss genutzt

14 UNESCO-Report (2021)

werden. Obwohl die ständigen Verweise auf »die Forschungsergebnisse zeigen, dass …« politische Debatten oft in Rosinenpickerei abdriften lassen, bei der die Ergebnisse hervorgehoben werden, die am besten zur eigenen Agenda passen, weht bei den beiden größten Herausforderungen, vor denen wir stehen, – Klima und Naturkatastrophen – ein anderer Wind. Hier besteht weitgehend Einigkeit darüber, wo wir stehen und was wir tun müssen. Wir sind uns im Allgemeinen auch darüber einig, was wir nicht tun sollten. Natürlich gibt es sowohl fachliche als auch persönliche Meinungsverschiedenheiten darüber, welche Maßnahmen am wirksamsten sind und inwieweit die grüne Wende uns wirklich helfen kann; aber das Tempo, in dem wir jetzt voranschreiten, ist eindeutig nicht ausreichend. Die Dringlichkeit dieses Themas kann nicht genug betont werden!

Darüber hinaus müssen die Wissenschaftler:innen den Rest der Gesellschaft im Informationsdschungel an die Hand nehmen. Es stimmt – alle benötigten Informationen sind nur ein paar Klicks entfernt. Schwierig ist es, herauszufinden, was wirklich von Wert ist. In der Fülle der Informationen kann man immer Beweise für alle möglichen Behauptungen finden, die zu dem passen, was man ohnehin bereits glaubt. Wie unterscheidet man also Information von Desinformation und Gewissheit von Unsicherheit? Wie sicher und einig sind sich die Forscher:innen? Was wissen wir und was glauben wir nur? Hier liegen die größten Herausforderungen bei der Kommunikation über Klima und Umweltzerstörung.

Zusätzlich zu den maßgeblichen Berichten des Weltklimarates der Vereinten Nationen (IPCC), veröffentlicht auf der Grundlage verfügbarer wissenschaftlicher Studien, wurde auch der Weltbiodiversitätsrat (IPBES) der Vereinten Nationen ernannt, um einen maßgebenden Überblick über den Zustand der Artenvielfalt auf unserem Planeten zu geben. In den umfangreichen Berichten des IPCC sollten die Schlussfolgerungen und die Zusammenfassung für politische Entscheidungsträger ausreichen, um den Menschen die Realität vor Augen zu führen. Wir werden uns im weiteren Verlauf des Buches insbesondere mit drei der jüngsten Berichte befassen. Nur die wenigsten Menschen haben den Bericht des Weltklimarates gelesen. Viele haben jedoch die Pressemitteilung vom Frühsommer 2019 mitbekommen, in der verkündet wurde, dass eine Million Arten zu verschwinden drohen, sowie das ehrgeizige Ziel des UN-Biodiversitätsgipfels in Montreal im Spätherbst 2022, 30 Prozent der Land- und Meeresflächen bis 2030 unter Schutz zu stellen. Darüber hinaus wurde das Ziel verabschiedet, 30 Prozent der verlorenen Natur wiederherzustellen. Letzteres ist etwa ebenso realistisch wie das Ziel, die globale Erwärmung auf 1,5 Grad zu begrenzen, aber es ist dennoch notwendig, ein derartig ehrgeiziges Ziel zu setzen. Nun ist es eine Untertreibung zu sagen, dass Biodiversität ein komplexes Thema ist. Kaum jemand hat Einblick in mehr als nur einen begrenzten Teil der enormen Problembereiche, die vom IPCC und IPBES besprochen werden – ganz zu schweigen davon, wie diese Bereiche durch unzählige kleine und große Rädchen miteinander verbunden sind. Auch ich behaupte nicht, alle Einzelheiten zu kennen, aber vielleicht genug, um zu versuchen, einige der wesentlichen Zusammenhänge zusammenzufassen. Das Wichtigste, was ich sagen möchte, ist folgendes: Klima und CO_2 sind nur kleine Fische im großen Meer der globalen Nachhaltigkeit. Die Treibhausgasemissionen mögen heute das wichtigste Thema sein, aber die Lösung des Klimaproblems allein reicht nicht aus, wenn wir verhindern wollen, dass die natürlichen Grundlagen des Lebens, von denen auch die Menschheit abhängt, schwinden.

Es wurde schon bis zum Überdruss gesagt, aber lassen Sie mich das Wesentliche wiederholen: Wir leben derzeit über unsere Verhältnisse und weit über die Kapazität des Planeten hinaus, was sowohl Abfälle (einschließlich CO_2)

als auch die Gewinnung von erneuerbaren und nicht erneuerbaren Ressourcen betrifft. Darüber hinaus leben wir weit über die Grenzen dessen hinaus, was Arten und Ökosysteme tolerieren können. Hinter all dem steht das rasante Wachstum unseres menschlichen Konsums.

Offensichtlich gibt es breite Zustimmung zu dieser Diagnose, aber die verordneten Medikamente waren bisher meist nur kosmetischer Natur. Salben und heiße Kompressen waren noch nie eine wirksame Behandlung gegen Fieber. Die Frage ist nun, ob wir den Willen und die Fähigkeit haben, unseren Lebensstil zu ändern, der die Krankheit überhaupt erst bedingt, vor allem wenn wir schon wissen, dass die Medizin bitter schmeckt.

Nachhaltige Umweltverschmutzung?

Wenn man heute seine Stimme für das Klima erhebt, ist das ein bisschen so, als würde man mit Wattebäuschchen um sich schmeißen. Man stößt auf keinen Widerstand, außer im Halbdunkel der Kommentarspalten, aber man hinterlässt auch keinen Fußabdruck. Natürlich ist »allen« klar, dass das Klima wichtig ist. Wir reden uns ein, dass der grüne Wandel schon weit fortgeschritten ist: Dächer werden mit Solarzellen bestückt, Windkraftanlagen werden an Land und auf See installiert, und immer mehr Menschen fahren Elektroautos. Gleichzeitig sind Kohle und Öl immer noch die dominierenden Energieträger, und selbst das reiche Norwegen verfolgt noch immer eine expansive Ölpolitik. Wie können wir also Indien für seine Kohlekraft und Brasilien für seine Regenwaldabholzung kritisieren? Die Ölindustrie gehört zu denjenigen, die immer noch Greenwashing im großen Stil betreiben. In Norwegen wird die Ölförderung mit einem moralischen Alibi versehen und als Teil der grünen Wende dargestellt. Unser Öl ist sauberer als das Öl anderer Länder, und unser

Gas ersetzt britische und deutsche Kohle. Es stimmt, vor allem das Argument pro Gas wurde durch den Ukraine-Krieg und die Energiekrise legitimiert. Die anhaltend hohe Aktivität auf dem Norwegischen Schelf wird so zu einer Form der nachhaltigen Umweltverschmutzung im Sinne des Gemeinwohls. Hier, wie auch anderswo, findet der eigentliche Kampf nicht zwischen denen statt, die an Umweltprobleme »glauben«, und denen, die sie leugnen, sondern es geht vielmehr darum, wie wir die Herausforderungen lösen sollten – vor allem jene, die uns etwas kosten werden.

Natürlich existieren auch Sekten von reinen Klimaleugner:innen. Es gibt verschiedene Formen der politischen Leugnung, aber das größte Problem sind heute eher Unwissenheit, Ignoranz und ein Mangel an demokratischem Engagement in solchen Fragen als verstreute und randständige Gruppen von radikalen Leugner:innen. Gleichzeitig sind aber auch einige Paradoxien in unserer Einstellung zur Umwelt zu finden. Laut einer aktuellen YouGov-Umfrage, bei der 30.000 Teilnehmer:innen aus 28 Ländern befragt wurden, gehören die Norweger:innen zu den größten Klimaskeptikern der Welt.[15] Nur Saudi-Arabien und die USA liegen auf der Liste der Klimaskeptiker:innen vor Norwegen und Schweden, während sich Deutschland z. B. im Mittelfeld befindet. Nachfolgende Umfragen haben dieses Bild einer bemerkenswert entspannten Haltung gegenüber der Klimakrise bestätigt. Gesundheit, Schule – ja, sogar die Gesundheit des Hundes und das morgige Frühstück – sind uns immer noch am wichtigsten, selbst wenn die Welt um uns herum in Flammen steht. Laut der YouGov-Umfrage glauben nur 12 Prozent der Norweger:innen, dass der Klimawandel uns erheblich beeinträchtigen wird. Dabei handelt es sich nicht um einen Öl-Optimismus, denn wir

15 https://yougov.co.uk/topics/science/articles-reports/2019/09/15/international-poll-most-expect-feel-impact-climate

befinden uns in guter Gesellschaft unserer nordischen Nachbar:innen (11 Prozent der Schweden und 10 Prozent der Dänen äußern sich ähnlich). Andere reiche europäische Länder mit hohem Bildungsstandard wie Deutschland haben eine deutlich andere Einstellung zur Klimakrise. Vielleicht spiegelt das die Erfahrung wider, dass die Welt ein unsicherer Ort sein kann. Es gibt genug Stoff für viele interessante sozioökonomische und psychologische Studien über diese unterschiedlichen Einstellungen in den verschiedenen Ländern, auch wenn sich die politischen Führungen in allen westlichen Demokratien weitgehend einig sind, dass das Klima ein übergreifendes Thema für die Weltwirtschaft, die globale Gesundheit und folglich auch für die Geo- und Sicherheitspolitik ist.

Ist man bereits älter als 60 Jahre, mag dieser Optimismus durchaus berechtigt sein. Für alle anderen jedoch, einschließlich älterer Menschen, die sich um die Zukunft ihrer Nachkommen Sorgen machen, ist er fehl am Platze. Das ist nicht die Art von Optimismus, die wir jetzt brauchen. Gleichzeitig zeigt die Umfrage, dass ein überraschend hoher Anteil der Befragten, auch in Norwegen, es für sehr oder ziemlich wahrscheinlich hält, dass der Klimawandel das Ende der Menschheit bedeuten wird. Immerhin 28 Prozent halten dies für wahrscheinlich, während 62 Prozent es für unwahrscheinlich halten. Die nationale Klimaangst ist in unserem Land jedoch moderat. So glaubt beispielsweise in Frankreich fast jede:r Zweite, dass die globale Erwärmung das Ende der Menschheit bedeutet, wenn auch nicht unbedingt in naher Zukunft. In Taiwan und Indonesien sieht es noch schlechter aus. Hier glauben drei Viertel der Bevölkerung, dass der Klimawandel der Anfang vom Ende der Menschheit ist. Diese Länder gehören auch zu denjenigen, in denen die Bevölkerung am ehesten glaubt, dass die Behörden mehr tun könnten. Viele im Westen sind vor allem besorgt, dass der Klimawandel zu einem erheblichen Zustrom von Flüchtlingen führen wird. Diese Befürchtung ist nicht unbegründet, auch wenn die Angst in erster Linie denjenigen zugestanden werden sollte, die zur Flucht gezwungen sein werden, und nicht uns als potenziellen Aufnahmeländern. Das Datenmaterial weist einige merkwürdige Extreme auf, aber eine Schlussfolgerung daraus scheint zu sein, dass das Wissen über den Klimawandel noch immer unzureichend ist. Mit anderen Worten: Der »Klimakampf« ist noch nicht gewonnen, aber viele Menschen sind besorgt. Die Frage ist, wie diese Besorgnis in Taten umgesetzt werden kann. Reicht es aus, wenn wir auf ein paar Flüge und Fleischgerichte verzichten? Oder lassen wir uns vom Ausmaß der Herausforderungen lähmen? Oder trösten wir uns damit, dass die Politik sich darum schon kümmern wird, während wir so weitermachen können wie bisher und auf weiteres Wohlstandswachstum setzen können?

Der Gedanke, dass es egal ist, was wir, oder besser gesagt, wir als Nation, tun, ist verlockend. Das ist eine fehlgeleitete und gefährliche Form der Resignation – oder Selbstgefälligkeit. Auch als Einzelne können wir uns nicht zurücklehnen. Es ist nicht mehr möglich, zu glauben, dass »die Politiker:innen schon etwas tun werden«, und sich gleichzeitig das Recht vorzubehalten, jedes Mal zu protestieren, wenn Umweltmaßnahmen unsere eigenen Interessen bedrohen.

Sowohl in der nationalen als auch in der internationalen Öffentlichkeit besteht ein weitgehender Konsens darüber, dass Anstrengungen zum Schutz des Klimas und der Artenvielfalt notwendig sind. Auch die Wirtschaft schließt sich zunehmend diesem Realitätsverständnis an, zum einen, weil es hier naheliegende Geschäftsideen gibt, zum anderen aber auch, weil »soziale Verantwortung« zunehmend zu einem ihrer gängigen Leitmotive geworden ist. Die Versicherungsbranche hat dies natürlich als erste erkannt. Sie weiß bereits, dass Risiko ein Produkt aus Wahrscheinlichkeit und Konsequenz ist – und sie sieht an den Auszahlungen für Naturkatastrophen, dass Umweltschäden nicht mehr eine theoretische Möglichkeit der Zukunft sind, sondern eine Realität im Hier und Jetzt. Auch im Finanzsektor arbeiten Eltern und Großeltern, die sich zunehmend Sorgen über den Kurs der Welt machen und daher zu der Erkenntnis gezwungen sind, dass die Wirtschaft eine grundlegende Triebkraft sowohl in negativer als auch in positiver Hinsicht sein kann. Dennoch befassen sich nur wenige in dieser Branche mit der dringlichsten Frage: Lassen sich Nachhaltigkeit und anhaltendes Wirtschaftswachstum wirklich miteinander vereinbaren? Und was sollte Vorrang haben, wenn Ökonomie und Ökologie tatsächlich auf Kollisionskurs sind?

Der Sechste Sachstandsbericht des IPCC, der im Herbst 2021 veröffentlicht wurde, unterscheidet sich von den vorangegangenen Berichten unter anderem dadurch, dass der Zusammenhang zwischen Klima und Wetterextremen zweifelsfrei nachgewiesen werden konnte. Er wies auch auf einen Temperaturanstieg von bis zu 2,5 Grad als wahrscheinliches Szenario hin.[16] Höhere Temperaturen führen zu noch mehr Extremereignissen, und es ist seit Langem bekannt, nicht zuletzt in der Versicherungsbranche, dass die Kosten des Klimawandels und der Konsequenzen von Naturkatastrophen und extremen Wetterlagen die Kosten der zu ihrer Vorbeugung notwendigen Maßnahmen bei Weitem übersteigen werden. Es fällt uns schwer, solche Zusammenhänge zu verinnerlichen, zum Teil deshalb, weil die Kosten der Anpassung hier und jetzt zu spüren sind, während die schlimmsten Auswirkungen zeitlich und räumlich noch weit entfernt zu sein scheinen. Wir geben oft viel Geld aus, um unsere Häuser und Autos zu versichern, aus Angst vor den Katastrophen, die uns jederzeit im Alltag treffen können: Feuer,

16 IPCC (2021)

Unfälle, Einbrüche und dergleichen. Wir sind jedoch nicht mit einer ähnlichen mentalen Versicherungslogik ausgestattet, wenn eine Katastrophe vor allem Menschen in weit entfernten Gebieten betrifft – und schon gar nicht diejenigen, die noch nicht geboren sind.

Diese natürlichen Veranlagungen, die zu einem großen Teil evolutionär bedingt sind, müssen wir überwinden, wenn wir nicht in eine Sackgasse geraten wollen. Für diejenigen, die denken, dass sie die Umweltproblematik bereits mit beiden Gehirnhälften erfasst haben, lautet die Antwort auf die heutigen Herausforderungen: Jetzt! Hier! Weniger! (Konsum) Mehr! (Handeln) Selbst diejenigen, die eine wachstumsliberale Linie vertreten, neigen dazu, rationale Bedenken wegen des Klimawandels und des Rückgangs der Artenvielfalt zu äußern, nicht zuletzt, weil die wirtschaftlichen Kosten offensichtlich werden. Für sie liegt die Lösung jedoch nicht in einem geringeren Verbrauch, sondern in einem »grünen Wachstum«, das nicht nur die Umwelt retten soll, sondern auch Arbeitsplätze erhält und die Wirtschaft sichert. Wachstum ist ein so fester Bestandteil unseres Wirtschaftssystems – ja, unserer Weltanschauung –, dass es uns wie ein gesellschaftliches Naturgesetz vorkommt. Hier liegt auch der kulturelle und politische Grund für eine Form von Systemträgheit, die uns in der Vorstellung verharren lässt, dass wir keine andere Wahl haben, als den Kurs zu halten.

Wenn ich die immer wiederkehrenden Argumente höre, dass unser Wohlstand weiteres Wachstum erfordert, dass die Welt mehr Energie braucht und dass norwegisches Öl und Gas eigentlich gut für das Klima und die Armen der Welt sind, muss ich immer an eine Dieselzapfsäule denken, an der ich auf meinem Weg zur Arbeit vorbeikomme: Die Zapfsäule trägt die Aufschrift Ecofuel (und ist mit Blumensymbolen verziert). Eine geringe Beimischung von Biodiesel macht den Diesel jedoch nicht besonders nachhaltig. Er ist bestenfalls etwas weniger umweltschädlich. Aber reicht das? Natürlich nicht, es mag ein Anfang sein, aber es ist auch eine Selbsttäuschung.

Wenn das Argument pro norwegisches Öl und Gas zu einer moralischen Frage zugunsten der weiteren Förderung wird, ist schon viel für diejenigen getan, die lieber nur geringfügige Anpassungen vornehmen möchten. Moralische Argumente sind stark, und das ist auch gut so, aber es ist fraglich, ob Doppelmoral besser ist als gar keine Moral.

Trotz dieser Überlegungen gehöre ich zu denjenigen, die großes Vertrauen in den technischen Fortschritt haben. Er hat die Welt einfacher und besser gemacht, zumindest für viele von uns. Technologien haben auch eine Vielzahl von Umweltproblemen verringert. Ich glaube auch, dass es Teil des menschlichen Projekts ist, immer nach mehr zu streben, mehr zu verstehen, neue Möglichkeiten zu finden. Technologie ist also ein Teil der Lösung – auch für Umweltprobleme. Allerdings müssen die Technologien, die wir entwickeln und nutzen, im Einklang mit den Bedingungen unseres Planeten stehen. Wir können uns nicht auf Technologien und »Lösungen« verlassen, die weiterhin zur Schädigung unseres Ökosystems beitragen. Da jede Technologie Ressourcen und Energie benötigt, liegt es in der Natur der Sache, dass sie nie völlig umweltneutral sein kann, auch wenn sie vielleicht besser ist als die Alternativen. Die Frage, wie weit Technologien uns in Sachen Nachhaltigkeit tatsächlich bringen können, ist daher auch nicht einfach zu beantworten.

Wir nutzen Prognosen, um die Zukunft zu planen. Sie sollten mehr sein als Projektionen aktueller Entwicklungen, aber oft sind sie genau das. Denn wir erwarten, dass die Zukunft so aussieht wie die Gegenwart, nur mit mehr von allem. Da Prognosen Managementinstrumente sind, liegt es in der Natur der Sache, dass sie auch zu selbsterfüllenden Prophezeiungen werden können. Das sehen wir z. B. bei Fragen zum künftigen Energiebedarf. Anstatt zu Veränderungen zu motivieren, können Prognosen im schlimmsten

Fall dazu beitragen, Trends zu zementieren. Um nur ein Beispiel zu nennen – aber nicht irgendein Beispiel in diesem Zusammenhang: Die Internationale Energieagentur (IEA) gehört zu denjenigen, die vor dem Klimawandel warnen, und hat eine Reihe von Analysen erstellt, die zeigen, wie sich die weltweite Energieproduktion entwickeln muss, wenn wir unsere Emissionen reduzieren wollen. Die Agentur lässt auch keinen Zweifel an der Dringlichkeit.

Die Schlussfolgerung ist, dass die energiebedingten CO_2-Emissionen von heute 33 Gigatonnen auf 43 Gigatonnen im Jahr 2040 ansteigen werden, was wiederum eine Verdoppelung der Emissionen gegenüber 1990 bedeutet, wenn wir auf Kurs bleiben. Alle sind sich einig, dass dies lebensgefährlich ist, vor allem angesichts der Tatsache, dass wir die Emissionen in den nächsten 10 Jahren um jährlich 7,6 Prozent senken müssen, wenn wir den durchschnittlichen globalen Temperaturanstieg von 1,5 Grad nicht überschreiten wollen.[17] Gleichzeitig deuten die Prognosen darauf hin, dass sowohl die Energienachfrage als auch der Energieverbrauch bis zum Jahr 2040 weiter stark ansteigen werden. Um diesen Bedarf zu decken, muss unsere Gesamtproduktion an fossilen Brennstoffen hoch bleiben – viel zu hoch. Daher könnte man argumentieren, dass es ein moralischer Imperativ ist, immer mehr Öl und Gas zu fördern.

Der Ölverbrauch wird stärker steigen als der Kohleverbrauch, während der Gasverbrauch laut der oben erwähnten IEA-Prognose wiederum den Ölverbrauch deutlich überholen wird. In dem Maße, in dem Gas andere kohlenstoffbasierte Energieformen ersetzen wird, ist dies ein Vorteil für das Klima, da Gas pro erzeugter Energieeinheit weniger CO_2 freisetzt als Kohle – und auch weniger als Öl. Die Gesamtemissionen werden jedoch nicht sinken, solange die fossilen Brennstoffe nicht komplett abgeschafft werden.

17 UNEP (2019)

In ihrem optimistischen Bericht aus dem Jahr 2022 weist die IEA darauf hin, dass dies bald der Fall sein wird. Sie glaubt, dass der Höhepunkt der CO_2-Emissionen aus dem Stromsektor schon in diesem Jahr erreicht sein wird, und sagt optimistisch voraus, das selbst die Kohlenation Indien, die zu diesem Zeitpunkt das bevölkerungsreichste Land der Welt sein wird und immer noch eine Verbrauchssteigerung zu verzeichnen hat, bis 2030 zwei Drittel ihres Stroms aus erneuerbaren Energien beziehen wird. Hoffen wir inständig, dass sie recht behalten wird. Der Energy Transition Outlook 2019 des Unternehmens DNV[18] ist optimistischer als die IEA. Er sagt auch voraus, dass der Höhepunkt bei Kohle und Öl bereits erreicht ist und dass der Anteil der fossilen Brennstoffe an der weltweiten Energieversorgung von 81 Prozent im Jahr 2019 auf nur noch 56 Prozent im Jahr 2050 sinken wird.[19] Darüber hinaus werde der weltweite Gesamtenergieverbrauch ab 2030 voraussichtlich sinken. Diese alternativen Schätzungen sind nicht unbedingt unrealistisch, aber sie beruhen auf einer Reihe von Annahmen über den Zugang zu Rohstoffen, Chinas Kohlepolitik, Frieden oder Krieg, das Wetter und vieles mehr. Auch hier können der Ukraine-Krieg und die Energiesituation in Europa als Beispiele genannt werden. 2022 ist DNVs Energy Transition Outlook ebenfalls etwas vorsichtiger und geht davon aus, dass im Jahr 2050 etwas mehr als 50 Prozent des globalen Energiemixes aus erneuerbaren Energien bestehen werden. Er weist aber auch darauf hin, dass wir noch weit von den Zielen des Pariser Abkommens entfernt sind.[20] Auch erneuerbare Energien sind nicht ganz unproblematisch, wie alle, die in der Nähe

---

18 Norwegischer Dienstleister, u. a. für technische Beratung, Zertifizierungen und Risikomanagement, v. a. im Bereich Schifffahrt und konventionelle und erneuerbare Energien. Online unter: www.dnv.com

19 Energy Transition Outlook (2019)

20 Energy Transition Outlook (2022)

eines Windparks leben, bestätigen können. Auch sie hinterlassen einen Fußabdruck in der Natur; dies wird oft nicht ausreichend kommuniziert, solange der Fokus starr auf die CO_2-Emissionen gerichtet ist. Auch grüne Energie kann nicht vollständig grün sein, und das gilt nicht nur für Windkraftanlagen.

So ist beispielsweise ein riesiges Wasserkraftwerk am Rufiji-Fluss in Tansania geplant, mitten im größten Wildreservat Afrikas, dem Selous. Die Folgen dieses 50.000 km^2 großen Eingriffs werden enorm sein und auch viele der großen Tierarten betreffen, deren Populationen bereits stark zurückgehen. Dennoch wird das Projekt als »grüne« Energiemaßnahme in die Statistik aufgenommen. Gleichzeitig plant die Türkei, einige der ältesten Städte der Welt am Tigris zu fluten. Insgesamt werden 85 Dörfer überschwemmt und 55.000 Menschen aus ihren Häusern vertrieben, damit der türkische Staat ein Energieprojekt realisieren kann, das 2 Prozent des Energiebedarfs des Landes decken soll. Auch das ist »grüne« Energie. Gleiches gilt für eine Reihe großer Staudämme auf der ganzen Welt. Viele von ihnen produzieren am Ende erhebliche Mengen Methan, wenn Wälder und Moore unter Wasser geraten.

Mit anderen Worten: Der weltweite Verbrauch von Energie und anderen Konsumgütern ist selbst bei einer Entwicklung des Energiemixes hin zu einer zunehmend erneuerbaren Produktion nicht umweltneutral. Viele der benötigten Rohstoffe für Batterien, Elektronik und Solarzellen basieren zudem auf Seltenerdmetallen und anderen begrenzten Rohstoffen, und es werden sowohl Energie als auch große Flächen benötigt, um den wachsenden Bedarf daran zu decken. Das ist kein Argument gegen eine Umstellung auf Wind, Sonne und Batterien in der Energieversorgung, erinnert aber daran, dass wir auch hier nichts geschenkt bekommen. Genau aus diesem Grund haben die Vereinten Nationen bei der Vorstellung des Statusberichts zum Rückgang der Biodiversität darauf hingewiesen, dass anhaltendes Wirtschaftswachstum nicht mit nachhaltiger Entwicklung vereinbar ist. Diese Erkenntnis zu akzeptieren ist schwer – und gleichzeitig lebensnotwendig.

Nun kann es natürlich passieren, dass das alles besser endet, als wir befürchten, aber es kann auch passieren, dass es schlimmer kommt. Wir können schon jetzt mit Sicherheit sagen, dass es nicht ganz glatt laufen wird. Es ist daher offensichtlich, dass die Menschheit – eine ständig im Wachstum begriffene Menschheit – vor der größten Herausforderung ihrer Geschichte steht. Hier braucht es nicht einen Messias, sondern viele. Dies betrifft weit mehr als nur CO_2-Emissionen. Wir sprechen hier von einem Naturverbrauch, bei dem wir nicht nur den Ast absägen, auf dem wir sitzen, sondern den Baum des Lebens selbst. Es ist wahr, dass wir vor einem globalen Problem stehen, aber die Welt besteht aus Nationen, die zunächst vor ihren eigenen Türen kehren müssen, und die Menschheit besteht aus Individuen, die angehalten sind, das Gleiche zu tun. Es ist natürlich leicht, resigniert auf China, die USA und Indien zu verweisen und zu sagen, dass alles, was wir von hier aus tun können, nur kosmetische Eingriffe und Ablasshandlungen sind. Mir fallen mehrere Gründe ein, warum diesem fatalistischen (aber angenehmen) Argument dringendst widersprochen werden sollte. Ich beende Vorträge zum Thema Klima- und Naturverlust immer mit dem Bild eines Posters, das eine wichtige Botschaft vorbildlich klar zusammenfasst: »Die größte Bedrohung für den Planeten ist der Glaube, dass jemand anderes ihn retten wird.« Diese Botschaft müssen wir uns als Einzelpersonen, als lokale Gemeinschaft und als Nation zu Herzen nehmen. Wir alle haben die Verantwortung, das zu tun, was in unserer Macht steht.

2
ÜBER DIE VERHÄLTNISSE

Malthus und seine Jünger

Ich werde in diesem Buch nur eine Abbildung zeigen, aber diese beinhaltet dafür auch die Essenz der Problematik, mit der wir es hier zu tun haben.

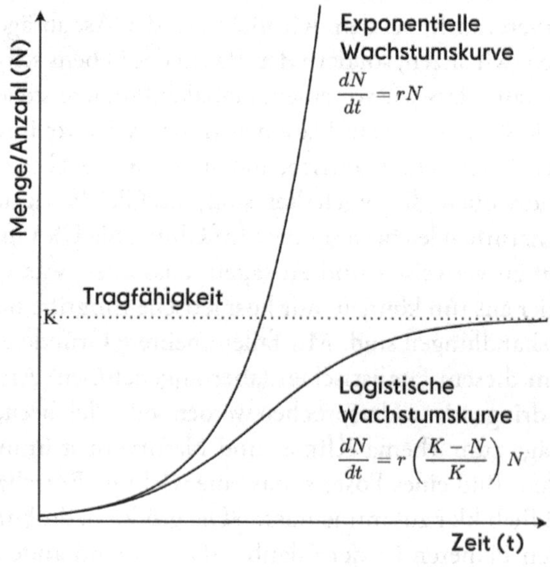

Die Abbildung zeigt zwei unterschiedliche Wachstumskurven und ihre mathematischen Formeln. Bei dem einen Verlauf führt unreguliertes Wachstum zu einem exponentiellen Anstieg. Es könnte sich dabei um die Beschreibung der Anzahl der Individuen in einer Population handeln, oder die Summe des Verbrauchs dieser Individuen, sollten sie sich unbegrenzt entwickeln können. Die andere, s-förmige, logistische Kurve ist begrenzt, da die Tragfähigkeit des Systems ein Teil der Gleichung ist. Dass führt dazu, dass die Wachstumsrate negativ wird, wenn die Bevölkerung (oder der totale Verbrauch) sich den Grenzen der Tragfähigkeit in dem aktuellen Kontext annähert.[21]

In der Ökologie ist dies die grundlegendste Darstellung überhaupt. Sie stammt von den drei Autoren Thomas Robert Malthus, Charles Darwin und Pierre-François Verhulst. Das Hauptprinzip von Darwins Evolutionstheorie ist die beständige Konkurrenz um begrenzte Ressourcen. Es kann sich dabei entweder um Nahrung oder andere materielle Güter handeln, oder um ein begrenztes Vorkommen von Partner:innen für die Vermehrung. Je größer die Population wird, desto knapper werden die Ressourcen. Zu dieser Erkenntnis gelangte Darwin dank Thomas Robert Malthus, der 1798 sein Werk *An Essay on the Principle of Populations* herausgab.[22] Malthus kam darin zu dem Schluss, dass die Welt, oder Teile davon, dazu verdammt ist, an einer Hungersnot zugrunde zu gehen, wenn die Bevölkerung beständig schneller wächst als die Nahrungsmittelproduktion.

Darwin erkannte, dass das Prinzip des Geburtenüberschusses im Bezug zu den vorhandenen Ressourcen auch ganz generell für die Entwicklung der Natur wichtig ist. Er hatte damit den Schlüssel zu seiner Erkenntnis, dass nur die bestangepassten Individuen die Möglichkeit bekommen, ihre Gene weiterzugeben. Es mag vom Zufall bestimmt sein, wer die günstigsten Erbanlagen bekommt,

---

21 Für diejenigen, die es gern mathematisch mögen: Der Ausdruck für die erste Kurve ist die Ableitung der Anzahl über die Zeit (dN/dt). r ist die Wachstumsrate, N ist zum Beispiel die Anzahl der Individuen, während K, das in die zweite Gleichung eingeht, die Tragfähigkeit ist. Mit zunehmender Anzahl von Individuen wird der Ausdruck in der Klammer hier kleiner, bis er bei N = K gegen null geht.

22 Malthus (2022): Das Bevölkerungsgesetz. Matthes & Seitz

es ist aber sicher kein Zufall, wer danach siegreich aus dem Kampf um die Ressourcen hervorgeht.

Bemerkenswert ist in diesem Zusammenhang, dass Darwin nicht zu dem Schluss kam, dass man die Anzahl der Geburten reduzieren müsse, um etwaige Hungersnöte zu vermeiden. Stattdessen betonte er die positiven Seiten harter Konkurrenz – da dies die Triebkraft der Evolution sei und zur Entwicklung immer besser angepasster Arten führen würde. Darwin war selbst Vater von zehn Kindern. In seinem Hauptwerk schrieb er: »Wie jedes andere Tier ist auch der Mensch ohne Zweifel auf seinen gegenwärtigen hohen Zustand durch einen Kampf um die Existenz infolge seiner rapiden Vervielfältigung gelangt, und wenn er noch höher fortschreiten soll, so muss er einem heftigen Kampfe ausgesetzt bleiben.«[23]

Darwin zeigte anhand von Elefanten auf, dass auch Tierarten mit langsamer Fortpflanzungsrate im Laufe eines überschaubaren Zeitraums Populationsdichten erreichen würden, die selbst für Afrika zu groß wären, sollte diese Entwicklung nicht durch begrenzte Ressourcen aufgehalten werden. Bei Mikroorganismen ist das Bild noch viel eindrücklicher, da diese sich weder um Partnerwahl noch um Sex oder die überschüssigen männlichen Tiere Gedanken machen müssen. Sie sind perfekt geeignet, um ein Prinzip zu illustrieren, das für alle Arten gilt, ob sie sich nun schnell oder langsam vermehren.

Nehmen wir einen unserer wichtigsten Alliierten, das Darmbakterium E. coli. Dieses Bakterium teilt sich unter günstigen Bedingungen alle 20 Minuten. Noch schneller entwickelt sich die eng verwandte Art Proteus vulgaris, bei der sich die Population im Laufe einer Stunde viermal verdoppelt. Gibt man ein solches Bakterium auf ein Nährmedium, sieht man nach einer Stunde noch

---

23 Darwin (1871): Die Entstehung der Arten. In: Darwin (2021): Hauptwerke. Nikol, Hamburg

nichts, auch nicht nach 2 Stunden, doch dann wird es langsam voll in der Petrischale. Nach 36 Stunden würde das Bakterium (bei unbegrenztem Zugang zu Ressourcen) den ganzen Planeten mit einer 30 Zentimeter dicken Schicht bedecken, und weitere 12 Stunden später würde die Masse aller Bakterien der Masse der Erde entsprechen.

Wer die Geschichte des Erfinders des Schachbretts kennt, der sich als Belohnung von seinem König gewünscht haben soll, dass dieser ihm Reiskörner gibt, und zwar eines auf das erste, zwei auf das zweite, vier auf das dritte Feld und dann weiter jeweils doppelt so viele Körner auf das nächste Feld, bis alle 64 Felder belegt sind, hat verstanden, um was es geht. Auch die Entwicklung der Bakterien folgt dem Prinzip des exponentiellen Wachstums, das in der oberen Kurve der Grafik dargestellt ist.

Allen, die die Geschichte nicht kennen, sei gesagt, dass auf dem letzten Feld des Schachbretts 2^{64} Reiskörner liegen müssten, weit mehr, als auf der ganzen Welt zu finden sind. Als Trygve Haavelmo 1989 den Nobelpreis für Ökonomie erhielt, wurde er angeblich gefragt, über was er reden würde, wenn er 15 Minuten Zeit mit den wichtigsten Politiker:innen der Welt bekommen würde. Er antwortete, dass er mit ihnen über das Prinzip und die Konsequenzen des exponentiellen Wachstums sprechen würde. Essenziell am exponentiellen Wachstum ist, dass alles lange gut aussieht, bis es plötzlich umschlägt – und dann ist es zu spät.

Genau dies ist das eigentliche Problem des Wachstums. Stellen Sie sich vor, dass sie einen kleinen Gartenteich angelegt haben. Er ist jungfräulich rein und klar und gleichzeitig ist das Wasser voller Nährstoffe. Eines Tages sitzt eine Bachstelze am Wasser, und in ihren Federn steckt der Keim einer kleinen einzelligen Wasserpflanze aus einem Nachbarteich. Die Pflanze tut, was allem Leben gemein ist. Sie wächst und verdoppelt sich, und die neuen Zellen wachsen weiter und verdoppeln sich wieder. Sagen wir, dass sie sich jeden Tag einmal verdoppeln. Nach 50 Tagen ist der Teich randvoll, sodass er aussieht wie eine Gemüsesuppe. Im Wasser gibt es jetzt weder Nahrung noch Licht. Als der Teich halb voll war, sah die Zukunft der kleinen Pflanzen noch rosig aus, aber das wirklich Verblüffende ist, dass dieser Tag nun gerade einen Tag zurückliegt …

Malthus inspirierte nicht nur Darwin, sondern auch Pierre-François Verhulst, der von 1838 bis 1847, also parallel zu Darwins langsamer Arbeit an der »Entstehung der Arten«, die mathematischen Grundlagen für die düsteren Prognosen der Populationsentwicklung publizierte. In der Essenz sind es Verhulsts Formeln, die in zwei unterschiedlichen Verläufen in der Grafik dargestellt sind. Während die erste Kurve unkontrolliertes Wachstum darstellt, berücksichtigt die zweite die Tatsache, dass jeder Bestand in der wirklichen Welt irgendwann an eine oder mehrere Grenzen stößt.

Idealerweise nimmt die Wachstumsrate ab, wenn eine Population die Hälfte der Tragfähigkeit ihrer Umwelt oder auch Umweltkapazität erreicht hat. Danach pendelt sich die Population auf eine stabile Bestandsgröße ein, die der Tragfähigkeit entspricht. Diese ist aber nicht einfach zu bestimmen, denn sie besteht aus unterschiedlichen Komponenten und kann mit der Zeit auch variieren. In der Welt, in der wir leben, betrifft die Tragfähigkeit mehr als Reiskörner und Wasserpflanzen. Für uns geht es um den Verbrauch der verschiedensten Ressourcen sowie um unterschiedlichste Emissionen, und darüber hinaus gibt es sowohl lokale als auch globale Tragfähigkeiten. Wir stehen vor dem Problem, dass die Grenzen häufig unsichtbar sind und dass es deshalb schwer zu kalkulieren ist, wie weit wir die Tragfähigkeit unserer Umwelt – die streng genommen ja die komplexen Ökosysteme der gesamten Erde umfasst – bereits hinter uns gelassen haben.

Malthus gilt als der erste Umweltpessimist der Welt. Seine Prophezeiungen wurden belacht, weil er die grüne

Revolution in der Landwirtschaft nicht vorhergesehen hatte. Er ging zwar davon aus, dass die Nahrungsmittelproduktion dank Dünger und besserer Anbaumethoden steigen würde, rechnete aber damit, dass das nicht reichen würde, um mit dem Bevölkerungswachstum Schritt zu halten. Malthus konnte aber schließlich nicht ahnen, dass ein landwirtschaftlicher Zauberer wie Norman Borlaug auftauchen würde, von dem später noch die Rede sein wird. Grundsätzlich hatte er mit seinen Bedenken, dass irgendwann die Grenzen der Tragfähigkeit erreicht sein würden, völlig recht. Die Tatsache, dass mehr hungrige Mäuler gefüttert werden konnten, führte zu einer Bevölkerungsexplosion. Diese wiederum bedingte, dass größere Flächen für die Nahrungsmittelproduktion herangezogen wurden, womit mehr Wasser, Dünger und Spritzmittel erforderlich waren. Immer mehr Natur musste weichen. Wir können möglicherweise nicht exakt vorhersagen, wo die Grenze liegt, wir wissen aber, dass es sie gibt und dass sie regional bereits überschritten wurde.

Und damit sind wir beim eigentlichen Kern der Sache: Jede Medaille hat eine Kehrseite und jeder Fortschritt, der auf vermehrtem Ressourcenverbrauch basiert, hat langfristige, schwer zu überschauende Konsequenzen. Natürlich ist diese Schlussfolgerung ein Dämpfer für uns alle, aber so ist es: Summieren wir die ökologischen Fußabdrücke aller Menschen auf diesem Planeten, liegen wir bereits weit über der Grenze der Tragfähigkeit. Die Frage ist, wie die zukünftige Entwicklung verläuft. Wird es uns gelingen, Maßnahmen zu entwickeln, dank derer wir im Gleitflug zurück zu einer stabilen Situation innerhalb der Grenzen der Tragfähigkeit gelangen? Vielleicht mit einem stetigen Wachstum, das aber so vorsichtig ist, dass unsere technologischen Fortschritte die Grenzüberschreitungen ebenso auffangen können wie den bereits entstandenen Schaden? Oder behalten wir auch in Zukunft eine Wachstumskurve jenseits der Grenzen der Tragfähigkeit, bis uns die Wirklichkeit dann durch einen brutalen Absturz einholt? Niemand kann darauf heute eine sichere Antwort geben, aber eine Sache können wir zweifelsohne festhalten: Die Kombination aus zu hoher Bevölkerung und wachsendem Druck auf die Ressourcen führt zu einem Leben auf Kredit, das uns teuer zu stehen kommen wird. Je länger wir warten, bis wir etwas unternehmen, desto krasser und tiefer wird der Fall. Wir haben unser Konto bereits überzogen und finanzieren die weitere Party und die immer höheren Zinsen mit weiteren Krediten.

Malthus hat noch heute seine Jünger, die ihre Sicht auf die Wirklichkeit mit scharfer Rhetorik vermitteln. Schon 1948 schrieb der Biologe William Vogt in seinem Buch *Roads to Survival*[24], dass Bevölkerungswachstum kombiniert mit steigendem Konsum, katalysiert von einem kapitalistischen, auf Wachstum ausgerichteten Regime, früher oder später zum Kollaps führen werde. Die Geschichte der USA sei ein Marsch in Richtung Untergang, schrieb Vogt, der mit seinem Buch den Grundstein für die neomalthusianische Bewegung Mitte des 20. Jahrhunderts legte. Vogt kritisierte auch gewisse Aspekte der grünen Revolution, unter anderem den zunehmenden Gebrauch des Insektizids DDT. Er inspirierte zu Veröffentlichungen, die bahnbrechende Bedeutung für die erste grüne Bewegung in der modernen Zeit haben sollten. Rachel Carsons *Silent Spring* (1962)[25] und Paul Ehrlichs *The Population Bomb* (1968)[26] sind gute Beispiele dafür. Wie auch der Club of Rome, eine Gruppe von Wissenschaftler:innen, die mit ihrem Werk *The Limits to Growth* (1972)[27] Malthus' Botschaft wieder aufnahmen, riefen diese Autor:innen eine neue Debatte über den wachsenden Verbrauch ins

---

24 Wege zum Überleben; Vogt (1948)

25 Carson (1962): Der stumme Frühling. Biederstein

26 Ehrlich (1972): Die Bevölkerungsbombe. Hanser

27 Meadows et al. (1972): Die Grenzen des Wachstums. DVA

Leben, die zu den ersten Forderungen führte, den Kurs der Gesellschaft deutlich zu ändern. Im selben Jahr veröffentlichte Erik Dammann hier in Norwegen sein Buch *Fremtiden i våre hender*[28]. Zwei Jahre später versammelte er 3000 Menschen in der voll besetzten Nadderudhalle, um die Botschaft zu verkünden, dass wir endlich von der Wachstumsideologie Abstand nehmen und andere Werte suchen müssen als ständig wachsenden Wohlstand. Auch er folgte damit Malthus' Tradition. Heute haben seine Aussagen wieder höchste Aktualität.

Vogt und seine Nachfolger:innen vermittelten eine düstere Botschaft. *Roads to Survival* traf trotzdem den Zeitgeist und wurde zu einem großen Erfolg. Gleichzeitig wurden seine Kernthesen von drei Seiten heftig kritisiert. Die Konservativen bemängelten, dass Vogt den Kapitalismen zügeln und eine Geburtenkontrolle einführen wollte, genau wie die katholische Kirche. Es gab aber auch Kritik vonseiten der Wissenschaft, da Vogt auch diese selbst und deren damalige Lösungsansätze infrage stellte. Gerade in einer Zeit, in der der Glaube an die Wissenschaft und den technologischen Fortschritt in vielerlei Hinsicht wegweisend war und der Menschheit eine Art Bestimmung gab, wog dies sehr schwer. Ähnlich wie Darwins Evolutionstheorie auf naive Weise als eine Art Naturgesetz der Verbesserung gedeutet wurde, galten die Naturwissenschaften noch als Garant für Fortschritt und Wohlstand, als Vogts Buch erschien. Viele seiner Anhänger:innen rechneten trotzdem damit, dass wir an der Schwelle neuer Erkenntnisse, ja einer neuen Ära standen. Man ging optimistisch davon aus, dass die Zeit reif für neue Gedanken war und seine Botschaft sich verbreiten würde wie Wellen im Wasser.

Bekanntlich kam es anders. Vogts Ansichten haben noch immer ihre Anhänger:innen, vermutlich sind diese auch zahlreicher geworden, aber auch Wellen haben es

---

28 Die Zukunft in unseren Händen

manchmal schwer, sich auszubreiten. Das System war träge, als wäre Öl auf dem Wasser, sodass die Wellen kaum Effekt hatten. Außerdem war Vogts Botschaft schwer verdaulich. Mehr Kaufkraft hat für die meisten von uns deutlich mehr Sex-Appeal als asketische Sparsamkeit. Seit dem Erscheinen von Vogts Buch hat sich der durchschnittliche Reallohn weltweit etwa verdoppelt. Auch der Verbrauch ist gestiegen, ebenso die Weltbevölkerung. Von einer klaren Abflachung der s-förmigen Kurve ist noch nichts zu sehen.

Der Film *Last Call*[29] aus dem Jahr 2013 bringt die Gedanken des Club of Rome ebenso zum Ausdruck wie die neomalthusianische Wachstumskritik und zitiert Olof Palme, der das zugrunde liegende politische Dilemma in einem Kommentar zum Buch *Grenzen des Wachstums* ungewöhnlich ehrlich zum Ausdruck brachte: »Mit ganzem Herzen unterstütze ich ihre Gedanken und Schlussfolgerungen, aber würde ich meine Politik ganz danach ausrichten, würde ich niemals wiedergewählt.« Auch der Brundtland-Bericht der Weltkommission für Umwelt und Entwicklung der Vereinten Nationen (Brundtland-Kommission) aus dem Jahr 1987 steckte tief im selben Dilemma.[30] Die Kommission hielt fest: »Wir sind einstimmig der Überzeugung, dass Sicherheit, Wohlstand und das Überleben des Planeten davon abhängen, dass wir diese Änderungen jetzt einführen.« Gleichzeitig lautete die Prämisse, dass diese Kursänderung auf weiterem wirtschaftlichen Wachstum aufbauen sollte, ja müsse. Wer *Der stumme Frühling*, *Die Bevölkerungsbombe* oder *Die Zukunft in unseren Händen* gelesen hatte, stand dem Bericht deshalb etwas kritisch gegenüber. Bisher ist das grüne Engagement an einer Mauer aus »Notwendigkeiten« und »Ökonomischen Realitäten« gescheitert.

---

29 Last Call, Dokumentarfilm, Italien (2013)

30 Brundtland et al. (1987): Unsere gemeinsame Zukunft. Der Brundtland-Bericht der Weltkommission für Umwelt und Entwicklung. Eggenkamp

Vogts Kritik am Wachstumsoptimismus erhielt mit der Veröffentlichung von *Silent Spring* 1962 Rückenwind. Es war dasselbe Jahr, in dem die DDT-Produktion in den USA mit 80.000 Tonnen ihren Höhepunkt erreichte. Das Gift, das bis dahin als Wundermittel gegen ungewünschte Insekten in der Landwirtschaft angesehen wurde – was es zum Teil ja auch war – wurde quasi über Nacht zum Symbol dafür, wie wir unseren Planeten vergiften. Im gleichen Jahr wies David Keeling auf einen sonderbaren Trend bei seinen CO_2-Messungen auf dem Berg Mauna Loa auf Hawaii hin. Die Messreihe lief erst seit 4 Jahren, aber die Zunahme der CO_2-Konzentration in der Atmosphäre zeichnete sich bereits ab. Als einzige logische Erklärung vermutete er die vom Menschen verursachten Verbrennungsprozesse, insbesondere von Kohle und Öl. Da die Prinzipien des Treibhauseffektes bereits gut bekannt waren, kam Keeling zu dem Schluss, dass diese Zunahme in absehbarer Zeit zu einer Erwärmung des Planeten führen würde. Keeling sollte in den folgenden Jahrzehnten, parallel zu den steigenden CO_2-Konzentrationen, immer lautere Warnungen äußern, die aber weitestgehend ungehört blieben.

Seit den 1960er-Jahren sind diverse »grüne Bewegungen« gekommen und gegangen, ohne dass diese wirklich zu tiefgreifenden Veränderungen geführt hätten. Gleichzeitig ist immer klarer geworden, dass der menschliche Fußabdruck im Begriff ist, ein lebensbedrohliches Problem für einen Großteil des Lebens auf unserem Planeten zu werden. Man muss vorsichtig sein mit Aussagen im Stile von »Wir haben noch 10 Jahre, um das Blatt zu wenden«, aber die Rahmenbedingungen für sowohl unseres als auch das Leben der anderen Arten sind definitiv im Begriff, auf dramatische Weise verändert zu werden.

Es liegt eine neue Akzeptanz dieses Sachverhalts in der Luft. Die Berichte über Überschwemmungen, Brände, Trockenheit, Hitzewellen und schmelzendes Eis kommen beinahe wöchentlich und werden flankiert von immer neuen Fachberichten, die den Ernst der Lage unterstreichen. Mit Greta Thunberg und den klimastreikenden Jugendlichen an der Spitze hat sich eine neue grüne Bewegung erhoben. Die meisten dieser Wellen zerschellen zwar an den Klippen oder verlaufen im Sand – einige hinterlassen aber auch bleibende Veränderungen.

Sinn und Verstand

Es ist nicht auszuschließen, dass die Gesellschaft zu allen Zeiten das Gefühl hatte, am Übergang zu etwas Neuem, Unbekannten zu stehen, das teils verlockend, teils erschreckend ist. Im Großen und Ganzen war die Zukunft in den letzten 200 Jahren rosig. Das Leben ist immer leichter und für die meisten auch länger und besser geworden, und wir erwarten, dass es so weitergeht. Die Entwicklung der Welt wird in vielen Kulturen als zyklisch angesehen, als eine rhythmische Abfolge aus Wachstum und Niedergang, während wir – in der kapitalistischen Ära – sie als linear empfinden.

Dass die Menschheit sich stetig auf dem Weg nach oben befindet, spornt uns an, morgens aufzustehen und unseren Beitrag zu leisten. Das Ganze ergibt für uns einen Sinn. Für die Menschheit in der Moderne geht es eben nicht nur darum, zu essen, zu überleben und sich zu reproduzieren, sondern auch darum, immer wieder Neues zu lernen und die Grenzen unserer Erkenntnisse und Technologie zu sprengen. Die Zukunfts- und Technologiegläubigkeit war in den 1950er- und 1960er-Jahren schier grenzenlos, und viele weigern sich noch heute, die Idee eines fortwährend wachsenden Wohlstands aufzugeben. Denn was soll die Leere füllen, wenn wir den Glauben an den wachsenden Wohlstand aufgeben? Und wer wäre bereit, sich mit Rückschritt und Abschwung abzufinden?

Gleichzeitig ist ein anderes Verständnis vom Sinn des Lebens auf dem Vormarsch. Für die Jugend der westlichen Welt wird es immer schwieriger, auf die traditionelle Weise ein Ziel für ihr Leben zu finden. Wenn alles entdeckt, alles, was wir wirklich brauchen, erfunden ist, und es schließlich nur noch darum geht, Dinge zu erfinden, die wir eigentlich nicht brauchen, ist das längst nicht mehr so motivierend wie früher. Erst recht nicht, wenn die ganze Maschinerie nur noch durch künstlich geschaffene Bedürfnisse am Leben gehalten wird. Wenn wir satt sind, zu satt, wenn nichts mehr auf dem Spiel steht und es nur noch darum geht, unser eigenes Leben in Szene zu setzen – wie soll man dann ein Gefühl dafür kriegen, dass das, was wir tun, mehr ist als Zeitvertreib, um den Druck des Lebens auszuhalten, wie es der norwegische Philosoph Peter Wessel Zapffe formuliert hat? Der norwegische Schriftsteller Erlend Loe hat diese Ohnmacht in seinem Buch *L* äußerst treffend beschrieben. Darin geht es um eine Generation, die mit der Erkenntnis aufwächst, dass alles bereits getan und entdeckt ist und der eigentliche Fluch in der Erfüllung aller Wünsche liegt.

Es sind somit zwei widerstrebende Perspektiven, die in unserer Zeit zu kollidieren scheinen. Die eine basiert auf Vogts Ansichten und der Maxime des Philosophen Arne Næss über ein reiches Leben mit einfachen Mitteln. Man geht dabei von einer entmaterialisierten Entwicklung aus, die Gewicht auf andere, CO_2-freie Güter legt (Natur, Freundschaft, Liebe, Kultur u.v.m.). Die andere Perspektive basiert auf einer Fortführung der westlichen Entwicklungsgeschichte der letzten 200 Jahre, in der die menschliche Innovationskraft und die Technologie – inklusive der Biotechnologie – nicht nur die Probleme der Welt lösen, sondern uns auch kontinuierlich neue Ziele geben, auf die wir hinarbeiten können. Das beständige Auf-dem-Weg-Sein macht die Attraktivität dieser Perspektive aus, auch wenn wir nicht wissen, wohin dieser Weg führt. Einige sehen auch die Verbesserung des Menschen selbst als ultimatives Ziel und streben danach, diese Grenzen zu überschreiten, um sich den Traum von einem annähernd ewigen Leben erfüllen zu können. Wer solche Träume hat, sollte sich allerdings daran erinnern, dass der Fluch gerade in der Erfüllung dieses Traums liegen kann.

Auch wenn schnell der Eindruck entsteht, dass zwischen diesen beiden Anschauungen eine unüberwindliche Kluft liegt, gibt es Möglichkeiten, sie zu vereinen. Das reiche Leben mit einfachen Mitteln ist meiner Meinung nach ein Ideal entsprechend der goldenen Regel der Ethik, die besagt, dass man mit anderen so umgehen sollten, wie man es auch selbst gerne hätte. Ein reiches Leben heißt nicht, im Gras zu liegen und zuzusehen, wie die Wolken vorbeiziehen (auf jeden Fall nicht den ganzen Tag). Wir brauchen größere Ambitionen als zu essen, uns zu reproduzieren und zu sterben. Die Selbstverwirklichung muss aber auf nachhaltige Weise vonstattengehen. Es ist möglich, der nicht materiellen Seite des Ganzen größeres Gewicht zu geben. Wir können die Geschwindigkeit der Tretmühle des Lebens verringern und das reiche Leben auf eine naturverträglichere Weise führen, als es die meisten in den westlichen Ländern heute tun. Trotzdem gibt es keinen Grund, keine Technologie oder Biotechnologie zu nutzen. Wir müssen den Fortschritt also nicht aufgeben, sondern »einfach« auf Qualität statt auf Quantität achten.

Die alternative sinngebende Möglichkeit besteht also darin, ein neues Projekt entlang dieser Leitlinien zu formulieren. In diesem Zusammenhang spielt die junge Generation eine wichtige Rolle. Wobei dieses Zukunftsprojekt nicht ausschließlich für die Jugend sein sollte. Die junge Generation muss selbst etwas finden, für das es sich heute zu kämpfen lohnt. Natürlich ist es nicht immer leicht, eine solche alternative Vision mit konkretem Inhalt zu füllen, weil unsere Fantasie ja nur auf unseren begrenzten Erfahrungen aufbaut. In dem Engagement, das sich in den letzten Jahren immer deutlicher abgezeichnet hat, steckt aber bereits der Ansatz zu einem neuen Narrativ und einer sinngebenden und identitätsstiftenden Perspektive.

In 50 Jahren werden viele unserer physischen Rahmenbedingungen verändert sein. Als Art wird der Mensch dennoch dieselbe bleiben. Wir haben heute dieselben Gelüste und Laster wie vor 100, 1000 oder gar vor 100.000 Jahren, und die werden wir auch noch in 50, 100 oder 1000 Jahren haben. Hin und wieder gibt es aber Neuerungen oder Mentalitätsverschiebungen, und diese führen dann zu schnellen und wesentlichen Veränderungen der Gesellschaft. Meistens liegt das an einer neuen Technologie, die die Möglichkeit für weitere technische Entwicklungen schafft. Aber auch die kulturelle Entwicklung kann dazu führen, dass wir unsere tief verankerte Beziehung zu unserer natürlichen Umwelt fundamental ändern. Außerdem hat unsere Gesellschaft sich geändert, weil unsere Normen sich geändert haben und weil neue, sowohl geschriebene als auch ungeschriebene Gesetze hinzugekommen sind.

Ich habe die Lebenszeit meines Vaters immer als eine Epoche betrachtet, in der die Kurve sowohl für Technologie als auch Verbrauch den stärksten Anstieg hatte. Mein Vater wurde in eine Gesellschaft geboren, die mehr mit dem Mittelalter als der digitalen Gesellschaft zu tun hatte, die er schließlich verlassen hat.

Er wuchs in einer Inselgemeinde in Westnorwegen auf, die sich größtenteils selbst versorgte. Das Leben dort hat sich nicht wesentlich vom dem im Mittelalter oder der Wikingerzeit unterschieden. Die traditionelle Küstenkultur, in der das Fischen und ein paar Tiere im Stall auch für kinderreiche Familien ausreichend waren, hat ihn geprägt. Die Gesellschaft war gekennzeichnet vom Handwerk, der Pflug wurde hinter das Pferd gespannt und fossile Energie gab es nicht. Das Leben war ein immerwährender Kampf, um genug Brot auf dem Tisch zu haben – sicher kein Zustand, nach dem man sich zurücksehnen würde. Gleichzeitig hatte dieses Dasein aber auch einen Sinn, weil es ein klares Ziel gab. Es ging darum, sich aus all diesen Mühen und der Armut herauszuarbeiten. Paraffinlampen wurden durch Elektrizität ersetzt, und mein Großvater war der Erste auf der Insel mit Telefon und Motorboot. Die Gesellschaft war auf dem Weg in eine bessere Zeit, und die meisten spürten im Laufe ihres Lebens diese Erleichterung. Der Himmel war frei von dunklen Wolken, das Meer war endlos wie der Horizont und es war undenkbar, dass wir diesen Planeten negativ beeinflussen könnten.

Entwicklung und Modernität wurden nicht nur niemals infrage gestellt, sie waren für diese Generation ein sinngebendes Projekt. Die Lebensaufgabe meines Großvaters war ein kleiner Hof an einem steilen Hang auf einer Insel, draußen vor der stürmischen Westküste. Ihm ging es darum, seinen Kindern eine Ausbildung zu ermöglichen, damit sie ein besseres Leben mit weniger Mühen haben würden. Er hatte insofern Erfolg, als alle eine Ausbildung gemacht haben und niemand den Hof übernommen hat. Mein Vater gehörte damit der ersten Generation an, die an dem neuen, vielversprechenden Leben in Norwegen teilhaben durfte. Er studierte in der Stadt, bekam Ausbildungsförderung, machte seinen Abschluss und konnte sich schließlich Haus und Auto leisten. In seinen alten Tagen hat er die neue, globalisierte Welt sogar über das Internet erlebt.

Die Idee – ja die gesamte Ideologie – von weiterem Wachstum und Wohlstand ist auch aus solchen Gründen schwer aufzugeben. Neben dem psychologischen Anreiz, der in dem Glauben an fortwährenden Fortschritt liegt, verlangt auch unser Wirtschaftssystem ewiges Wachstum. Deshalb ist es doppelt schwierig, für sich eine Alternative zu finden. Die Argumente für eine Begrenzung des Wachstums werden mit negativ belegten Begriffen wie Stagnation, Rezession und Abschwung assoziiert – Worten, die in der spätkapitalistischen Kultur auch für uns in der Randzone der Finanzwelt wenig attraktiv klingen.

Dies ist eins der Dilemmas, mit denen die Umweltbewegung zu kämpfen hat. Auf jeden Fall ist die alte Maßhaltungs-Bewegung hier in diesem Punkt immer wieder an Grenzen gestoßen. Es nützt wenig, wenn eine Organisation sich den Namen »Die Zukunft in unseren Händen« gibt, wenn die Wachstumspropheten als Realisten gelten und Maßhalten mit altmodischer Rationierung und Rückschritt gleichgesetzt wird. Eines der Probleme ist, dass diejenigen, die gegen das Wachstum argumentieren, sich selbst in eine argumentative Sackgasse manövriert haben, in der »Nein« zur Standardantwort geworden ist. Wenn die Alternative zum Wachstum gleichbedeutend mit »Nein« zu allem ist, was Spaß macht, ja mit einer Reise zurück in die 1960er-Jahre, um nicht zu sagen in die harten 1930er, ist die Zahl derjenigen, die dazu Lust haben und sich mit auf den Weg machen, sehr begrenzt.

Auch ich wünsche mich nicht zurück in die nachhaltige, aber mühsame Jugend meines Vaters auf dem steilen Westlandshof oder in ein Dasein, in dem man bei 12 Grad Celsius, gehüllt in dicke Pullover, kalten Haferbrei im spärlichen Licht einer Tranlampe isst. Wenn dieses karikierte Leben die Alternative zu fortwährendem Wachstum ist, ist es nur natürlich, dass die meisten es ablehnen. Deshalb muss die Botschaft einer Wachstumsbegrenzung nicht als ein »Nein«, sondern als ein »Ja« zu etwas anderem vermittelt werden. Ein »Ja« zu mehr von dem, was die meisten von uns mit einem guten Leben verbinden: Freunde, Liebe, Familie, Natur, Zeit, um zu spüren, dass man lebt, aber auch Reflexion, lange Gedankengänge, kurz gesagt zu mehr Qualität statt Quantität.

In der letzten Zeit ist überdies etwas Neues entstanden. Das gute Leben scheint nicht mehr so offensichtlich an das Wachsen des Wohlstandes gekoppelt zu sein, zumindest nicht, wenn man den westlichen Wohlstand zugrunde legt. Während man sich früher für eine Zukunft mit mehr Freizeit abgerackert hat, sehen wir heute, dass sogar die Freizeit mehr und mehr von organisierten Aktivitäten und einer straffen Zeitplanung geprägt ist. Wir konkurrieren auf allen Ebenen, tanzen auf allen Hochzeiten und haben dabei das Gefühl, dass das Tempo immer weiter zunimmt, ohne dass wir das kontrollieren könnten. Zweifellos empfinden es viele als Belastung, ein Leben zu leben, das weit über der Tragfähigkeitslinie unserer Grafik liegt, wohlwissend, dass man der Schwerkraft oder mindestens einem der zentralen Naturgesetze trotzt und gleichzeitig Raubbau an den Ressourcen unserer Kinder und Kindeskinder betreibt.

Jahr für Jahr kurz vor Weihnachten wird dieses Problem auf die Spitze getrieben: Die Konsumgesellschaft kann durch nichts besser symbolisiert werden als durch den »Black Friday« oder das Weihnachtsgeschäft, das in einem Berg von Geschenken unter dem Weihnachtsbaum kulminiert. Obwohl wir doch eigentlich wissen, dass uns noch mehr Besitz nicht glücklicher macht, bleiben wir Gefangene des Systems. Eine Illustration im Onlinemagazin *Harvest*, publiziert am selben Tag, an dem im Spätherbst 2019 der erste Schnee in der Nordmarka gefallen war, bringt dies süffisant zum Ausdruck. Es zeigt einen Skiläufer früher und heute. Oben, anno 1953, steht er mit seinem einen Anorak, einem grauen Rucksack, ein paar Dosen Skiwachs und einem Paar Holzski da. Der heutige Skiläufer hat hingegen acht Paar Ski (samt Rollskiern), einen prall gefüllten Wachskoffer, mehrere Paar Schuhe, eine überquellende Trainingsgarderobe und so weiter.

Der Sozialanthropologe Thomas Hylland Eriksen und ich beschreiben diese Jagd nach Quantität in dem Buch *På stedet løp*[31]. Eines der Beispiele im Buch zeigt, wie der beschleunigte Warenumsatz die Wegwerfmentalität befeuert. In bestimmten Bereichen der Konsumgüterindustrie werden die Waren immer billiger produziert – und gleichzeitig

31 Auf der Stelle rennen; Hessen u. Eriksen (2013)

auch immer schlechter. Es geht darum, immer mehr Geld aus den Kunden herauszuholen, die ihrerseits zwar immer preisbewusster werden, dabei aber ständig Neues kaufen müssen, da die alten Produkte kaputtgehen – oder aus der Mode kommen. Es ist nicht mehr das Ziel, möglichst langlebige, qualitativ hochwertige Waren zu produzieren, sondern den Kunden dazu zu bringen, immer wieder neu einzukaufen. Alle Eltern, die schon an Schulflohmärkten mitgewirkt haben, kennen das: Wenn verkauft wurde, was verkauft werden konnte, müssen nach Ende des Flohmarkts die übrig gebliebenen Möbel zerkleinert werden, damit sie in den Container passen, der auf dem Schulhof steht. Bei den neuen Spanplattenmöbeln ist das kein Problem, ein paar gut gezielte Tritte reichen da schon. Die Arbeit ist ungleich schwerer, wenn Möbel aus den 1970ern oder 1980ern zerlegt werden sollen, da damals noch Massivholz und gute Schrauben verarbeitet wurden. Bekommt man es schließlich mit Möbeln aus den 1930er bis 1950er-Jahren zu tun, bei denen die Massivholzelemente noch in allen Ecken verzahnt waren, kann man eigentlich gleich aufgeben. Diese Möbel sind für die Ewigkeit gemacht und äußerst robust. Die Produktevolution, die aus solchen Beobachtungen deutlich wird, mag aus betriebswirtschaftlicher Sicht vielleicht sinnvoll sein, aber ein Fortschritt ist da eigentlich nicht wirklich zu erkennen.

Diese Art von quantitätsgetriebenem Wettrennen erscheint heute sinnlos. Während Wachstum und Wohlstand früher Mittel zum Zweck waren, sind sie heute mehr und mehr zum Selbstzweck geworden. Es ist aber fraglich, ob sich Glück mit Geld erkaufen lässt, und einen tieferen Sinn hat immer mehr Wohlstand jedenfalls nicht. Natürlich gibt es auch eine Konkurrenz um bessere und klügere Produkte. Kaum etwas illustriert das besser als das Smartphone, das mittlerweile so smart geworden ist, dass die meisten es als unentbehrlichen Teil ihrer selbst betrachten. Ob die Geräte mittlerweile so smart geworden sind, dass sie uns dümmer machen, ist eine andere Diskussion, es ist aber schlichtweg unmöglich, sich nicht von all den Möglichkeiten und Dienstleistungen begeistern zu lassen, die sie bieten. Gleichzeitig sind die Smartphones aber auch ein Beispiel für etwas, von dem wir noch vor ein paar Jahren nicht wussten, dass wir es brauchen würden. Die Zahl der Smartphones ist im Laufe von 15 Jahren von null auf 3,5 Milliarden[32] angestiegen, was leider auch auf Kosten der Umwelt geht.

Der Gedanke, dass wir unseren Verbrauch reduzieren sollten, gilt noch immer als sektiererisch, hinterwäldlerisch und wirklichkeitsfremd – in einer auf Wachstum basierten Ökonomie als streng genommen unmöglich. Da Wachstum in unserer Entwicklungsgeschichte schon so lange ein Erfolgsrezept war, empfinden es viele als voreilig, diesen »Garant für unser Wohlergehen« im Tausch für eine vage Alternative aufzugeben, die einfach nur »Nein zum Wachstum« sagt und weder Geld in die Kasse bringt noch Arbeitsplätze schafft.

Die meisten Wachstumsanhänger unterstreichen, dass das kommende Wachstum sich deutlich von dem bisherigen unterscheiden wird. Es wird »grün« sein, und zum Bruttoinlandsprodukt beitragen, ohne weiteres CO_2 zu erzeugen. Man hintergeht sich aber selbst, wenn man glaubt, dass diese Wirklichkeit schon hinter der nächsten Ecke wartet. Elektrifizierung, gesteigerte Batteriekapazität, CO_2-Lagerung, Biotreibstoffe und Windräder stecken noch in den Kinderschuhen. Die Solartechnik ist etwas weiter, aber trotz allem schreitet die technische Entwicklung zu langsam voran, um das Wachstum zu retten und nachhaltig zu machen. Außerdem steht mehr auf dem Spiel als den meisten, die von einer »grünen Wende« reden, bewusst ist. Und die Zeit läuft uns davon.

---

32 https://www.statista.com/statistics/330695/number-of-smartphone-usersworldwide/

Deutlich zum Ausdruck kam dies in dem Bericht des Weltbiodiversitätsrates[33]. Diese Plattform (IPBES) wurde parallel zum Weltklimarat der UNO eingerichtet. Sie hat das Mandat, die Artenvielfalt zu schützen. Als der Bericht veröffentlicht wurde, lauteten die Schlagzeilen vieler Zeitungen: »Die menschliche Aktivität bedroht die Existenz von Millionen von Arten.«[34] Man kann über diese Schlagzeilen denken, was man will, sie hatten aber Effekt: Dass es um so viele Arten derart schlecht steht, erregte erhebliches Aufsehen. Auch die Ursachen dafür – Lebensraumzerstörung und zu intensive Landwirtschaft – sowie deren Konsequenzen für zentrale Ökosystemdienstleistungen – z. B. Kohlenstoffspeicherung und Bestäubung – wurden vielen bewusst.

Die radikalste Schlussfolgerung, zu der der Rat selbst kam, fand aber keine Verbreitung. Der Bericht prangert nämlich das Bevölkerungswachstum und den Konsum als eigentliche Ursache für Lebensraumverlust, Klimaänderung, Verunreinigung und Überfischung an und sagt klar und deutlich, dass wir die Ideologie des fortwährenden Wirtschaftswachstums aufgeben müssen. Je mehr Menschen es gibt, desto wichtiger ist dieser Punkt. Gerade als Norweger:in oder anderer Mensch mit vergleichbarem ökologischem Fußabdruck sollte man sich das zu Herzen nehmen. Das Wir bezieht sich natürlich auf die gesamte Bevölkerung der Erde, gilt aber insbesondere für diejenigen, die längst alles haben und doch fieberhaft auf der Suche nach neuen Dingen und Aktivitäten sind, mit denen sie ihr Leben ausfüllen können. Für große Teile der Weltbevölkerung ist der Wunsch nach mehr Wohlstand und einem besseren Leben absolut berechtigt. Ein höherer Lebensstandard wird über kurz oder lang auch zu

---

33 IPBES Pressemitteilung vom 6. Juni 2019

34 Zum Beispiel »En million arter utrydningtruet. Vil få alvorlige konsekvenser også for mennesker«. Dagbladet, 6. Juni 2019

geringeren Geburtenraten führen, obwohl er erst einmal den globalen Fußabdruck vergrößern wird. Wie wir es auch drehen und wenden, es wird noch eine Phase geben, in der sowohl die Bevölkerungszahl als auch der Verbrauch ansteigen. Dies ist einer der Gründe dafür, warum das, was uns nun bevorsteht, nicht wirklich vollumfänglich gut gehen kann.

Wir müssen uns deshalb noch einmal die Frage stellen, wie schlimm es wirklich kommen kann. Bei schlimmen Konsequenzen ist das Risiko, das wir eingehen, auch dann groß, wenn die Wahrscheinlichkeit, dass der Schadenfall eintritt, sehr klein ist. Was ist eigentlich das Worst-Case-Szenario, wenn wir von der Zukunft unseres Planeten sprechen? Wird die Menschheit aussterben und die Welt untergehen? Was ist, rein fachlich und nüchtern betrachtet, der Status quo? Welche sachliche Rhetorik sollte angewendet werden, damit der jungen Generation nicht vollends die letzte Hoffnung genommen wird? Manchmal kontaktieren mich Menschen, die durch Schlagzeilen über den Klimawandel und den Naturverlust aufgeschreckt wurden. Ist es überhaupt noch sinnvoll, für Veränderungen zu kämpfen, wenn ohnehin schon alles verloren ist? Wenn die Arten aussterben und unser Planet ein Treibhausinferno wird?

Ich bin wirklich der Meinung, dass es ziemlich düster aussieht, auch wenn die Welt nicht »kollabieren« wird. Andererseits halte ich es für richtig, sich angesichts der Situation, vor der wir stehen, zu fürchten. Eine gewisse Angst kann zum Handeln motivieren. Auch ein schlechtes Gewissen und die Erkenntnis der eigenen Verantwortung sind gut. Natürlich ist jeder Mensch anders, aber wenn wir nicht an die Gefühle appellieren, werden Trägheit und Gleichgültigkeit überwiegen. Die Entwicklung von Klima und Biodiversität und die unzureichenden Antworten der Gesellschaft auf diese Herausforderungen bieten Anlass zur Sorge, aber nicht zur Panik und definitiv nicht zur

Resignation. Die Erkenntnis, dass es richtig schlimm werden kann, ist vielmehr eine Voraussetzung für die Art von Aktionen, die wir jetzt brauchen.

Es gibt wirklich viele Dinge, für die es sich lohnt, morgens aufzustehen und die einem das Gefühl geben, dass das Leben einen Sinn hat – z. B. die Arbeit dafür, dass es nicht so schlimm kommt, wie es kommen könnte.

Das Risiko, dass unsere Überschreitung der Tragfähigkeit unseres Planeten zu einem schlimmen Ende führt, ist in vielerlei Hinsicht mit gewissen Kipppunkten verknüpft, die sich im schlimmsten Fall auf die komplexen Klima- und Naturzusammenhänge auswirken und die Entwicklung dramatisch verschlechtern können.

Wir kennen andere Kipppunkte aus Natur und Kultur. Sie sind am besten wie ein Schneeballeffekt zu beschreiben, der sich in einem plötzlichen Übergang von einem zum anderen Zustand äußern kann. Im schlimmsten Fall haben wir am Ende einen Saunaplaneten. Das will niemand. Aber sind wir nicht trotzdem auf direktem Weg dorthin?

Machen wir einen Realitätscheck: Dieser kann dort ansetzen, wo zurzeit wirklich große Veränderungen stattfinden, nämlich am schmelzenden Eis und Permafrostboden, wo sich das Tier- und Pflanzenleben verändert und wir deutlich vor Augen geführt bekommen, was wir verlieren können.

Hinein in das Anthropozän

Wenn ich über den Rand schaue, habe ich sie direkt unter mir: Zwei erwachsene Eisbären trotten ein paar Hundert Meter weiter unten durch das Tal. Der Wind weht mir ins Gesicht, sodass die Tiere meine Witterung nicht aufnehmen und ich sie ruhig beobachten kann, bis sie hinter einer kleinen Anhöhe verschwinden. Mein Puls ist etwas höher als normal. Er wird noch höher, als ich plötzlich ein Tier hinter mir höre. Glücklicherweise ist es kein dritter Eisbär, sondern ein gut genährtes Spitzbergen-Rentier, das mich kaum beachtet. Weiter unterhalb trippelt ein Schneehuhn mit zwei Küken vorbei.

Vor mir liegt der Kongsfjord, umrahmt von Bergen und Gletschern. Auf dem Weg hierher sind wir zwischen Eisbergen hindurchgefahren, die vom Gletscher abgebrochen sind. An der Kante des Gletschers wimmelt es von Seevögeln. Die Welt, in die wir uns begeben haben, ist karg und kalt, aber trotzdem voller Leben. Drehe ich mich um 180 Grad, sehe ich, wie sich die Gletscher im Osten in einer großen, zusammenhängenden Eiskappe vereinen.

Wir sind bei einer Feldstudie im August 2019. Unser Zielort ist vermutlich noch nie zuvor von einem Menschen betreten worden. Es ist neues Land, das noch bis vor Kurzem vom Eis bedeckt war. Der Eisrückgang der letzten Jahre war rapide. Hoch oben an den Bergrücken sehe ich glänzende Felsflächen auf beiden Seiten des Gletschers. Sie zeigen mir, wie hoch das Eis noch vor Kurzem war. Der Kongsfjord selbst ist schon seit meinem ersten Besuch hier eisfrei. Das war vor 25 Jahren. Trotzdem bin ich überrascht, wie schnell die Veränderungen in diesem Gebiet voranschreiten. Neue Arten wie Makrele und Miesmuschel haben ihren Weg in die arktischen Gewässer gefunden, nachdem die Temperaturen angestiegen sind.

Meine beiden Kollegen, die ich unten am blauen Wasser sehe, nehmen DNA-Proben, sodass wir festhalten können, welches neue Leben es am Rand des Eises gibt. Wie schnell kommen die Pionierarten? Wer findet den Weg hierher?

In Ny-Ålesund, wo unsere Basis liegt, ist vor einiger Zeit unweit der Häuser ein großer Krater im Boden entstanden. Der Permafrostboden ist dort aufgetaut und hat unter der Vegetation eine Wasseransammlung gebildet, die dann spontan abgeflossen ist. Der Krater liegt direkt unterhalb des Zeppelinfjells. Oben auf dem Gipfel überwacht eine Messstation den Gasgehalt der Atmosphäre. Exakt an dieser Station wurden weltweit das erst Mal mehr als 400 ppm (parts per Million, d. h. 0,04 Prozent) CO_2 in der Atmosphäre gemessen. Ein Niveau, das die Welt im Laufe von einer Million Jahre nicht gesehen hat, und definitiv nicht im Laufe der Menschheit. Der Permafrostkrater exakt unterhalb dieses Berggipfels ist ein starkes Symbol. Wir befinden uns in der Gegend der Welt, wo die Erwärmung am schnellsten fortschreitet. Global betrachtet ist eine 3 Grad höhere Durchschnittstemperatur eines der beängstigendsten Szenarien. In Oslo ist die Temperatur seit 1961 doppelt so stark angestiegen wie im Weltdurchschnitt, der 2 Grad beträgt, und auf Spitzbergen sind die Temperaturen bereits um 5,6 Grad höher als 1961![35] Zum Zeitpunkt, da ich dies hier schreibe, war die Temperatur in Spitzbergen 100 Monate in Folge höher als der frühere 30-Jahres-Durchschnitt. Dies hat in erster Linie mit dem verringerten Meereis zu tun, welches wiederum zu milderen Wintern führt. Die Winter auf Spitzbergen sind massiv wärmer als früher. Die Abweichung beträgt nicht selten 14 Grad, aber auch die Sommer sind beträchtlich wärmer. In der nächsten Zeit werden sich hier oben also noch weitere Permafrostkrater auftun.

Steht man am Eisrand, nimmt man die Herausforderungen des Klimas mit allen Sinnen wahr. Schwindende Gletscher und auftauender Permafrost werden konkret erfahrbar. Sie berühren einen auf viel direktere Weise als Artikel mit Zahlen und Grafiken, die uns dasselbe auf wissenschaftliche Weise erklären, und doch nicht dieselben Emotionen wecken. Genau aus diesem Grund ist es immer ratsam, Politiker:innen an den Rand des Kongsfjords zu führen, damit sie »den Klimawandel mit eigenen Augen

35 https://www.met.no/nyhetsarkiv/100-maneder-med-temperatur-over-normalen-pa-svalbard

erleben« können. Der Eindruck, den ein ins Wasser kalbender Gletscher macht, kann bahnbrechender sein als tausend Seiten wissenschaftlicher Berichte. Wobei es natürlich normal ist, dass Gletscher kalben, wenn sie das Meer erreichen. Die vorhandenen Zeitreihen und Zahlen erlauben es aber trotzdem, die Botschaft mit solch eindrücklichen Bildern zu verstärken. Es macht einfach Eindruck, wenn einige Tonnen Eis plötzlich im Wasser landen.

Ich selbst habe das zum ersten Mal auf der Blomstad-Halbinsel auf der anderen Seite des Fjords erlebt. Seit damals ist diese ehemalige Halbinsel zu einer Insel geworden. Der Gletscher hat sich zurückgezogen und einen Meeresbereich freigelegt, den wir zuvor als Landbrücke eingeschätzt hatten. Ich ahne bereits, dass auch der bergige Bereich, wo ich die beiden Eisbären gesehen habe, eine Insel sein könnte, die erforscht werden muss, wenn das Eis sich noch weiter zurückzieht. Alles ist beständig in Veränderung, so auch das Klima und das Eis, aber diese Änderungen erfolgen nun mit deutlich höherer Geschwindigkeit und in viel größerem Umfang als früher. Auf Spitzbergen wird dies deutlicher als an den meisten anderen Orten dieser Welt.

Seit wir vor 10.000 Jahren mit der Landwirtschaft begannen und sesshaft wurden, war das geologische Zeitalter ungewöhnlich stabil. Das liegt in erster Linie daran, dass die Erde in dieser Periode eine annähernd zirkuläre Bahn um die Sonne beschrieben hat. In Zeiten deutlich elliptischerer Bahnen sind die Fluktuationen des Klimas größer gewesen.

So gesehen hatte der Homo sapiens Glück. Die Schwankungen des Klimas waren eigentlich in der gesamten Geschichte unserer Art, die inzwischen ganze 300.000 Jahre währt, ziemlich moderat. Natürlich gab es lokal, regional und auch global klimatische Herausforderungen in Form von Frost, Sturm, Trockenheit, Überflutungen und so weiter. Es gab auch »Missjahre« sowie

Hitze- und Kälteperioden. Andere Phasen dauerten länger an und verliefen eher zyklisch, wie z. B. die Eiszeiten, in denen sich das Leben in Richtung Äquator zurückziehen musste, um dort auf bessere Zeiten zu warten. Trotz dieser Variationen haben sowohl wir als auch die anderen Arten diese 300.000 Jahre gut überstanden. So muss es nicht bleiben. Wir sind jetzt nämlich am Anfang des Anthropozäns, des Zeitalters der Menschheit.[36] Diese Epoche ist dadurch gekennzeichnet, dass die von uns selbst geschaffenen Herausforderungen die größten sein werden, die wir als Art jemals erlebt haben.

Spricht man vom Anthropozän, tauchen schnell Begriffe wie Kollaps oder Katastrophe auf, ohne dass ein solches Endzeitszenario auch wirklich begründet wird. Natürlich gibt es inzwischen eine Reihe von Beispielen für den Kollaps einzelner Arten, wie wir es z. B. beim Hering erlebt haben. Dank eines guten Managements hat sich der Bestand wieder erholt, aber auch der Rückgang vieler Seevogelarten geht bedrohlich in dieselbe Richtung. Dass ganze Ökosysteme kollabieren, ist nichts Neues. Aber auch die in jeglicher Hinsicht dramatische Situation am Ausgangspunkt des Anthropozäns – mit Klimaeffekten und dem Niedergang der Artenvielfalt – wird nicht zu einem planetarischen Kollaps führen. Die Erde als solche ist ziemlich robust; das Leben wird weiterbestehen, nur eben nicht dasselbe Leben.

Ob wir unser eigenes Zeitalter überleben, bleibt abzuwarten. Vermutlich schon. Es wäre eine Ironie des Schicksals, wenn das Anthropozän das Schicksal der Art besiegeln sollte, das die Epoche den Namen gegeben hat. Vorläufig gibt es keinen Grund für diese Annahme, aber sollte es wirklich so schlimm kommen, dass uns dasselbe Schicksal blüht wie dem Säbelzahntiger oder dem Mammut, dem Dodo oder dem Tyrannosaurus rex, wird der

---

36 Crutzen (2002)

Rest des Lebens auf der Erde erleichtert aufatmen – wie es Alan Weisman in seinem Buch *The World Without Us* so treffend beschreibt.[37] Unsere Haustiere und die von uns kultivierten Pflanzen werden vielleicht mit uns untergehen, aber für den unter Druck stehenden Planeten wäre eine Zukunft ohne den Menschen eine Befreiung. Deshalb sollten wir eine gewisse Demut an den Tag legen. Wir sind entbehrlich. Einige sind der Meinung, dass der Mensch eine Art Krebsgeschwür der Erde ist und wir uns eigentlich von diesem Planeten verabschieden sollten. Dazu kann ich nur sagen: Wir sind besser als unser Ruf – und es wäre ein unerträglicher Gedanke, dass die Welt einfach so ohne uns weitergeht.

Drei Nachrichten aus den letzten Jahren sollen illustrieren, warum es durchaus berechtigt ist, vom geologischen Zeitalter der Menschheit zu sprechen:

Wir haben die Atmosphäre auf eine Weise verändert, die man noch vor 100 Jahren für unmöglich gehalten hätte. Die CO_2-Konzentration der Atmosphäre hat 2015 400 ppm überschritten. Aller Voraussicht nach werden wir im Laufe weniger Jahrzehnte eine doppelt so hohe CO_2-Konzentration haben wie zu vorindustriellen Zeiten. Auch die Methan- und Lachgaskonzentrationen sind angestiegen, und lange Zeit waren wir drauf und dran, die Ozonschicht zu zerstören.

Mehr als 3700 wichtige »höhere« Arten zeigen im Vergleich zu 1970 im Schnitt einen Bestandsrückgang von 58 Prozent. Auch wenn dieser Rückgang nicht komplett auf den Menschen zurückzuführen ist, gibt es kaum einen Zweifel daran, dass unser kollektiver Fußabdruck, verbunden mit der Zerstörung der Lebensräume, der Überfischung und der Freisetzung von Umweltgiften sowie der zunehmenden Klimaveränderung, die Hauptursache für den

37 Weisman (2007): Die Welt ohne uns: Reise über eine unbevölkerte Erde. Piper

enormen Rückgang der Diversität sowohl auf dem Land als auch im Wasser ist.

Die Weltbevölkerung wächst weiter, und wir werden immer mehr zu einer urbanen Bevölkerung mit wachsenden materiellen Ansprüchen und Erwartungen. Der Erdüberlastungstag (Earth Overshoot Day), der Tag, an dem die menschliche Nachfrage nach nachwachsenden Rohstoffen das Angebot und die Kapazität der Erde zur Reproduktion dieser Ressourcen in einem Jahr übersteigt, fiel 2022 bereits auf den 27. Juli.[38] Hätten alle Menschen einen ähnlich großen ökologischen Fußabdruck wie wir Norweger:innen oder auch nur alle Nord- und Westeuropäer:innen, wäre dieser Punkt bereits Mitte April erreicht gewesen. Die letzten Jahre haben gezeigt, dass der Tag der Erdüberlastung fast jedes Jahr etwas früher erreicht ist. Das heißt, dass wir für den Rest des Jahres Raubbau an den Ressourcen kommender Generationen betreiben.

Niemand hat sich die Veränderungen gewünscht, die nun sogar zu der Formulierung einer neuen erdgeschichtlichen Epoche geführt haben. Trotzdem ist das Anthropozän das Resultat einer gewollten Entwicklung. Die Umweltauswirkungen sind ganz einfach die Konsequenzen unseres Handelns. Das Wachstum als solches war gewünscht. Es ist das Resultat unseres natürlichen Strebens nach materiellen Gütern, katalysiert durch eine Ideologie, die die Konkurrenz und das grassierende Bevölkerungswachstum noch antreibt. Am 15. November 2022 lebten zum ersten Mal mehr als 8 Milliarden Menschen auf der Erde. Im Laufe nur eines Jahres nimmt die Weltbevölkerung um 70 Millionen zu. Das Problem ist also nicht nur, dass wir zu viel brauchen und verbrauchen, mehr konsumieren und uns ausbreiten, sondern auch, dass unsere Zahl stetig zunimmt. Die Summe von alldem führt zum schmelzenden Eis, zum Abholzen der Regenwälder

---

38 https://www.footprintnetwork.org.

und zu der Tatsache, dass die Lebewesen, die sich diese Erde mit uns teilen, immer weniger werden. Obwohl es auf der Erde viel weniger Menschen geben müsste, stellen sinkende Geburtsraten und Überalterung viele Länder vor große Probleme. Der Wohlfahrtsstaat kann mit einer kopflastigen Alterspyramide nicht aufrechterhalten werden. Und wieder begegnen wir dem Dilemma zwischen unserer moralischen Verantwortung in der Gegenwart und unserer Zukunft. Das Problem durch Bevölkerungswachstum zu lösen, ist aber gefährlich und auf lange Sicht ebenso unmöglich, wie mit einem Kettenbrief Geld zu verdienen. Wir müssen anders konsumieren – und weniger.

Gleichzeitig ist der Mensch definitiv eine Art, die Probleme lösen kann. Wir suchen nach Kausalitäten und Lösungen. Außerdem gibt es ein paar Erfolgsgeschichten, die man in diesem ansonsten düsteren Bild nicht außer Acht lassen sollte. Einige vorhergesagte Krisen konnten abgewendet werden oder es ist uns gelungen, sie bis jetzt zu umschiffen, so z. B. den globalen Atomkrieg. Der saure Regen, ein vor wenigen Jahrzehnten gewaltiges Umweltproblem, hatte seinen Höhepunkt in den 1980er-Jahren. Heute ist das Ausregnen des Schwefels, der aus Kohlekraftwerken stammt, wieder auf dem vorindustriellen Niveau. Die pH-Werte in Niederschlägen und Gewässern nehmen wieder zu, und das Leben kehrt zurück. Viele der Giftstoffe, um die Rachel Carson sich noch gesorgt hat, sind ebenfalls Geschichte, auch wenn ein paar neue hinzugekommen sind. Auch der Abbau der Ozonschicht in der Stratosphäre konnte gebremst und umgekehrt werden, und das gefürchtete Ozonloch, das noch in den 1990ern vielen den Schlaf geraubt hat, schließt sich wieder. Zu verdanken haben wir das in erster Linie Paul Crutzen, der in den 1980ern auf das Problem hingewiesen und eine Lösung vorgeschlagen hat. Crutzen hat für seinen Einsatz den Nobelpreis erhalten. Er war es, der wenige Jahre später den Begriff Anthropozän geprägt hat.

In all diesen Fällen war es die menschliche Intelligenz, die zu den Problemen geführt hat. Doch es waren auch die Menschen, die die Probleme dank ihrer Intelligenz erkannt und verstanden haben, wie sie zu lösen waren. Und es war die menschliche Intelligenz, die letztlich für ihre politische Anerkennung sorgte und dadurch tatsächlich Veränderungen bewirkte. All diesen Erfolgsgeschichten ist jedoch gemein, dass sich die Probleme mit technischen Mitteln lösen ließen, die weder von der Politik noch von uns echte Opfer verlangt haben. Rauchgasentschwefelungsanlagen waren keine große Sache, und es war auch nicht mit hohen Kosten verbunden, problematische Stoffe wie DDT, Treibgase oder Phosphate in Waschmitteln zu ersetzen. In all diesen Fällen gab es Alternativen, sodass es für uns keine Einschränkungen gab. Außerdem konnte man mit den umweltfreundlichen Alternativen viel Geld verdienen, vorausgesetzt man war schnell genug. Trotzdem muss festgehalten werden, dass diese Entwicklung erst losgetreten wurde, nachdem Wissenschaftler:innen und besorgte Umweltaktivist:innen nachdrücklich auf die Missstände aufmerksam gemacht haben – und dass es gedauert hat.

Wenn man solche Erfolgsgeschichten als Argument dafür heranzieht, dass die »Klimaaktivisten sich geirrt haben«, liegt man damit aber komplett falsch. Damals wie heute ist sicher der eine oder andere mit seinen Warnungen über das Ziel hinausgeschossen, aber wenn niemand die Gefahr erkannt und benannt hätte, würde es uns heute deutlich schlechter gehen.

Die in der heutigen Zeit drängendsten Probleme, der Klimawandel und der Naturverlust, sind aus vielerlei Gründen anders gelagert als frühere Umweltbeeinträchtigungen. Zum einen ist der Umfang und die damit verbundene potenzielle Bedrohung des Planeten viel größer, zum anderen sind sie direkt mit dem Bevölkerungswachstum und unserem Verbrauch gekoppelt. Dazu kommt der

Aspekt der Zeit. Wir stehen vor globalen Herausforderungen, die nicht einfach durch Reinigungsanlagen oder durch das Ersetzen eines problematischen Stoffes in einem Produktionsprozess gelöst werden können. Es gibt keine simplen Lösungen, wie wir sie von früher kennen. Es handelt sich vielmehr um Problemstellungen, die untrennbar verknüpft sind mit unserem politischen und wirtschaftlichen System, unserer Kultur, der Bevölkerungsdichte und unserer Ansicht darüber, was im Leben wirklich zählt und welche moralischen Verpflichtungen wir gegenüber anderem Leben und zukünftigen Generationen haben. Die aufgeworfenen Fragen könnten größer nicht sein. Gleichzeitig tickt im Hintergrund unerbittlich die Uhr: Je länger wir warten, desto schlimmer wird es.

Fakten allein reichen in einer solchen Situation nicht aus, das ist eine Tatsache. Trotzdem muss am Anfang das grundlegende Verständnis für die beiden wichtigsten Probleme stehen, die sich uns stellen: weniger Natur und mehr Treibhausgase. Wir müssen verstehen, wie diese beiden Problemfelder miteinander zusammenhängen. Erst dann dürfen wir uns fragen: Was nun?

3
DER VERLUST DER NATUR

Kanarienvögel

Eine Spezies unter den vielen Millionen, die auf unserem Planeten leben, beansprucht sowohl direkt als auch indirekt den größten Teil des Land und aller Ressourcen der Erde. Wenn wir die Biomasse aller Lebewesen auf der Erde – einschließlich Bakterien, Algen und Bäumen – schätzen, nimmt der Homo sapiens einen bescheidenen Anteil von 0,001 Prozent ein. Das sollte uns eigentlich zur Demut mahnen – könnte uns aber auch das Gefühl vermitteln, dass wir uns doch gar nicht so sehr ausgebreitet haben. Wenn wir jedoch näher heranzoomen und nur die Aspekte betrachten, die für unser Dasein eine Rolle spielen, nämlich Land und das Verhältnis zu anderen Säugetieren, ergibt sich ein ganz anderes Bild.

Das Gewicht aller Menschen auf der Erde zusammengenommen macht schätzungsweise 36 Prozent der Gesamtmasse aller Säugetiere aus. Unsere Haus- und Nutztiere kommen auf 60 Prozent derselben Biomasse. Für wild lebende Säugetiere, von der Maus bis zum Elefanten, bleiben demnach gerade einmal 4 Prozent übrig. Darüber hinaus sind 70 Prozent aller Vögel auf diesem Planeten Hühner und Hennen (ebenfalls auf Gewichtsbasis). Das hat schon Anlass zu der Annahme gegeben, dass in einigen Zehntausend Jahren der Anteil der Hühnerknochen in Mülldeponien als geologischer Marker für das Anthropozän dienen könnte. Dieselbe Studie, die diese Berechnungen vorlegte und in der renommierten Zeitschrift *Proceedings of the National Academy of Science* veröffentlicht wurde, schätzte auch den Gesamtrückgang der verschiedenen Tiergruppen, seit wir vor etwa 10.000 Jahren die Landwirtschaft erfanden und begannen, Land urbar zu machen.[39] Der Rückgang betrug 83 Prozent bei wild lebenden Säugetieren, 80 Prozent bei Meeressäugern, 50 Prozent bei Pflanzen und 15 Prozent bei Fischen. Wie so vieles in diesem Buch verläuft auch diese Entwicklung exponentiell: Allein in den letzten 50 Jahren haben sich die Tierpopulationen der Welt schätzungsweise halbiert. Mit anderen Worten, wir haben sie vielleicht nicht ausgerottet, aber es gibt nur noch jeweils halb so viele Tiere.

Als ich noch ein kleiner Junge war, lebte 3 Jahre hintereinander derselbe Star in einem Nistkasten vor meinem Kinderzimmerfenster. Ich erkannte ihn, weil er, wie die meisten Stare, nicht nur ein ausgezeichneter Sänger, sondern auch ein guter Imitator war. Er hatte sich darauf spezialisiert, den Großen Brachvogel zu imitieren, und inmitten seines eigenen Repertoires ertönte plötzlich ein unverwechselbarer Brachvogelschrei. Der Star ist eine der Vogelarten in der Kulturlandschaft, die in den letzten Jahren stark zurückgegangen sind. Seine Situation ist keineswegs kritisch, aber sie hat sich merklich verschlechtert.

Wie wir alle wissen, führen Zugvögel ein riskantes Leben. Die Überquerung von Ozeanen und Kontinenten ist kein Zuckerschlecken, aber der Star tut dies seit unzähligen Generationen, ohne dass es in der Vergangenheit zu einem merklichen Rückgang der Population gekommen wäre. Manche Stare enden zwar als Delikatesse auf dem Teller, aber auch das ist nichts Neues. Es wurde daher spekuliert, dass einige Stare und andere Zugvögel in die Gasflammen der Bohrinseln in der Nordsee fliegen und dort flambiert werden. Dennoch stehen die Veränderungen in unserer Landschaft ganz oben auf der Liste der Ursachen für den Rückgang der Stare.

Das Insektensterben und das Aufforsten der offenen Kulturlandschaft sind schlechte Nachrichten für den Star –

---

39 Bar-On et al. (2018)

und für andere Arten. Und wenn ein neuer Star in dem Vogelhäuschen vor meinem Fenster auftauchen sollte, ist die Wahrscheinlichkeit gering, dass er den Großen Brachvogel imitiert. Denn: Es gibt auch weniger Brachvögel. In nur 15 Jahren hat sich der Bestand fast halbiert. Es ist zwar immer schwierig, den genauen Grund für den Rückgang der Vögel zu bestimmen, aber es ist klar, dass der Landschaftswandel viele Arten beeinträchtigt. Die Landschaft verändert sich in ganz Europa rapide, und obwohl dies in einigen Fällen für einige Arten günstig ist, sind weniger Nahrung, weniger Feuchtgebiete, mehr Monokulturen und örtlich die Aufforstung eindeutig nicht günstig für die Vögel unserer Kulturlandschaft.

In vielen europäischen Ländern, darunter auch Norwegen, werden Brutvogelzählungen zur Beobachtung der Populationen durchgeführt. Im Jahr 2015 wurden die Trends für 25 Länder erfasst.[40] In den letzten 30 Jahren hat Europa schätzungsweise 400 Millionen Brutvögel verloren. Vor allem die uns bekannten Vogelarten werden immer weniger. Rund 90 Prozent des Rückgangs sind auf Bestandsrückgänge bei 36 weitverbreiteten und häufigen Vogelarten zurückzuführen. Charakteristische Arten der Kulturlandschaft wie Haussperling, Feldlerche – und eben Stare – gehören zu denjenigen, die am stärksten betroffen sind.

Bei der Vorstellung der Ergebnisse erklärte Petr Vorisek, ein an der Studie beteiligten Autor, dass »der Rückgang der Vogelbestände mit der modernen landwirtschaftlichen Praxis, der Zerstörung von Lebensräumen und der Fragmentierung von Habitaten in Verbindung gebracht werden kann«. Im Herbst 2019 wurde eine nordamerikanische Parallelstudie veröffentlicht.[41] Die Autor:innen schätzten, dass seit 1970 3 Milliarden amerikanische Vögel

40 Inger et al. (2014)

41 Rosenberg et al. (2019)

verschwunden sind, was fast einem Drittel der Gesamtzahl im Land entspricht. Es ist schwer, dies nicht als dramatisch zu betrachten. Der Kopf der Gruppe der Autor:innen, Ken Rosenberg, nennt das, was mit den Vögeln geschieht, »erschütternd« und zieht Parallelen zur Wandertaube.

Die allerletzte Wandertaube der Welt starb am 1. September 1914 im Zoo von Cincinnati. Die Taube hatte den Namen Martha bekommen und war die letzte einer Art, die noch 100 Jahre zuvor zu den wahrscheinlich häufigsten Vogelarten der Welt gezählt hatte. In Nordamerika gab es einst vermutlich zwischen 5 und 8 Milliarden Wandertauben. Schon die ersten Siedler:innen sahen oft riesige Schwärme, die den Himmel verdunkelten. Die Tauben wurden hemmungslos gejagt, auch noch lange nachdem klar war, dass sich die Population in einem katastrophalen Rückgang befand. Als ihre Zahl auf ein kritisch niedriges Niveau gesunken war, erreichte die Wandertaube offenbar einen Kipppunkt, der die letzten Restbestände zusammenbrechen ließ. Die letzte wilde Wandertaube wurde im Jahr 1900 in Ohio geschossen, und Martha, die letzte domestizierte Wandertaube, folgte dem Riesenalk einige Jahre später in die ewigen Jagdgründe.

Der Rückgang des nordamerikanischen Vogelbestands überraschte Ken Rosenberg, als er seine Studie durchführte. Obwohl bereits bekannt war, dass die Zahl der Singvögel zurückgegangen war, stellte sich nun heraus, dass der massive Rückgang auch für andere häufige Vogelarten galt. Intensivierte Landwirtschaft, Trockenlegung von Feuchtgebieten, Verkehr, Klimawandel – ja, sogar Katzen – fordern ihren Tribut von den geflügelten Schwärmen. Kurz vor der Veröffentlichung dieser neuesten Studie wurde eine andere Untersuchung veröffentlicht, die zeigt, dass eine Art von landwirtschaftlichen Pestiziden, die Neonicotinoide, die Nahrungsaufnahmc und das Gewicht von Vögeln und damit ihre Überlebensfähigkeit verringert.[42] Eben jene Neonicotinoide sind auch Hauptverdächtige im Falle des Insektensterbens.

Mit anderen Worten: Die alten Warnungen von Rachel Carson vor Giftstoffen in der Natur sind immer noch aktuell. Es gibt viele »Kanarienvögel« da draußen, die uns heute, wie einst ihre Artgenossen den Bergleuten die Bildung von Grubengas, signalisieren, dass die allmählichen Veränderungen in der Landschaft – sowohl innerhalb als auch außerhalb der Kulturlandschaft – verheerende Folgen haben. Da diese Veränderungen von Jahr zu Jahr nur schwer zu registrieren sind, ist es umso wichtiger, es zu bemerken, wenn viele dieser Kanarienvögel gleichzeitig von der Stange fallen.

Nun ist es natürlich leicht, diejenigen zu kritisieren, die glauben, dass »früher alles besser war«. Wenn ältere Menschen, wie meine Mutter, sich fragen, warum es so wenige Vögel gibt, könnte das vielleicht auch daran liegen, dass weder ihr Sehvermögen noch ihr Gehör noch so gut sind wie in ihrer Jugend – wenn es nicht handfeste Beweise dafür gäbe, dass ihre Beobachtung der Realität tatsächlich beunruhigend nahe kommt.

Nicht nur Stare und Brachvögel sind aus meiner Nachbarschaft verschwunden. Ich bin inmitten von Wäldern und Feldern aufgewachsen, direkt neben einem Bauernhof mit vielen Tieren. Jetzt sind diese Wälder verschwunden, der Hof hat seinen Betrieb eingestellt, und die Felder liegen brach. Die Rauchschwalben, die Goldammer und viele andere Arten sind verschwunden. Der Teich mit Fröschen und Salamandern ist aufgefüllt. Ja, sogar die Fledermäuse, die auf der Suche nach Insekten über den hellen Nachthimmel flatterten, als ich noch klein war, sind verschwunden. Der Punkt ist: Diese Landschaft meiner Kindheit ist nur eine von zahllosen Landschaften auf der ganzen Welt, die diese Art von Veränderung

---

42 Eng et al. (2019)

durchgemacht haben. Zusammen bilden sie einen Großteil der verlorenen Natur- und Kulturlandschaft der Welt mit all ihrer Vielfalt.[43]

Eine Million Arten

Im Herbst 2014 veröffentlichte der WWF eine Meta-analyse, d. h. eine Zusammenstellung von bekannter Literatur über die Entwicklung der weltweiten Tierbestände.[44] Die Studie untersuchte Säugetiere, Vögel, Reptilien, Amphibien und Fische und zeigte, dass sich die Bestände diese Gruppen innerhalb von 40 Jahren im Durchschnitt halbiert hatten. Nun bedeutet eine Halbierung der Populationen nicht, dass die Arten ausgestorben sind oder verschwinden werden. Schlagzeilen wie »die Hälfte der Arten auf der Erde ist verschwunden« beruhen auf Missverständnissen. Sie werden durch eine weitverbreitete Verwechslung der Begriffe Artensterben und Bestandsrückgang verursacht. Diese Art der unfreiwilligen Desinformation gibt denjenigen Munition, die behaupten, dass die Medien (oder Wissenschaftler:innen) immer übertreiben und dass schon alles in Ordnung sein wird. Dies ist nicht der Fall; ein solch dramatischer und schneller Rückgang der Tierbestände ist einfach erschreckend, und ihn »beunruhigend« zu nennen, wäre eine Untertreibung.

Am 6. Mai 2019 veröffentlichte der Weltbiodiversitätsrat (IPBES) auf einer Pressekonferenz den Global Assessment Report mit der Nachricht, die zwangsläufig Aufmerksamkeit erregen musste: »Eine Million Arten sind vom Aussterben bedroht.«[45] Diese Nachricht fand Gehör, weil sie illustrierte, wie wir den Planeten

43 Hessen (2016)

44 WWF (2014, 2018)

45 IPBES (2019a)

erdgeschichtlich gesehen im Bruchteil einer Sekunde in einem fast unvorstellbaren Ausmaß verändert haben. So wurden beispielsweise 75 Prozent aller Landflächen durch menschliche Aktivitäten »signifikant verändert«, heißt es in diesem Bericht. In der Praxis bedeutet dies, dass fast alles fruchtbare Land in den tiefer gelegenen Gebieten, in denen wir früher den größten Artenreichtum fanden, von uns genutzt wird. Von den eisfreien Landflächen der Welt sind heute 25 Prozent Weideland, 12 Prozent werden für den Ackerbau genutzt. Seit dem 18. Jahrhundert sind 83 Prozent der Feuchtgebiete der Welt verschwunden, und die Hälfte der Regenwälder ebenfalls.

Aus diesen Informationen und anderem Quellenmaterial, das zeigt, wie wir uns mehr und mehr die Natur unter den Nagel reißen, lässt sich zumindest eine offensichtliche Tatsache schließen: Diesen Trends muss Einhalt geboten werden. Außerdem führen solche Entwicklungen zu steigenden finanziellen Kosten. Auch hier sind die Warnungen nicht neu. Was immer deutlicher wird, ist eine Entwicklungen, vor der Vogt schon 1948 gewarnt hat.[46] Auch wenn Insektizide wie DDT Geschichte sind und Umweltschutz und Nachhaltigkeit heute für die meisten – vom örtlichen Sportverein bis zur UN – auf der Tagesordnung stehen, geht der Trend in die gleiche Richtung wie damals. Auch die Schlussfolgerung des Weltbiodiversitätsrates ist eindeutig:

Die Geschwindigkeit der globalen Veränderungen der Natur in den letzten 50 Jahren ist beispiellos in der Geschichte der Menschheit. Die direkten Triebkräfte des Naturwandels mit den größten globalen Auswirkungen waren (angefangen bei denjenigen mit den größten Auswirkungen): Veränderungen der Land- und Meeresnutzung, direkte Ausbeutung von Organismen, Klimawandel, Umweltverschmutzung und Invasion

46 Vogt (1948)

gebietsfremder Arten. Diese fünf direkten Triebkräfte ergeben sich aus einer Reihe von Gründen – den indirekten Triebkräften des Wandels –, die wiederum durch gesellschaftliche Werte und Verhaltensweisen untermauert werden, zu denen Produktions- und Konsummuster, die Dynamik und die Trends der menschlichen Bevölkerung, Handel, technologische Innovationen und lokale bis globale Governance gehören.

In den letzten 50 Jahren hat sich die Weltbevölkerung verdoppelt, die Weltwirtschaft hat sich vervierfacht und der weltweite Warenverkehr hat sich verzehnfacht. All dies erfordert mehr Land, mehr Energie – ja, mehr von (fast) allem.

Wenn Insekten sterben wie die Fliegen

Obwohl die Übersicht des WWF über den Rückgang der Populationen von Fischen, Amphibien, Reptilien, Vögeln und Säugetieren einige Aufmerksamkeit erregte, war es überraschenderweise eine kleinere Studie über Insekten, die die größten Schlagzeilen machte. Die britische Zeitung *The Guardian* prägte im Herbst 2017 in einem Artikel den Begriff »Ökologisches Armageddon«. Der Artikel basierte auf einer Studie, die zeigte, dass die Gesamtzahl der Insekten in 63 deutschen Naturschutzgebieten seit 1989 um 75 Prozent zurückgegangen war. Im Hochsommer lag der Rückgang bei bis zu 82 Prozent.[47]

Das sonst in den Medien inflationär gebrauchte Wort »dramatisch« ist hier durchaus gerechtfertigt. Besonders bemerkenswert ist, dass sich die Zahlen auf Untersuchungen in Schutzgebieten beziehen, also in Gebieten, die die Artenvielfalt erhalten sollen. Auch hier steht die Verringerung der Lebensräume, insbesondere durch den Flächenbedarf der

---

47 Hallmann et al. (2017)

Landwirtschaft und den Einsatz von Pestiziden, an erster Stelle der möglichen Ursachen für das Insektensterben, auch wenn dies außerhalb ihrer Schutzgebiete geschieht.

Die größte bisher vorgestellte Insektenstudie stammt ebenfalls aus Deutschland. Sie umfasst Zeitreihenanalysen von 150 Anbauflächen und 140 Waldflächen, und insgesamt 2700 Arten.[48] Auch hier sind die Zahlen eindeutig: Bei fast allen Gruppen und Arten ist ein starker Rückgang zu verzeichnen. Vielerorts beträgt der Rückgang von 2008 bis 2017 deutlich über die Hälfte.

Höchstwahrscheinlich ist dies auch repräsentativ für die Entwicklung in weiten Teilen Mitteleuropas. Genau wissen können wir das nicht, da es sich um Forschung und Beobachtungen handelt, die schlecht finanziert sind und nicht oberste Priorität haben, aber es gibt Grund zur Befürchtung, dass es stimmt.

Das »Bienensterben« ist im Vergleich dazu in weiten Teilen der Welt gut dokumentiert. Selbst für sichtbare und leicht erkennbare Gruppen wie Schmetterlinge und Bienen/Hummeln wurde in Europa zwischen 1990 und 2011 eine Halbierung nachgewiesen. Mit anderen Worten: Wir sprechen auch hier von einem deutlichen Rückgang der Individuenzahl – und im Zuge dessen auch von einem dokumentierten Artenschwund.

Erst der Rückgang der Bienenpopulationen hat der Welt vor Augen geführt, wie abhängig wir von den Bestäubungsleistungen dieser Arten sind, um unsere eigene Nahrungsmittelproduktion aufrechtzuerhalten. Wenn wir den Blick von uns weg und auf die Landschaft um uns herum richten, erkennen wir, welche Schlüsselrolle diese oft unscheinbaren Tiere in vielen Bereichen spielen. Sie sind die Dreh- und Angelpunkte der Ökosysteme. 80 Prozent der Wildpflanzen sind auf die Bestäubung durch Insekten angewiesen, und 60 Prozent der Vögel

---

48 Seibold et al. (2019)

ernähren sich von Insekten. Pflanzen und Vögel stehen auch für eine Vielfalt, die wir schätzen. Wenn es um Blumen und Bienen geht, besteht eine Gegenseitigkeit: Eine ärmere Landschaft mit Monokulturen führt zu weniger Pflanzen, von denen Insekten profitieren können, und weniger Insekten führen wiederum zu einer geringeren Pflanzenvielfalt. Wir befinden uns in einer Abwärtsspirale.

Was das Insektensterben im Allgemeinen und das Bienensterben im Besonderen zu einem Thema für die Boulevardpresse gemacht hat, sind Aussagen wie »Wenn die Bienen aussterben, wird die Menschheit innerhalb von 4 Jahren aussterben«. Das Zitat wird Albert Einstein zugeschrieben, und wenn das von ihm kommt, gibt es sicher allen Grund zur Sorge? – Nun, es ist unwahrscheinlich, dass Einstein so etwas tatsächlich gesagt hat. Falls doch, sollte man bedenken, dass Einstein weder ein Insektenforscher noch ein Ökologe war. Dennoch ist der Rückgang der Bienenpopulationen, wie auch der Rückgang anderer bestäubender Arten und sonstiger Insekten, äußerst beunruhigend.

Wenn sich der Trend für die Wiesen und Wälder der deutschen Naturschutzgebiete fortsetzt, werden die meisten Insekten hier bis 2050 verschwunden sein. Zum Glück ist es unwahrscheinlich, dass es so weit kommen wird. Insektenpopulationen haben, wie alle anderen Tierarten auch, ihre Hochs und Tiefs. Eine der längsten Zeitreihenanalysen systematischer Registrierungen wurde in britischen Baumschulen durchgeführt. Seit 1967 wurden dort die Populationen verschiedener Arten von Schwärmern (nachtaktive Schmetterlingsarten) beobachtet. Die Zahlen zeigen, dass ihr Vorkommen von 1967 bis 1982 anstieg, ehe es zum Rückgang der Arten kam. Die Zahlen der Schwärmer sinken bis heute weiterhin, sind aber immer noch höher als zu Beginn der Erhebungen.[49]

---

49 Macgregor et al. (2019)

Eine Metaanalyse aus dem Jahr 2019, die auf einer Überprüfung der gesamten einschlägigen Literatur über Insekten weltweit beruht, hatte für Insektenfreunde keine guten Nachrichten.[50] Nicht nur, dass der Rückgang der Bestände fast weltweit stattzufinden scheint. Es wird auch geschätzt, dass bis zu 40 Prozent der Insektenarten weltweit vom Aussterben bedroht sind. Auch hier wird der Verlust von Lebensräumen aufgrund der zunehmenden Landnutzung durch den Menschen als eine der Hauptursachen genannt, während Pestizide, invasive Arten und der Klimawandel ebenfalls dazu beitragen.

Alle derartigen Schätzungen des Populationsrückgangs und des Artenverlusts sind mit Unsicherheit behaftet. Häufig fehlen systematische Langzeitbeobachtungen. Außerdem gibt es methodische Herausforderungen, und die Populationen schwanken auch aus ganz natürlichen Gründen. Insekten sind die artenreichste Tiergruppe an Land – und zwar mit Abstand. Wir kennen etwa eine Million beschriebener Insektenarten, und das ist wahrscheinlich weniger als die Hälfte aller tatsächlich existierenden Arten. Allein von Käfern sind rund 300.000 Arten beschrieben. Wenn wir nicht wissen, was wir haben, wie können wir dann abschätzen, was wir verlieren?

Manche lehnen die Frage des Insektensterbens ganz ab. Oder wie ein »Klimarealist« formuliert hat:

Wir hören immer wieder, dass das Leben auf der Erde vor einem sechsten Artensterben steht. Der Winter habe uns gezeigt, dass die Insekten bald Geschichte sein werden. Diese Behauptungen decken sich jedoch nicht mit unseren Erfahrungen und empirischen Erkenntnissen. Im Herbst 2018 wurden in Norwegen mehr Rehe als je zuvor geschossen, und die Fänge von Kabeljau, Makrele und Hering sind auf Rekordniveau. Alle Walpopulationen nehmen zu, und dem

---

50 Sánchez-Bayo u. Wyckhuys (2019)

Eisbären und allen mit dem Eis verbundenen Pinguinarten geht es hervorragend. In diesem Frühjahr blüht das Leben nach einem langen Winter wieder auf. Die Zugvögel kehren zurück, die Laubbäume blühen und die Hummeln schwirren im Garten. Nichts deutet darauf hin, dass das Leben zu Ende geht, wie wir ständig in den Zeitungen lesen, im Radio hören und im Fernsehen sehen. Alle Menschen, überall auf dieser Welt erleben eine viel größere Artenvielfalt als unsere Vorfahren. Um uns herum existieren viel mehr Arten als in vorangegangenen Jahrhunderten. In den letzten 500 Jahren sind nur sehr wenige Tiere und Pflanzen ausgestorben. Niemand kann behaupten, dass das Leben verschwindet.[51]

Das Gefühl, dass alles so ist wie früher, ist weit verbreitet, trotz aller gegenteiligen Medienberichte und Forschungsartikel. Die Insekten schwirren immer noch um uns herum. Die Jahreszeiten folgen einander, die Laubbäume werden im Frühjahr grün und im Herbst gelb, während im Garten die Äpfel reifen. Außerdem gibt es noch Winter mit guten Skibedingungen. Ja, die Sommer sind trockener, Überschwemmungen häufiger, aber es gibt auch extreme Kälte und Schneestürme, wo man sie am wenigsten erwarten würde.

Es ist unmöglich, von einem Jahr zum nächsten sowohl Veränderungen der Arten als auch des Klimas zu beobachten. Zufällige Schwankungen überlagern oft die Trends. In der Tat ist es fast unmöglich, Trends selbst in einer 10-Jahres-Perspektive zu erkennen. Meteorolog:innen arbeiten daher mit 30-Jahres-Intervallen, um Normalwerte zu ermitteln. Wenn wir so weit zurückgehen, werden unsere Erinnerungen anekdotisch. Manche Menschen erinnern sich an die schönen Sommer ihrer Kindheit und glauben,

---

51 Morten Jødal in einer Sammel-E-Mail vom 19. April 2019, die sich auf den folgenden Artikel bezieht: https://miljomytene.no/2019/04/18/livet-pa-kloden-dor-ikke/

dass früher alles besser war, während für andere alles gleich geblieben ist. Das hängt unter anderem davon ab, woran man sich erinnern will. Auch das Phänomen der *shifting baselines* spielt uns einen Streich. Dieses Phänomen bedeutet, dass wir uns schnell an neue Realitäten anpassen. Das menschliche Gedächtnis ist subjektiv und unzuverlässig, weshalb wir uns nur auf Langzeitbeobachtungen, systematische Analysen und Statistiken verlassen können.

Dass es davon so wenige gibt, liegt zum Teil daran, dass man eher bereit ist, Forschung zu finanzieren, die »das Rätsel Krebs entschlüsseln« kann, als Forschung, die uns Aufschluss über den Zustand und die Entwicklung der Artenvielfalt unseres Planeten gibt. Auch in Norwegen ist die Datenlage lückenhaft, aber die Daten, die wir über bekannte Insektenarten und -gruppen haben, zeigen, dass auch hierzulande die Bestände zurückgehen. Zwar gibt es mehr Hirschlausfliegen und Zecken, was kaum ein Trost sein kann, aber niemand hat behauptet, dass alle Arten rückläufig sind, und meines Wissens hat auch kein:e Forscher:in behauptet, dass »das Leben auf das Ende zugeht«, auch wenn dies ein gern genutztes Strohmann-Argument ist. Da in Deutschland 40 Prozent der Landfläche landwirtschaftlich genutzt werden, während es in Norwegen nur 3 Prozent sind, gibt es auch Grund zu der Annahme, dass die Verhältnisse in Norwegen besser sind, aber wir wissen es nicht wirklich, da dies nie ein vorrangiges Forschungsgebiet gewesen ist.

Natürlich gibt es auch Umweltdystopiker:innen, die die Gefahrenlage übertrieben darstellen. Seit jeher sagen Endzeitsekten den Weltuntergang voraus, und einige von ihnen finden im Artenrückgang und den steigenden Temperaturen neue Beweise für ihre Theorien. Wie auch bei den Fragen zum Klimawandel müssen wir beim Thema Artenvielfalt zwischen dem, was ungewiss ist, und dem, was wir mit Sicherheit sagen können, unterscheiden. Wir wissen z. B. nicht, wie viele Arten überhaupt existieren, und wir wissen nicht, wie stark der Rückgang bei den verschiedenen Arten und Gruppen ist oder welche genauen Folgen die derzeit stattfindenden Veränderungen haben werden. Wie bei so vielen anderen Zusammenhängen geht es auch hier um Folgendes: Es gibt kaum eine globale, einheitliche Antwort, und wir können nie zu wenig Daten haben. In der Forschung geht es oft eher darum, Wahrscheinlichkeiten zu erörtern als zu beweisen. Dennoch sind die Trends so eindeutig und alarmierend, dass es allen Grund gibt, sie sehr ernst zu nehmen. Mit der Flora und Fauna der Welt geht es bergab, und das Bild wird noch deutlicher, wenn wir die Arten genauer betrachten, die uns stärker ins Auge fallen.

Alleine auf einem Zweig

Wir haben mit mindestens drei anderen Arten der menschlichen Rasse zusammengelebt. Bis vor 30.000 Jahren lebten wir zeitgleich sowohl mit Neandertalern als auch mit den Denisova-Menschen. Vielleicht waren wir nicht einmal unsere jeweils eigene Spezies, sondern Unterarten, die mehr gemeinsam hatten, als wir heute wissen. Wir alle tragen ein paar Prozent Neandertaler-DNA in uns. DNA-Analysen der Knochen eines jungen Mädchens aus der Steinzeit, die vor einiger Zeit gefunden wurden, ergaben sogar, dass sie eine Neandertaler-Mutter und einen Denisovaner-Vater gehabt haben muss.[52] Der Homo sapiens sitzt nun allein auf dem menschlichen Zweig des Stammbaums des Lebens. Daher schwebt eine Wolke des Verdachts über uns: Sind wir direkt oder indirekt dafür verantwortlich, dass wir die einzigen Überlebenden sind? Und sind wir gerade im Begriff, eine Art Massenmord an unseren noch weiter entfernten Verwandten zu begehen?

52 Slon et al. (2018)

Die uns am nächsten stehenden Primaten sind die Schimpansen, Gorillas und Orang-Utans. Sie sind alle stark rückläufig.[53] Es gibt noch ungefähr 100.000 westliche Flachlandgorillas, kaum 5000 östliche Flachlandgorillas und weniger als 800 Exemplare des Berggorillas, der als Unterart des östlichen Gorillas gilt. Bei den beiden Orang-Utan-Arten sind die Zahlen ähnlich. Die Populationsgröße des Borneo-Orang-Utans ist innerhalb von 100 Jahren um mehr als die Hälfte geschrumpft und umfasst nur noch knapp über 100.000 Individuen, während der Sumatra-Orang-Utan 7500 Individuen zählt.

Sowohl der Gorilla als auch der Orang-Utan sind genetisch gesehen als unsere Vettern zweiten Grades anzusehen. Mit den beiden Schimpansenarten sind wir noch näher verwandt. Sie sind unsere Cousins und unsere engsten noch lebenden Verwandten. Vom gemeinen Schimpansen gibt es noch zwischen 150.000 und 300.000 Individuen. Obwohl die Art aus mehreren afrikanischen Ländern verschwunden ist, gilt sie nicht als akut gefährdet. Schlimmer steht es um den Bonobo, den Zwergschimpansen, dessen Bestand auf schätzungsweise 50.000 Exemplare geschrumpft ist. Die Zahlen sind unsicher, da es im kriegsgebeutelten Kongo nicht einfach ist, regelmäßige Schimpansen-Zählungen durchzuführen, aber das Phänomen ist in allen Fällen nur zu bekannt: Die Lebensräume schrumpfen durch fortschreitende Abholzung. Darüber hinaus sind unsere nächsten Verwandten auch durch Wilderer bedroht.

Unter den anderen großen Tieren, deren Zahl rapide abnimmt, ist der Löwe besonders hervorzuheben. Vor 100 Jahren gab es schätzungsweise 200.000 Löwen auf der Welt. Heute gibt es nur noch etwas mehr als 20.000. Allein

53 Zahlen zum Artensterben in Afrika und Asien gibt es z. B. hier: https://www.iucnredlist.org oder hier: https://www.awf.org/wildlife-conservation/chimpanzee

in den letzten 20 Jahren ist der Bestand um 43 Prozent zurückgegangen.[54] Zugleich wurde der König der Tiere aus 26 afrikanischen Ländern vertrieben. Wir riskieren also nicht nur einen König ohne Land, oder ein Land ohne König, sondern eine Welt ohne den König der Tiere. Der letzte südafrikanische Kaplöwe wurde 1865 erlegt, während sich der Berberlöwe im hohen Norden des afrikanischen Kontinents 1922 verabschiedete. Der Löwe verschwand vor etwas mehr als 2000 Jahren aus Europa und überlebte nur knapp in Indien, wo es im Nordwesten des Landes noch schätzungsweise 200 Tiere gibt.

Indien ist vor allem für eine andere Großkatze bekannt, den Tiger. Auch hier gab es früher mehrere verschiedene Unterarten. Heute sind drei der neun bekannten Unterarten ausgestorben, während von den Malaysia-Tigern, den Indochinesischen, Sibirischen und Sumatra-Tigern noch jeweils zwischen 100 und 200 Individuen übrig sind. Die Existenz dieser Unterarten steht auf Messers Schneide. Der Bengalische Tiger, die am häufigsten vorkommende Tigerunterart, hat einen Bestand von 2500 Tieren.

Neben den Primaten und Großkatzen steckt auch der Elefant in Schwierigkeiten. Zwar gibt es noch 350.000 afrikanische Savannenelefanten, doch diese Zahl verblasst im Vergleich zu den geschätzten 10 Millionen, die um 1800 auf dem Kontinent lebten – auch nur ein Überbleibsel der 25 Millionen, die es im 16. Jahrhundert vor der Ankunft der Europäer dort gegeben haben dürfte. Bei der ersten großen Elefantenzählung im Jahr 1979 wurden 1,3 Millionen Tiere gezählt. Wenn sich die derzeitige Entwicklung fortsetzt, wird es im Jahr 2050 weniger als 100.000 Elefanten geben.

Wir könnten diese Liste endlos fortsetzen: Wisente, Nashörner – ja, sogar die Giraffe – sind in schlechter Verfassung mit einem Rückgang von fast 40 Prozent seit 1985.

---

54 https://www.awf.org/wildlife-conservation/lion

Und die Gründe dafür? Nun, im gleichen Zeitraum ist eine Art – unsere – auf dem afrikanischen Kontinent von 500 Millionen auf 1,3 Milliarden Individuen gewachsen. Um dies in die richtige Perspektive zu rücken: An einem Tag wächst die menschliche Bevölkerung in Afrika um mehr Personen, als es Giraffen gibt, und in 5 Stunden um mehr als die Gesamtpopulation der Löwen.

Bei Elefanten und Nashörnern ist die Wilderei eine der Hauptursachen für den Rückgang der Bestände, aber mit den Menschen kommt auch das Rind. Die Zahl der Rinder in Afrika ist im Einklang mit der Zahl der Menschen und dem steigenden Fleischkonsum gewachsen. Bislang ist der Fleischkonsum dem gestiegenen Lebensstandard wie ein Schatten gefolgt, und es ist naiv zu erwarten, dass sich die Afrikaner:innen in diesem Bereich vom Rest der Welt unterscheiden. Rinder verdrängen auch andere Weidetiere, während Löwen, die Rinder jagen, in Afrika so unbeliebt sind wie bei uns die Wölfe auf Schafsjagd. Das Verhältnis von Menschen zu Löwen beträgt in Afrika etwa 65.000 zu 1. In Norwegen leben derzeit 5.345.600 Menschen. Die entsprechende Zahl für Wölfe beträgt etwa 65, d. h. ein Verhältnis von 82.240 zu 1.

Unterdessen sorgen die Buschbrände in Australien für heiße Schlagzeilen im wahrsten Sinne des Wortes. Australische Biolog:innen haben eine grobe Schätzung vorgenommen und gehen davon aus, dass 2019 eine Milliarde Tiere im Feuer umgekommen sein könnten. Die Zahlen der Forscher:innen umfassen nur Säugetiere, Reptilien und Vögel. Wie viele andere Pflanzen und Tiere den Flammen zum Opfer gefallen sind, lässt sich nicht abschätzen, aber die Brände kommen zu anderen Stressfaktoren für eine ohnehin schon unter Druck stehende Natur hinzu. Australien ist wahrscheinlich der Kontinent, auf dem die meisten Säugetierarten aufgrund von Jagd, Landnahme und eingeschleppten Arten bereits ausgestorben sind, und die Brände sind nur der Tropfen, der das Fass zum Überlaufen bringt. Mit ihnen verlieren wir zudem ganz besondere Säugetiere. Nach Millionen von Jahren der Isolation verfügt Australien über eine einzigartige Fauna von Beuteltieren, angefangen bei den charismatischen Koalas bis hin zu Kuriositäten wie den uralten, eierlegenden Arten Schnabeltier und Schnabeligel. Außerdem Vögel, Amphibien, Insekten und Pflanzen, die nirgendwo sonst auf der Welt vorkommen.

In der australischen Natur sind Brände keineswegs eine Seltenheit, aber das Ausmaß dessen, was wir 2019 zu sehen bekamen, wird auf absehbare Zeit Pflanzen, Tieren und Menschen teuer zu stehen kommen. Auch die Zukunft sieht nicht rosig aus, denn Wald- und Buschbrände nehmen weltweit zu. Vielleicht sind die Brände in Australien, auch wenn sie komplexe Ursachen haben, das erste klare Beispiel dafür, welche Opfer der Klimawandel fordert.

Können wir nicht trotzdem noch so argumentieren, dass der heutige Zustand unserer Natur nur eine Momentaufnahme der Geschichte ist? Arten kommen und gehen, das ist Teil der Evolution und ein Spiel des Zufalls. Ist es dann nicht nur logisch, dass genau die Natur, wie sie uns jetzt umgibt, nicht unbedingt die beste sein und um jeden Preis verteidigt werden muss? Bietet das Artensterben nicht auch eine Chance für andere Arten, so wie wir den Dinosauriern dafür danken müssen, dass wir zu den Herrschern des Planeten geworden sind?

Kollaps und Katastrophen

Als Charles Darwin 1859 seine Evolutionstheorie vorstellte, war einer der Grundsätze, dass die Natur keine großen Sprünge macht: Natura non facit saltum, wie es heißt. Eine Entwicklung erfolgt durch langsame Prozesse. So wie Berge endlos langsam emporgeschoben und erodiert werden, so summieren sich die langsamen Veränderungen des Lebens zu der Vielfalt und den fast wundersamen Anpassungen, die uns umgeben.

Nicht alle teilten Darwins Ansicht über die ewige Langsamkeit der Natur. Sogar einige seiner engsten Unterstützer:innen, wie Thomas Huxley, warnten bereits vor der Veröffentlichung von *Über die Entstehung der Arten* vor dieser vorbehaltslosen Doktrin.[55] Dennoch wurde die Vorstellung der langsam arbeitenden Mühlen der Natur wirklich erst 1972 infrage gestellt, als die Paläontologen Niles Eldredge und Stephen Jay Gould ihre Theorie des Punktualismus vorstellten.[56] Nicht nur die Evolutionsgeschichte wurde maßgeblich von Naturkatastrophen unterschiedlicher Art beeinflusst. Ein Großteil des Fossilmaterials könne auch so interpretiert werden, dass die Entwicklung eher durch Stufen statt durch gleitende Übergänge gekennzeichnet gewesen sei, argumentierten sie.

Paläontolog:innen haben uns gezeigt, dass die Welt nicht nur ihre launischen Seiten hat, sondern auch, dass die vielen großen und kleinen Katastrophen, die sich lokal oder global ereignen, die Wege der Evolution unüberschaubar machen. Nicht zuletzt zeigen sie, dass sich etwas radikal Neues oft erst nach Krisen zeigt. Ob das Neue schlechter oder besser als das Ursprüngliche ist, hängt weitgehend davon ab, ob man die Entwicklung aus der Sicht der Verlierer oder der Gewinner betrachtet. Es ist jedoch erwähnenswert, dass die Verlierer in den meisten Fällen nicht zu Verlierern wurden, weil sie sich nicht an ihre Umgebung anpassen konnten. Sie hatten einfach das Pech, dass sich ihre Umwelt plötzlich veränderte. Für diejenigen, die die Betonung des Zufalls in der Evolutionstheorie unerträglich finden, da sie unser Bedürfnis

---

55 Darwin (1859)

56 Eldredge u. Gould (1972)

nach metaphysischer Bedeutung nicht erfüllt, macht es die Sache nicht besser, dass wir eines mit Sicherheit sagen können: Die Faust der Naturgewalten schlägt oft blind und wahllos zu.

Die Evolution kann somit sowohl linearer als auch zyklischer Natur sein. Langfristige evolutionäre Prozesse führen eher zu einer zunehmenden Komplexität sowohl hinsichtlich der Artenvielfalt als auch im Aufbau der Arten. Alte Ökosysteme sind tendenziell artenreicher als junge, und einfachere Organismen sind der Ausgangspunkt für komplexere. Die Evolution kann dann zyklisch werden, wenn das System nach lokalen oder globalen Ereignissen, die die Lebensbedingungen dramatisch verändern, zum Ausgangspunkt zurückkehrt.

In der kulturellen Evolution ist der lineare Aspekt ebenfalls durch die ständige Weiterentwicklung des Wissens und des technologischen Fortschritts (Rad, Schießpulver, Internet, Mobiltelefon usw.) gekennzeichnet. Dieser Prozess vollzieht sich in immer schnellerem Tempo, wobei kulturelle Innovationen selbst den Boden für eine noch schnellere und komplexere kulturelle Entwicklung bereiten. Selbst der modernen Kultur der Menschen – die auf fossiler Energie basiert – liegt ein solches lineares Zeitverständnis zugrunde. Allerdings ist sie jung, erst 200 Jahre alt, und deckt damit kaum ein Tausendstel unserer Geschichte als Homo sapiens ab, welche wiederum einen winzigen Bruchteil der Geschichte des Lebens auf der Erde ausmacht. Dennoch ist es dieses Geschichtsverständnis, das in erster Linie den Ausgangspunkt für unsere Wahrnehmung der Realität bildet. Vielleicht trägt das auch zur Illusion unserer Unverwundbarkeit und dem Mantra des ewigen Wachstums als existenzieller Notwendigkeit bei?

Wie viele, nicht zuletzt Jared Diamond, in ihren Büchern gezeigt haben, kann die Kombination aus Wachstum, Hybris und Überausbeutung der natürlichen Ressourcen zum Zusammenbruch von Kulturen führen.[57] Mehr noch: Da wir aufgrund unseres Übermuts die Tragfähigkeit des Planeten sowohl bei der Abfallbewirtschaftung als auch bei der Ressourcennutzung überstrapazieren, sind wir möglicherweise gerade dabei, einen jener enormen evolutionären Umbrüche herbeizuführen, die die Lebensbedingungen auf den Kopf stellen und dazu führen werden, dass vieles noch einmal von vorne beginnen muss.

Das Leben auf der Erde war in seiner 4 Milliarden Jahre währenden Geschichte von einer Reihe dramatischer Veränderungen geprägt. Sie sind, wie alle derartigen grundlegenden Veränderungen, katastrophal für diejenigen, die vor dem Zusammenbruch Teil des Systems waren. Gleichzeitig eröffnen diese Veränderungen auch neue Nischen und Möglichkeiten für diejenigen, die danach kommen. Die meisten natürlichen globalen Zusammenbrüche wurden durch blinde Gewalt des Universums in Form von Meteoriten- und Asteroideneinschlägen, möglicherweise durch die elliptische Bahn der Erdumlaufbahn um die Sonne oder durch die enormen Kräfte im anorganischen Teil unseres Planeten, wie Vulkanausbrüche und Methanbomben, verursacht.

Es gibt jedoch zwei dramatische Umbrüche in der Geschichte des Lebens, die in erster Linie vom Leben selbst angetrieben worden sind. Die erste erfolgte äußerst langsam, aber die Auswirkungen waren ebenso enorm und müssen als die vielleicht bedeutendste Veränderung der Lebensbedingungen überhaupt verstanden werden. Die Bildung einer sauerstoffreichen Atmosphäre dauerte fast 2 Milliarden Jahre. Als die ersten Lebensformen durch Fotosynthese genügend Sauerstoff gebildet hatten, dass die Voraussetzungen für höheres Leben erfüllt waren, kam es zu einer unvorstellbaren Transformation des Globus. Alle höheren Lebewesen werden mir zustimmen, dass dies eine

---

57 Diamond (2005)

gewaltige Verbesserung war. Für die anaeroben Lebensformen der Alten Welt war es jedoch eine schleichende Katastrophe. Sie wurden in marginale, sauerstoffarme Lebensräume wie die Tiefsee, Sümpfe und Eingeweide verbannt.

Wir, die wir heute leben, können diese Transformation natürlich nur loben. Die Gaszusammensetzung unserer Atmosphäre ist geradezu auf wundersame Weise ideal für die meisten Lebensformen. Das Bemerkenswerte daran ist, dass dies größtenteils auf das Leben selbst zurückzuführen ist. Das zeigt, dass auf einer sehr grundlegenden Ebene die gegenseitige Wechselwirkung zwischen Leben und Lebensbedingungen funktioniert. Durch die Fotosynthese wurde mühsam ein Sauerstoffgehalt aufgebaut, der für komplexere Arten optimal war, und optimal ist er geblieben – bei einem Anteil in unserer Atmosphäre von knapp über 20 Prozent.

Der Sauerstoff öffnete somit neue Nischen in den Bereichen, aus denen die anaeroben Organismen verdrängt wurden. Vor 575 Millionen Jahren tauchten erstmals die mehrzelligen Weichtiere auf, und 25 Millionen Jahre später begann das, was wir heute als »Kambrische Explosion« bezeichnen. Das war zwar nur in evolutionärer Hinsicht eine Explosion, aber sie steht für einen Zeitraum von einigen Millionen Jahren, in dem das Leben ungezügelt experimentierte. Zahlreiche neue Tierformen, mit den Trilobiten als Charaktergruppe, entstanden – und verschwanden wieder.

Hundert Millionen Jahre später begann der Sauerstoffgehalt in der Atmosphäre tatsächlich anzusteigen. Die großen Sumpfwälder beherrschten die Landgebiete in den geologischen Zeitaltern Karbon und Perm, und in den Weltmeeren gab es eine hohe Algenproduktion. Genau hier wurde der Grundstein für den Großteil der Kohle, des Öls und des Gases gelegt, die heute in einem historisch kurzen Augenblick 300 Millionen Jahre später von einer einzigen Spezies – uns – verbrannt werden. Die fossilen Kohlenstoffspeicher, die beim Entzug von CO_2 aus der Atmosphäre entstanden sind, werden nun in unvorstellbar kurzer Zeit dorthin zurückgeführt, während das Leben, das sich nach der letzten großen Katastrophe vor 55 Millionen Jahren allmählich wieder aufgebaut hat, vor einem menschlichen Meteoriteneinschlag steht.

Fünf Massenaussterben – und noch ein sechstes?

Im Großen und Ganzen ist die Evolution ein langsamer und schrittweiser Prozess, aber wie wir gesehen haben, kann die Artenbildung in Schüben erfolgen. Die wirklich großen Umwälzungen im Arteninventar der Erde wurden durch Zusammenbrüche und Katastrophen ausgelöst. Es sind diese Brüche, die die Übergänge zwischen den verschiedenen geologischen Zeitaltern der Erde markieren. Jede dieser Katastrophen hat nicht nur eine Ära beendet. Sie hat auch ein neues Zeitalter eingeläutet.

Die Akzeptanz dieser Katastrophentheorie ließ lange auf sich warten. Es war einfach schwer vorstellbar, dass es äußere oder innere Kräfte gab, die solch grundlegende Umwälzungen verursachen könnten. Die kognitiven Herausforderungen lagen auf zwei Ebenen: Erstens wurde mit der faszinierenden Vorstellung gebrochen, dass sich die Welt stets auf etwas Höheres und Besseres zubewegt. Zweitens erforderte sie das Eingeständnis, dass Katastrophen, die schon einmal eingetreten waren, auch wieder passieren konnten. Dadurch wurde die Erde zu einem ziemlich unsicheren Ort, an dem nichts als selbstverständlich angesehen werden kann.

Der Geologe Charles Lyell, eines der zentralen Vorbilder Darwins, beschrieb auffällige Brüche im Fossilienarchiv, und Darwin selbst bemerkte, dass das Verschwinden der Ammoniten am Ende der Kreidezeit wirklich erschreckend sei. Ammoniten waren tintenfischähnliche Tiere, die es in allen Formen und Größen gab. Plötzlich verschwanden sie aus den geologischen Schichten und hinterließen nur noch eine versteinerte Vielfalt schneckenhausartiger Strukturen. Obwohl dies bekannt war, wagte niemand zu glauben, dass eine Katastrophe das Ende der Ammoniten herbeigeführt haben könnte.

Es stellte sich jedoch schnell heraus, dass die Ammoniten nicht die einzigen waren, die beim Übergang von der Kreidezeit zum Tertiär vor 65 Millionen Jahren verschwanden. Viel spektakulärer ist natürlich, dass damals auch die Dinosaurier ausgestorben sind. Dass auch ihr Tod auf eine Katastrophe zurückzuführen war, ist ebenfalls eine relativ neue Erkenntnis. Luis Walter und Walter Alvarez (Vater und Sohn) veröffentlichten erstmals 1980 den Artikel *Extraterrestrial Cause for the Cretaceous-Tertiary Extinction.*[58] Vater Luis war nicht irgendjemand, sondern Nobelpreisträger für Physik und ein Mann mit weitreichenden Interessen. Er entdeckte auffallend hohe Werte des seltenen Platinmetalls Iridium in der Erdkruste am Übergang von der Kreide zum Tertiär, und da dieses Metall normalerweise in Meteoriten vorkommt, führte dies zur Theorie eines gewaltigen Meteoriteneinschlags. Zunächst stieß dies, wie auch die allgemeine Vorstellung von evolutionären Brüchen, auf massives Kopfschütteln. Allmählich gewann die fast schon unglaubliche Theorie jedoch an Boden, und als der Meteoriteneinschlag vor der Halbinsel Yucatán in Mexiko im Jahr 1991 bestätigt und auf ein Alter von genau 65 Millionen Jahren datiert wurde, fügten sich die Puzzleteile zusammen. Dies ist das krönende Beispiel dafür, welche plötzlichen Wendungen das Leben nehmen kann.

Die Ammoniten haben keine Fehler gemacht – im Gegenteil, sie waren mehrere Hundert Millionen Jahre

58 Außerirdische Ursache für das Kreide-Tertiär-Aussterben; Alvarez et al. (1980)

lang ein evolutionärer Erfolg, bevor es zu ihrem jähen Ende kam. Das Gleiche galt für die Trilobiten: Sie waren zu ihrer Zeit, die Millionen von Jahren andauerte, die Gewinner der Evolution, doch gegen Ende des Perms brachen die Trilobitenpopulationen zusammen. Wir wissen nicht genau, was damals passiert ist, aber das Ergebnis war eines der fünf bekannten Massenaussterben in der Geschichte des Lebens.

Vor dem Verschwinden der Dinosaurier hatte es insgesamt bereits vier weitere ähnlich massive Brüche in der evolutionären Entwicklung gegeben. Die fünf »offiziellen« Episoden des Artensterbens sind:

1. das Ende des Ordoviziums vor 450 bis 440 Millionen Jahren, als schätzungsweise 60 Prozent der Arten ausstarben
2. das Ende des Devon vor 375 bis 360 Millionen Jahren, als etwa 70 Prozent verschwanden
3. der gewaltige Zusammenbruch am Ende des Perm vor 250 Millionen Jahren mit einem Artenverlust von mehr als 90 Prozent
4. das Ende der Trias vor 200 Millionen Jahren, als wahrscheinlich mehr als 70 Prozent der Arten verschwanden
5. das berühmteste Massenaussterben – das Ende der Kreidezeit vor 65 Millionen Jahren, ebenfalls mit einem geschätzten Artenverlust von 70 bis 75 Prozent.[59]

Mit anderen Worten: Es gab mehrmals einschneidende Episoden des Artensterbens in der Erdgeschichte. In den meisten dieser Fälle verschwand auch ein Großteil der Tiere auf höheren taxonomischen Ebenen. Das bedeutet,

---

59 Hallam u. Wignell (1997)

dass nicht nur einzelne Arten, sondern ganze Gruppen von Arten verschwanden. Während der jüngsten Episode beispielsweise starben schätzungsweise 17 Prozent aller Artenfamilien und die Hälfte aller Klassen aus.

Derartige Massenaussterben sind eher vage definiert als »das Aussterben einer großen Anzahl von Arten innerhalb eines relativ kurzen Zeitraums«. Hierbei gilt zu beachten, dass »relativ kurz« für Paläontolog:innen und Geolog:innen eine besondere Bedeutung hat. Es mag übertrieben sein, das späte Devon als kurze Zeitspanne zu bezeichnen; schließlich dauerte diese Episode 15 bis 20 Millionen Jahre, unterteilt in mehrere kürzere und längere Phasen. Aus geologischer Sicht handelt es sich jedoch um ein ziemlich plötzliches Ereignis, das die heutigen Entwicklungen in die richtige Perspektive rückt: In unserer heutigen Zeit vollziehen sich die großen Veränderungen in Zeiträumen, die auf einer Hundert-Jahr-Skala erfasst werden können. Die Geschwindigkeit kann eigentlich nur mit der Wucht eines Meteoriteneinschlags oder eines gigantischen Vulkanausbruchs verglichen werden. Diesmal sind es jedoch unsere Treibhausgasemissionen und die Eroberung der bewohnbaren Gebiete des Planeten, die dahinterstecken.

Die letzte dramatische Warmzeit auf der Erde fand während des PETM (Paläozän/Eozän-Temperaturmaximum) vor 55–56 Millionen Jahren statt.[60] Damals kam die Erwärmung schleichend über Tausende von Jahren, und die gewaltigen CO_2-Emissionen aus vulkanischer Aktivität (eventuell auch ergänzt durch Methan aus unterseeischen Quellen) waren 17-mal geringer als die heutigen CO_2-Emissionen. Es besteht jedoch kaum ein Zweifel daran, dass das PETM eine globale Katastrophe für die damaligen Ökosysteme auslöste.

Die »Kambrische Explosion«, die vor etwa 540 Millionen Jahren begann, dauerte 20 Millionen Jahre. Durch

60 Gutjahr et al. (2017)

sie wurde etwas Neues erschaffen, dem wir heute unsere Anwesenheit auf diesem Planeten verdanken. Ebenso haben wir allen Grund dazu, dem Meteoriten dankbar zu sein, der vor 65 Millionen Jahren aus dem großen schwarzen Nichts kam. Säugetiere lebten zwar schon vorher mit den Dinosauriern zusammen, aber sie spielten auf dem Planeten nur die zweite Geige und fristeten ein bescheidenes Schattendasein als kleine, spitzmausartige Tiere.

Aus einem kleinen und offenbar nicht besonders erfolgreichen Zweig des Stammbaums der Lebewesen entwickelten sich jedoch die Primaten und später die Menschenaffen, eben weil nach dem Aussterben der Dinosaurier Nischen für sie frei wurden. Von diesen Primaten haben sich schließlich die Hominiden abgespalten. In den letzten paar Hunderttausend Jahren gab es nur wenige dieser Arten, und bis vor 60.000 bis 70.000 Jahren war selbst der Homo sapiens eine unbedeutende Spezies in einer Ecke Afrikas. Seitdem haben wir die Welt in einer Weise in Besitz genommen, die bedeutet, dass wir nun in ein geologisches Zeitalter eintreten, das nach uns selbst benannt ist: das Anthropozän. Wir wissen noch nicht, wie sich unser Erfolg auf die Welt auswirken wird, aber wir sind dabei, an unserem eigenen Ast und an vielen anderen Ästen des Lebensbaums zu sägen. Die klimatisch stabile Periode, die wahrscheinlich eine Voraussetzung für unsere Entwicklung war, geht nun zu Ende – unseretwegen. So wie das Leben einst die Bedingungen für weiteres Leben geschaffen hat, könnten wir im schlimmsten Fall zu einem Beispiel dafür werden, dass das Leben die Bedingungen für alle anderen Lebensformen dramatisch verschlechtern kann.

Wir stehen also möglicherweise vor einem sechsten Massenaussterben, wenn wir uns nicht sogar schon mittendrin befinden.[61] Während die Zahlen, die uns für die

---

61 Kolbert, E. (2016): Das sechste Sterben: Wie der Mensch Naturgeschichte schreibt. Suhrkamp

Bevölkerungsentwicklung vorliegen, recht verlässlich sind, herrscht beim Artensterben mehr Unsicherheit. Die Frage, ob wir nun tatsächlich auf ein sechstes Massenaussterben zusteuern, ist daher nicht endgültig zu beantworten. Das liegt zum einen daran, dass wir wenig darüber wissen, wie eine »natürliche« Aussterberate aussieht, und zum anderen an der Schwierigkeit, zu dokumentieren, welche Arten tatsächlich ausgestorben sind.

Außerdem gibt es eine große Anzahl unbekannter Arten, insbesondere bei den kleinen und unscheinbaren Organismen. Wie soll man wissen, ob sie verschwinden oder nicht? Hinzu kommt, dass das Artenkonzept auf einen Großteil des mikrobiellen Lebens kaum anwendbar ist. Wie viel davon durch unsere Beeinträchtigungen von Ökosystemen verloren geht, ist unmöglich zu sagen. Auch lässt sich das Ausmaß der bedrohten Arten kaum exakt berechnen. Viele Arten sind von Natur aus selten, viele können lokal bedroht sein, haben aber anderswo lebensfähige Populationen, und alle Arten weisen im Laufe der Zeit natürliche Populationsschwankungen auf. Dennoch besteht kaum ein Zweifel daran, dass die Lage jetzt ernst ist. Die Kernaussage des IPBES-Berichts, wonach »eine Million Arten aussterben könnten«, ist nicht völlig aus der Luft gegriffen.

Bei der Beurteilung bedrohter Arten wird mit verschiedenen Risikokategorien gearbeitet, wobei Arten, die auf der Roten Liste stehen, am stärksten gefährdet sind. In der globalen Roten Liste werden Arten und Gruppen in folgende Kategorien eingeteilt: ausgestorben, in freier Wildbahn ausgestorben (was bedeutet, dass die Art in Zoos oder in Gefangenschaft vorkommt), vom Aussterben bedroht, stark gefährdet, gefährdet, potenziell gefährdet oder nicht gefährdet.[62] Die meisten Arten fallen in die Kategorie unzureichende Datengrundlage.

---

62 https://www.artsdatabanken.no/Rodliste, https://www.iucnredlist.org

Die Liste ist dynamisch, was bedeutet, dass Arten zwischen den verschiedenen Kategorien hin- und hergeschoben werden können. Außerdem ist auch hier offensichtlich, dass es keine exakte Methode gibt, um zu bestimmen, ob eine Art in die eine oder andere Kategorie fällt. Es gibt jedoch eine Reihe von Kriterien, die als Grundlage dienen. Fasst man die drei Kategorien zusammen, die auf eine mehr oder weniger starke Bedrohung hinweisen, so gelten beispielsweise 40 Prozent der Amphibien weltweit als bedroht. Das Gleiche gilt für 34 Prozent der Reptilien, 33 Prozent der riffbildenden Korallen, 25 Prozent der Säugetiere und 14 Prozent der Vögel – um nur einige Beispiele zu nennen. Auch um die Pflanzen steht es nicht besonders gut. So gelten z. B. 63 Prozent aller Arten der uralten Palmfarngattung als bedroht und 36 Prozent einer Auswahl an zweikeimblättrigen Pflanzen (für die genügend Daten erhoben wurden) sind einer ähnlich gefährdeten Position. In der 2022er-Ausgabe der Internationalen Roten Liste heißt es, dass mehr als 42.000 Arten vom Aussterben bedroht sind.

Die meisten Länder haben Rote Listen der Arten erstellt, die in ihrem eigenen Gebiet gefährdet sind. Hier in Nordeuropa sind nur wenige Arten endemisch, sodass der Verlust einer Art innerhalb der nationalen Grenzen nicht bedeutet, dass diese Art auch für den Rest der Welt verloren ist. Der Verlust bedeutet jedoch eine Verarmung der nationalen oder lokalen Natur, und die örtlichen genetischen Varianten sind unwiederbringlich verloren, wenn die Art lokal verschwindet. Darüber hinaus haben wir es auch mit einer klassischen Tragödie der gemeinschaftlichen Verantwortung zu tun. Der europäische Wolf hat ein großes Verbreitungsgebiet, aber wenn alle Nationen zu dem Schluss kommen, dass sie keine Verantwortung für den Erhalt ihrer eigenen Population übernehmen wollen, wissen wir, was passieren wird.

Nun ist es keineswegs gesagt, dass Arten, die auf der

Roten Liste stehen, auf nationaler oder globaler Ebene unvermeidlich aussterben werden, aber die Einstufungen sind eine deutliche Erinnerung an unseren ökologischen Fußabdruck. Gleichzeitig gibt es für das tatsächliche Aussterben eine erhebliche Unschärfe irgendwo zwischen dem geschätzten und dem dokumentierten Aussterben. Selbst bei den vielfältigen sichtbaren und bekannten Arten gehen die Schätzungen zur aktuellen Aussterberate weit auseinander. In der Regel wird sie jedoch auf das Hundert- bis Tausendfache des erwarteten Hintergrundwertes geschätzt.[63]

Es gibt abweichende Schätzungen darüber, wie viele Arten nachweislich ausgestorben sind, aber der IPBES-Bericht liefert eine zuverlässige Schätzung des kumulativen Artenverlusts für Tiergruppen, für die ausreichend Daten vorliegen. Heute beträgt dieser Gesamtartenverlust etwa 1 Prozent bei Fischen und Reptilien, 1,5 Prozent bei Vögeln, 2 Prozent bei Säugetieren und fast 2,5 Prozent bei Amphibien. Amphibien, die seit 270 Millionen Jahren auf der Erde leben, haben zudem den höchsten Anteil an gefährdeten Arten (40 Prozent).

Insgesamt sind seit dem 16. Jahrhundert 872 Arten jener Tiergruppen (die wir zusammenfassend als Wirbeltiere bezeichnen) als ausgestorben dokumentiert. Von den Insekten sind es nur 62 Arten, aber dort wurde überhaupt nur 1 Prozent der bekannten Artenzahl bewertet. Für die übrigen 99 Prozent gibt es einfach nicht genügend Daten. Da die Massenaussterben einen Artenverlust in der Größenordnung von 60 bis 90 Prozent hatten, sind wir derzeit also weit von einem sechsten Massenaussterben entfernt.

Vielleicht sind aber auch die früheren Massenaussterben kein besonders wesentlicher Maßstab? Man könnte argumentieren, dass jede verlorene Art eine zu viel ist. Solange wir weiterhin Regenwälder und andere Wälder

---

63 Pimm et al. (2014)

abholzen, Korallenriffe, Küstengebiete, Deltas, Sümpfe – kurz gesagt, die gesamte Natur – vom örtlichen Wäldchen in unserer unmittelbaren Nachbarschaft bis zum Amazonas – zerstören, wird die biologische Vielfalt der Welt abnehmen. Man sollte auch nicht vergessen, dass eine Art streng genommen nur durch unsere eigene Beschreibung einer großen, zugrunde liegenden genetischen Variation definiert ist. Wenn Lebensräume und Populationen schrumpfen, wenn Unterarten und lokale Populationen aussterben, verlieren wir einen wichtigen Teil der lokal angepassten Vielfalt.

Dies könnte schließlich zu einem *extinction deficit*[64] führen. Das heißt, dass eine Art zwar noch eine Weile am Ball bleibt, in Wirklichkeit aber nur noch auf Zeit lebt, weil sie langfristig nicht überlebensfähig ist. Kleine und isolierte Populationen sterben mit größerer Wahrscheinlichkeit aus, wenn zufällige Ereignisse wie Epidemien oder extreme Wetterbedingungen eintreten. Das liegt daran, dass es keine benachbarten Bestände gibt, die sich nach der Katastrophe wieder vor Ort ansiedeln können. Die letzten verbleibenden Populationen einer Art verlieren auch leicht die Möglichkeit, genetisches Material mit anderen Populationen auszutauschen. Langfristig führt dies zu einer genetischen Inzuchtdepression, bei der das Aussterben als langsame Folge eines zunehmenden Mangels an frischem genetischen Material eintritt. In einigen Fällen kann sich eine gesamte Art auf eine solche Inzuchtpopulation beschränken, die sich so zwar eine Zeit lang halten kann. Langfristig ist sie aber vom Untergang bedroht.

Dies scheint z. B. beim Mammut der Fall gewesen zu sein. Die großen Populationen verschwanden vor 10.000 bis 20.000 Jahren, aber ein paar isolierte Populationen auf einigen Inseln überlebten bis vor knapp über 4000 Jahren. Diese letzten Mammuts waren offenbar durch

---

64 Aussterbedefizit

Inzuchtdepression geschwächt und dem Untergang geweiht, lange bevor sie endgültig verschwanden. Hier liegen auch heute noch die größten Gefahren der Landschaftszerschneidung. Manche Tiere, vor allem Herdentiere, scheinen ihre Vitalität zu verlieren, wenn ihre Zahl zu gering wird. Vielleicht ist es das, was den Kipppunkt bei der Wandertaube ausgelöst und ihr Aussterben beschleunigt hat?

Viele Säugetier- und Vogelarten bestehen heute wahrscheinlich aus solchen kleinen Inzuchtpopulationen, die nur noch auf unbestimmte Zeit überleben werden. Bei vielen Arten, deren Lebensraum auf Bruchstücke ihres ursprünglichen Verbreitungsgebiets reduziert wurde, sind Unterarten und lokale Populationen mit einer einzigartigen genetischen Anpassung verloren gegangen. Bei der Erhaltung der biologischen Vielfalt geht es also um viel mehr als nur um die Erhaltung der verschiedenen Arten an sich. Wenn es uns gelingt, die letzten Tiger in einem überwachten Reservat in Bengalen künstlich am Leben zu erhalten, könnte man sagen, dass der Tiger als Art nicht ausgestorben ist. Die anderen acht Unterarten werden jedoch für immer verloren sein.

Wenn der Tiger auf etwa 100 streng überwachte Individuen in einem Reservat reduziert ist, hat er auch seinen Status, seinen mythologischen Wert verloren. Anstelle eines furchterregenden Jägers ist er zu einem musealen Beitrag zum Kuriositätenkabinett der Natur geworden und dient eher als Erinnerung an das, was wir verloren haben. Das wäre in etwa so, wie bei uns in Norwegen, wo unsere einheimischen Wölfe allesamt mit Funksendern ausgestattet werden, damit sie auf einem Bildschirm überwacht und jederzeit »beseitigt« werden können, wenn sie unsichtbare Grenzen in dem von uns definierten Terrain überschreiten. Dadurch hat auch der Wolf seinen Zauber verloren. Die verbliebenen norwegischen Wölfe sind in einen erweiterten Zoo integriert worden. Der schwache Trost ist, dass es ihnen selbst nicht bewusst ist.

Die Entstehung neuer Arten vollzieht sich auf einer Zeitskala, die uns irrelevant vorkommt – innerhalb von Hunderttausenden bis Millionen von Jahren. Ob wir es wollen oder nicht, wir sitzen nun im selben Boot wie unsere Mitgeschöpfe. Wir bilden eine Schicksalsgemeinschaft, wie sie in der ersten These von Dispesh Chakrabartys Aufsatz *The Climate of History: Four Theses* beschrieben wird: Durch die weitreichenden Veränderungen, die unser Planet gerade durchmacht, müssen wir mit der historischen Tradition brechen, die Entwicklung der Natur und die Entwicklung des Menschen als getrennte Angelegenheiten zu betrachten.[65]

Die Entwicklung des Planeten ist heute untrennbar mit der unseren verwoben – und umgekehrt.

Der Wert eines Vielfraßes

Einige Tiere werden gezielt bekämpft, mit dem erklärten Ziel, einzelne Arten auszurotten – wie z. B. Wölfe, zumindest auf lokaler oder regionaler Ebene. In der Vergangenheit waren Kopfgelder, Giftköder und Schlagfallen legitime Mittel zur Bekämpfung der »Bestien«. Sogar der Naturliebhaber Carl von Linné veröffentlichte im 18. Jahrhundert den Plan, alle Wölfe in Schweden mit Gift auszurotten. Die Legitimation dafür lieferte zum einen das Postulat des Philosophen René Descartes, dass Tiere als emotionslose Roboter zu betrachten seien, und zum anderen die Naturteleologie, eine Denkschule, die die Natur als für den Menschen geschaffen ansieht. Solange Gottes Plan für alle anderen Lebewesen auf der Erde darin bestehe, uns zu unterstützen und wir als weltliche Herrscher der Erde angesehen würden, sei es moralisch nicht verwerflich, die Artenvielfalt nach unseren eigenen

---

65 Das Klima der Geschichte: Vier Thesen; Chakrabarty (2009)

Bedürfnissen zu verwalten – selbst wenn dies die Ausrottung anderer Lebensformen bedeute.

Auch ohne eine solche theologische oder teleologische Rechtfertigung hat die Menschheit eine lange Geschichte des Artensterbens auf ihrem Konto zu verzeichnen. Diese hat sich im selben Tempo beschleunigt, in dem wir jeden bewohnbaren Winkel des Planeten eingenommen haben. Auf dem Weg dahin haben wir uns durch die einheimische Fauna gefressen und Berge von Knochen heute ausgestorbener Arten als Zeugnis dessen hinterlassen, was vor uns war.

In jüngster Zeit können wir jedoch nicht behaupten, dass die Natur aufgrund unserer Böswilligkeit im Hintertreffen ist. Ganz im Gegenteil: Fast alle sind für die Natur und wünschen ihr nur das Beste. Die Natur hat mittlerweile Rechte, einen moralischen Status und einen beachtlichen Rechtschutz erhalten. Einige Schutzgebiete wurden wieder eingerichtet, und in so manchen Gebieten hat sich der Rückgang der Populationen sogar verlangsamt. Einige Arten, die einst vom Aussterben bedroht waren, haben sich erholt, weil wir jetzt endlich verstanden haben, was auf dem Spiel steht.

Eine bessere Regulierung der Fischerei hat beispielsweise dazu geführt, dass sich mehrere Bestände erholen konnten. Der nordatlantische Heringsbestand ist ein gutes Beispiel dafür. In Europa spricht man auch von rewilding, also von der Wiederansiedlung größerer Tiere, sogar von Wölfen. Dies geschieht nicht ohne Widerstand, aber es gibt nicht nur finstere Aussichten. Nicht zuletzt hat es einen enormen Bewusstseinswandel gegeben, was unser Verhältnis zu den Arten und der natürlichen Vielfalt betrifft. Doch trotz dieses guten Willens zeigt uns das Gesamtbild, dass die Natur auf dem Rückzug ist. Auch hier könnte man sich fragen, ob wir wirklich alle Arten erhalten müssen. Spielt es wirklich eine Rolle, wenn wir ein paar Ameisen oder Mücken verlieren? Haben wir überhaupt Freude am Wolf, und warum sollten wir Millionen für die Erhaltung des Pandas ausgeben?

Ein klassisches anthropozentrisches[66] Argument ist, dass der Verlust von Arten zu einem Verlust potenziell nützlicher Organismen führt, vor allem für die Ernährung oder medizinische Zwecke. Heute wird mehr als die Hälfte des weltweiten Kalorienbedarfs durch nur drei Pflanzenarten gedeckt: Weizen, Reis und Mais, die zudem auf minimale genetische Variation heruntergezüchtet wurden. Ein weiteres oft gehörtes Argument ist das enorme Potenzial, das in den unentdeckten medizinisch wirksamen natürlichen Organismen steckt. Das Wettrüsten zwischen antibiotikaresistenten Bakterien und neuen Medikamenten spitzt sich stetig zu, und die Pharmaindustrie sucht nun verzweifelt nach neuen Medikamenten bei den letzten Schamanen in den schwindenden Urwäldern und bei aussterbenden indigenen Völkern. Dies ist der Kern der menschenzentrierten anthropozentrischen Argumente für den Artenschutz.

Das biozentrische oder tiefenökologische Argument besagt, dass alle Arten einen intrinsischen Wert und daher ein Recht auf Schutz haben, zumindest auf Schutz vor dem Aussterben. Dies ist ein philosophischer oder ethischer Standpunkt, der praktische Probleme aufwirft. Der traditionelle Artenschutz bevorzugt eindeutig Arten, die in den Augen der Menschen einen wirtschaftlichen oder symbolischen Status haben. Wir können eine klare Abstufung vom Panda (den die meisten Menschen niedlich finden) über den Wal (der in den Augen der Norweger:innen zwar gejagt, aber nicht ausgerottet werden sollte) und den Wolf (bei dem wir zwar wollen, dass die Art überlebt – nur nicht gerade bei uns) bis hin zum Lachs und zu eher neutralen Arten erkennen. Obwohl unsere Klassifizierung von Arten als »Ungeziefer« oder

66 anthropozentrisch: den Menschen in den Mittelpunkt stellend

»Unkraut« inzwischen differenzierter geworden ist, werden viele verständlicherweise die Ausrottung einer ganzen Reihe von lästigen Lebensformen befürworten.

Egal wie man zu der Vorstellung steht, dass das Leben heilig ist und dass alles Leben einen Eigenwert hat – um eine gewisse Abstufung kommt man nicht herum. Unabhängig davon, ob wir uns eher als Rechteinhaber oder als Verwalter sehen, war im traditionellen Umgang mit der Natur ihre »Verbesserung« stets ein wichtiges Ziel. Mehr als alles andere hat uns dieser traditionelle Umgang gezeigt, wie die Artenabstufung in der Praxis aussieht. Bei der Regulierung der Wild- und Fischbestände ging es darum, eine sehr enge Palette von Arten zu fördern, je nachdem, was wir Menschen auf unserem Teller haben wollen oder auf andere Weise nutzen können.

Heute herrscht weitgehende Einigkeit darüber, dass alle Arten in gewissem Maße schutzwürdig sind und dass das Aussterben einzelner Arten einen unwiderruflichen Verlust darstellt, der ethisch nicht zu rechtfertigen ist. Gleichzeitig gibt es offensichtlich eine legitime Kategorisierung oder Rangfolge unserer Mitgeschöpfe. Eine Amöbe ist nicht so viel wert wie ein Elefant, weder auf individueller Ebene noch auf der Ebene der Arten. Komplexität, Nervensystem und das Ausmaß des Bewusstseins spielen eine Rolle, auch wenn es unmöglich ist, einen klaren Maßstab festzulegen.

Das bedeutet jedoch nicht automatisch, dass die großen Arten die wichtigsten sind, sondern tatsächlich oft genau das Gegenteil. Das vielleicht wichtigste Tier in den nördlichen Meeren Europas ist z. B. der Ruderfußkrebs Calanus finmarchicus, ein Copepode von 2 bis 3 Millimetern Länge. Er ernährt sich in erster Linie von Phytoplankton und ist selbst eine wichtige Nahrungsquelle für Fische und damit wiederum für alle, die sich von diesen Fischen ernähren. In der mittleren Norwegischen See wird die Biomasse dieser Art auf 200 Millionen Tonnen geschätzt. Das ist zwanzigmal mehr als der Bestand an Frühjahrsheringen. Dementsprechend können wir die Kalkalge Emiliania huxleyi vielleicht als unseren wichtigsten Primärproduzenten bezeichnen. Obwohl sie noch wesentlich kleiner ist als der Ruderfußkrebs (etwa 5 Mikrometer, d. h. 0,005 Millimeter im Durchmesser), stellt diese Art noch mehr Biomasse. Diejenigen, die an der Spitze der Nahrungskette stehen, können nur einen Bruchteil des Gesamtgewichts all dieser Kleinstlebewesen aufweisen.

Was ist also der Wert einer Art? Nun, der Wert des Ruderfußkrebses ist gewaltig, und vielleicht ist der Wert von Emiliania huxleyi sogar noch größer, da sie eine wichtige Basis der marinen Nahrungskette bildet und sich gleichzeitig um einen großen Teil unserer CO_2-Emissionen kümmert. Wert kann so viel bedeuten. Arten oder Individuen können einen ästhetischen Wert haben, oder einen Erfahrungswert. Sie können auch einen Wert in Bezug auf Ökosystemfunktionen haben, die sie erfüllen, oder einen Wert als Nahrung oder Medizin. Wenn wir vom Wert einer Art in einem Ökosystemkontext ausgehen, ist es klar, dass es Beispiele für höchst unentbehrliche Tiere gibt. Die Herausforderung besteht darin, die Auswirkungen des Verschwindens einer einzelnen Art vorherzusagen. Viele Dinge in der Natur sind so eng miteinander verbunden, dass wir nicht sicher sein können, welche davon eine entscheidende Rolle spielen.

Charles Darwin beendet sein großes Werk *Die Entstehung der Arten* mit der berühmten Passage, in der er das Leben als ein dicht bewachsenes Ufer betrachtet, oder als *tangled bank*, wie er es nennt.[67] Laut dieser Passage ist das Flussufer »bedeckt mit blühenden Pflanzen vielerlei Art, mit singenden Vögeln in den Büschen, mit schwärmenden Insekten in der Luft, mit kriechenden Würmern im feuchten Boden«. Darwin führt weiter aus, wie »diese

---

67 Darwin. C. (2021): Hauptwerke. Nikol, Hamburg

künstlich gebauten Lebensformen, so abweichend unter sich und in einer so komplizierten Weise voneinander abhängig, durch Gesetze hervorgebracht sind, welche noch fort und fort um uns wirken«. Die wechselseitige Abhängigkeit zwischen den Arten, die Darwin hier beschreibt, ist heute ein zentrales Thema sowohl für die Entwicklung als auch für die Erhaltung der Vielfalt in der Natur. Dies lässt sich am Beispiel der Ökologie und der Evolution veranschaulichen, aber auch an der Grundlage all dessen, nämlich der Genetik.

Darwin selbst beschrieb das Zusammenspiel sehr elegant, als er die Ursachen für die Variation der Kleepflanzen auf dem Land in England untersuchte. Obwohl das Wachstum des Klees auch vom Klima abhängig war, stellte er fest, dass der wichtigste Faktor die bestäubenden Insekten, insbesondere Hummeln, waren. In guten Hummeljahren kam es zu einer effektiven Bestäubung und guten Erträgen. In Gebieten oder Jahren mit hohem Feldmausvorkommen hingegen gab es weniger Hummeln, da die Feldmäuse die schlechte Angewohnheit hatten, Hummelnester zu plündern. In der unmittelbaren Umgebung der Dörfer gab es oft viel Klee, weil dort wiederum Katzen lebten, die die Population der Feldmäuse in Schach hielten. Seit Darwins Studie sind zahlreiche solcher trophischen Kaskaden beschrieben worden, also Phänomene, die dadurch entstehen, dass Arten, die verschiedene Positionen (trophische Ebenen) in Nahrungsketten einnehmen, sich gegenseitig regulieren. Sie alle sind Argumente für das Vorsorgeprinzip in der Umweltpolitik.

»Ich habe noch nie einen Vielfraß gesehen«, schreibt Edward O. Wilson in seinem Buch *The Creation: An Appeal to Save Life on Earth,* »aber das ist in Ordnung.«[68] Das sagt er nicht, weil der Vielfraß ein so furchterregendes Raubtier mit Kräften ist, die in keinem Verhältnis zu

---

68 Die Schöpfung: Ein Appell, das Leben auf der Erde zu retten; Wilson (2006)

seiner bescheidenen Größe stehen, sondern weil er etwas Mythisches und Geheimnisvolles an sich hat. Es passiert äußerst selten, dass man einen Vielfraß zu Gesicht bekommt, und wenn man Glück hat, sieht man ihn nur für ein paar Sekunden in weiter Ferne als schwarzen Punkt im Schnee.

Mit anderen Worten, man muss nicht jedes Tier schon einmal gesehen haben, um es wertzuschätzen. Das Wichtigste ist, dass wir wissen, dass es sie gibt, ohne dass wir ihren Wert genau beziffern können. Die Welt kann vielleicht auch ohne den Panda, den Vielfraß und den Wolf auskommen, aber je artenreicher die Ökosysteme sind, desto mehr Arten können freie Nischen ausfüllen, und desto robuster werden diese Systeme.

Eine halbe Kugel?

Aus ethischer Sicht kann man argumentieren, dass wir kein moralisches Recht haben, andere Arten auszurotten. Dies muss unser Ausgangspunkt für die Erhaltung und Verwaltung von Naturräumen sein. Darüber hinaus müssen wir uns fragen, welche Kaskaden- oder Dominoeffekte der Verlust von Arten in Gang setzen kann. Ist die Natur wie ein Kartenhaus, bei dem jede Karte am unteren Ende der Pyramide für die gesamte Struktur entscheidend ist? Offensichtlich nicht. Es ist klar, dass nicht alle Arten gleichermaßen »notwendig« sind. Die Natur ist sowohl robust als auch dynamisch, und seit der Entstehung des Lebens sind Arten gekommen und wieder verschwunden. Aus der Sicht des Menschen können wir daher auf viele Arten verzichten, ohne dass dies spürbare Folgen für uns hätte.

Manchmal kann sich das Verschwinden einer dominanten Art tatsächlich positiv auf die Gesamtvielfalt auswirken, da dies mehr verschiedenen Organismen die Chance gibt, sich zu etablieren. Dennoch hat uns die

Geschichte gelehrt, dass es oft schwierig ist, im Voraus zu sagen, welche Arten Schlüsselfunktionen erfüllen und welche ohne negative Folgen verschwinden können. Die Entfernung oder Einführung von Arten kann Wirkungskaskaden hervorrufen, die niemand vorhersehen konnte. Es gibt viele Beispiele für gut gemeinte Freisetzungen oder Entnahmen, die unerwartete und manchmal katastrophale Folgen für die betreffenden Ökosysteme hatten. Die Kaninchen in Australien sind ein klassisches Beispiel, aber wir müssen nicht das Land verlassen, um dafür Belege zu finden. Das krillähnliche Krebstier Mysis relicta (Reliktkrebschen) wurde in mehreren regulierten Stauseen in Norwegen ausgesetzt, um die Nahrungsgrundlage für Saiblinge und Forellen zu verbessern. Es stellte sich jedoch heraus, dass das Reliktkrebschen für die Fische eher ein Nahrungskonkurrent als eine Beute war. Darüber hinaus verfügte es über die beeindruckende Fähigkeit, sich auf andere Gewässer auszubreiten, in denen es alles andere als willkommen war.

Einer der Gründe, warum es schwierig ist, die Auswirkungen des Verschwindens einer einzelnen Art vorherzusagen, lässt sich anhand einer aufwendigen Darstellung des ökologischen Nahrungsnetzes in der Nordsee veranschaulichen. Es gibt eine Grafik, die ich meinen Studierenden von Zeit zu Zeit zeige, um die Komplexität der Natur zu verdeutlichen. Man kann sie als eine Art Variante von Darwins *tangled bank* betrachten. Die Abbildung zeigt ein vollkommen unübersichtliches Knäuel von Verbindungslinien, an denen mehr oder weniger zu erkennen ist, wie die vielen Akteure in einem Nahrungsnetz, angefangen von Algen bis hin zu Walen, auf skurrile Weise miteinander verbunden sind.

Alles scheint auf die eine oder andere Weise mit allem verbunden zu sein, und dennoch ist die Illustration ein stark vereinfachter Ausschnitt aus einer noch komplexeren biologischen Realität. Gleichzeitig wissen wir viel über die Schlüsselspezies der Nordsee. Emiliania huxleyi ist eine solche Art aus dem Phytoplanktonreich, während der Ruderfußkrebs Calanus finmarchicus diese Rolle im Zooplankton und die Lodde sie bei den Kleinfischen einnimmt.

Im Englischen wird für solche Schlüsselspezies der Begriff *keystone species* verwendet, der möglicherweise besserer veranschaulicht, worum es geht. Ein Keystone, zu Deutsch Schlussstein, ist der letzte Stein in einem Bogen, der die gesamte Struktur eines Gebäudes zusammenhält. Eines der ersten und anschaulichsten Beispiele dafür, welche Bedeutung diese Schlüsselspezies innehaben, lieferten die Seestern-Experimente des Biologen Robert Paine.[69] Paine entfernte Seesterne aus felsigen Ufergebieten und stellte fest, dass die Muscheln, die sich in Abwesenheit der Seesterne etablierten, den gesamten Lebensraum besetzten und die Vielfalt stark reduzierten. Die Anwesenheit von Seesternen hielt die Muscheln in Schach und schuf damit Lebensraum für viele andere Arten. Deshalb nannte Paine den Seestern eine Schlüsselspezies.

Auf ähnliche Weise wies er nach, dass beim Verschwinden der Seeotter die Population der Seeigel gewaltig zunahm. Die Seeigel weideten den Kelpwald ab, was wiederum zum Verlust der gesamten Artenvielfalt führte, die im Algenwald zu Hause ist. Mit anderen Worten: Auch diejenigen an der Spitze der Nahrungskette können durch ihren Einfluss auf eine niedrigere Stufe eine Schlüsselrolle bei der Strukturierung der Nahrungsketten spielen, auch wenn sie nicht aufgrund ihrer Lebendmasse dominieren. Menschen, Wale, Raubfische und Wölfe sind gute Beispiele dafür. Als die US-Behörde für Wildtiere und Fischerei Wölfe wieder in den Yellowstone-Nationalpark einführte, soll dies – zugegebenermaßen umstritten – zum Rückgang des Hirschbestands und damit zu weniger Überweidung

---

69 Paine (1966)

beigetragen haben, woraufhin die Vegetation sich wieder erholen konnte, was wiederum zur Wiederherstellung der von dieser Vegetation abhängigen Artenvielfalt führte.[70] Und das alles unter Einfluss des Wolfes!

Man kann daher sowohl für den Wert von Schlüsselspezies wie der des Ruderfußkrebses argumentieren, auch wenn sie sehr klein sind und vielleicht nicht die charismatischsten Tiere zu sein scheinen, als auch für die Bedeutung der großen und faszinierenderen Arten. Der Verlust von Arten wird immer gewisse Folgen mit sich ziehen, oft marginal, manchmal auch erheblich, was an sich schon ein Argument für den Artenschutz ist. Eine einseitige Aufmerksamkeit für eine bestimmte Art kann gleichzeitig eine Entgleisung dessen sein, was unser eigentlicher Auftrag sein sollte: sich um alle genetischen Variationen zu kümmern, die auch innerhalb und zwischen den Arten existieren.

Es ist nicht schwer, für den Erhalt des Koalas, Pandas oder Blauwals zu argumentieren. Allerdings besteht kein Zusammenhang zwischen Charisma und Bedeutung, eher im Gegenteil. Die wichtigsten Arten sind häufig diejenigen, die wir nicht sehen, die oft keinen Namen haben, aber Teil einer unsichtbaren Vielfalt sind, die die großen Kreisläufe in Gang hält. Nehmen wir z. B. die vielen verschiedenen Bakterienarten, die den Stickstoffkreislauf am Laufen halten. Oder die mikroskopisch kleinen Pilze im Waldboden, die unzähligen anonymen Massen, die die Grundlage für die große und bunte Vielfalt bilden, die wir tatsächlich sehen – und schätzen. Wenn wir diese Vielfalt erhalten wollen, macht es wenig Sinn, einen einseitigen Schwerpunkt auf Artenschutz und Artenwert zu legen. In der Praxis können wir uns aus dem Minenfeld der Naturschutzphilosophie, bei der es um den relativen moralischen Status von Arten geht, herausbegeben, indem

70 Ripple et al. (2001)

wir unseren Blick auf die eigentliche Bedrohung der Artenvielfalt richten, nämlich unsere Flächennutzung. Wenn wir das Land unter Schutz stellen, bewahren wir ganze Ökosysteme mit all ihren natürlichen Bestandteilen.

Genau dies befürwortet der bereits erwähnte Edward O. Wilson in einem anderen seiner Bücher, *Half-Earth* aus dem Jahr 2016.[71] Er plädiert dafür, dass die Hälfte der Fläche des Planeten der Natur in Form von Ökoregionen vorbehalten bleibt. Er spricht also nicht von kleinen Restflächen hier und da, sondern von ganzen Regionen mit Raum für unterschiedliche Ökosysteme. Wilson schätzt, dass auf diese Weise 85 Prozent der weltweiten biologischen Vielfalt erhalten werden können. Vielleicht ist es, streng genommen, keine völlige Zumutung, dass wir uns mit der halben Erdkugel zufrieden geben können? Sollten wir nicht Millionen unserer Mitgeschöpfe sich auf der anderen Hälfte der Kugel entfalten lassen?

Heutzutage sind nur etwa 15 Prozent der weltweiten Landfläche geschützt, aber die Schutzgebiete genießen bei Weitem nicht so viel Schutz, wie man meinen könnte. Solange die Menschheit wächst oder ein Markt für Tigerfelle und Elfenbein existiert, schließen sich die Grenzen immer enger um die letzte unberührte Natur. Einige Länder wie Namibia, Nepal und Bhutan haben Wilsons utopischen Traum im Prinzip erfüllt, während ein Land wie Norwegen sehr weit davon entfernt ist. Die Vorstellung von Norwegen als Land der Wildnis ist ein Mythos. Was wir heute als große, ununterbrochene Wildnis wahrnehmen, sind in Wirklichkeit oft Restlebensräume, Inseln in einer Landschaft, die durch Straßenbau, Kahlschlag, Entwässerung und den Neubau von Ferienhäusern, um nur einige zu nennen, verkleinert und zerfressen wurde.

Es ist von entscheidender Bedeutung, dass Schutzgebiete dort eingerichtet werden, wo die Vielfalt tatsächlich

---

71 Wilson, E. O. (2016): Die Hälfte der Erde. C. H. Beck

vorhanden ist, in den reichsten Lebensräumen, und nicht nur in Randgebieten, wo der Schutz am billigsten ist. Damit kümmern wir uns gleichzeitig um die unsichtbare Vielfalt der Arten, die Kohlenstoff bindet, Sauerstoff produziert, das Klima reguliert und das Zentrum der großen Kreisläufe bildet. Außerdem schützen wir so die Natur, die uns sowohl physisches als auch psychisches Wohlbefinden beschert – kurz gesagt, ein ganzes Spektrum an Ökosystemdienstleistungen.

Die kostenlosen Dienstleistungen der Natur

Das Bienensterben und der Verlust der Bestäubungsleistungen haben uns gelehrt, dass wir stärker von der Natur abhängig sind, als uns lieb ist. Als ich meine Kinder, als sie noch viel jünger waren, fragte: »Was glaubt ihr, woher das Essen kommt?«, war die offensichtliche Antwort »der Supermarkt«, seine Gefriertheken und Regale. Daraufhin fragte ich sie natürlich, woher der Supermarkt die Lebensmittel wohl haben könnte. Das war dann schon nicht mehr so leicht zu beantworten.

Die Natur bietet viele »kostenlose Dienstleistungen«, die dafür sorgen, dass Lebensmittel irgendwann geerntet werden können und auf dem Esstisch landen. Leicht verständliche Beispiele für Ökosystemdienstleistungen sind Fisch und Meeresfrüchte, Trinkwasser, Strom, Holz, Biokraftstoffe und die Natur, in der wir wandern und schwimmen gehen können, sowie die Reinigung von Luft, Boden und Wasser, Klimaregulierung, Erhaltung der biologischen Vielfalt und Flächen für die Produktion verschiedener Güter. Gut funktionierende Ökosystemdienstleistungen sind eine Voraussetzung für die Produktion von Gütern und für gefüllte Supermarktregale.

Ein Beispiel für den Zusammenhang zwischen der Erhaltung der biologischen Vielfalt und Ökosystemdienstleistungen ist die Fähigkeit der Natur, Insektenbefall und Krankheiten von landwirtschaftlichen Nutzpflanzen selbst einzudämmen. Eine Reihe von Lebewesen wie Vögel, Marienkäfer und Pilze helfen kontinuierlich, den Großteil der Organismen im Zaum zu halten, die sonst unsere Pflanzen befallen würden. Das ist bei Weitem nicht alles, was uns die Natur scheinbar kostenlos bietet. Heute profitiert alles von den Ökosystemdienstleistungen, von der Grundstoffindustrie bis zum Tourismussektor. Dass wir in der Lage sind, auf unterschiedliche Art und Weise Dinge aus der Natur zu gewinnen, ist seit Menschengedenken von grundlegender Bedeutung für unser Überleben. Auch wenn der Begriff recht neu ist, ist die Idee, dass die Natur ein Dienstleister ist, alles andere als das. Im Prinzip war dies, was Carl von Linné sich zur Lebensaufgabe gemacht hat: zu erforschen, was die Natur zum Wohle des Menschen bieten kann.[72] In Linnés naturteleologischer Welt war dies auch der Zweck der Natur: Sie existiert uns zum Gefallen.

Während die wirtschaftlichen Berechnungen früher auf der Überlegung basierten, dass Umweltverschmutzung oder natürliche Zerstörung weniger kosten als Umweltschutzmaßnahmen, ist dieses einseitigen Verständnis heute glücklicherweise auf dem Rückzug. Es ist keineswegs völlig aus unseren Köpfen verschwunden, aber es ist im Begriff, durch eine ökonomische Denkweise ersetzt zu werden, die den Nutzen der Natur mehr berücksichtigt und dem Thema Nachhaltigkeit ein größeres Gewicht einräumt.

Man könnte befürchten, dass man mit einem Begriff wie Ökosystemdienstleistungen den Marktkräften einen der letzten Freiräume für nicht ökonomisches Denken überlässt, da er ein Verständnis der Natur als Dienstleister impliziert. Einige glauben, dass dies die endgültige Resignation gegenüber einem alles in dieser Gesellschaft durchdringenden Wirtschaftssystem ist. Kurz gesagt, es

---

72 Hessen (2000)

wird befürchtet, dass man mit der Einführung dieser Definition dem Teufel den kleinen Finger reicht.

Daher sollte betont werden, dass die ökonomische Perspektive lediglich ein zusätzliches Argument zu alldem darstellt, was wir normalerweise als den (Eigen-)Wert der Natur betrachten. Gleichzeitig setzt sich allmählich die Einsicht durch, dass rein wirtschaftliche Ziele nicht die einzigen sein können und auch nicht immer die wichtigsten sind, was unsere Beziehung zur Natur betrifft.

Um auf den Punkt zu kommen: Das Problem heute ist nicht, dass viele Menschen etwas gegen die Natur an sich haben. Um meine Landsleute als Beispiel zu nehmen: Wir Norweger:innen antworten in allen Umfragen einstimmig, dass wir die Natur lieben und sie schützen möchten.[73] So geben 84 Prozent von uns an, dass wir uns für die Natur und das Leben im Freien interessieren, und 7 von 10 würden gerne mehr Zeit draußen verbringen. In anderen europäischen Ländern ist die Einstellung zur Natur nicht weniger positiv, im Gegenteil: Vieles deutet darauf hin, dass auch hier das Gesetz des abnehmenden Grenznutzens gilt: Je weniger Natur auf nationaler Ebene oder in der Nähe unseres Wohnortes existiert, desto wertvoller wird sie für uns. Und doch ist die Natur, bei allem guten Willen, auf dem Rückzug. Immer wieder wird sie gegenüber vermeintlich reelleren Werten in den Hintergrund gedrängt. Um ein kleines, konkretes Beispiel aus meinem eigenen Leben anzuführen: Kürzlich nahm ich an einer öffentlichen Sitzung über die Abholzung des Huseby-Waldes in Oslo mit seinen angrenzenden Grünflächen teil. Dabei handelt es sich um eines der noch verbliebenen kleinen Waldstückchen in der Stadt mit einer nicht unerheblichen Artenvielfalt. Der Ort bereichert als Naherholungsgebiet das tägliche Leben vieler Menschen.

---

73 https://norskfriluftsliv.no/wp-content/uploads/2020/11/Natur-og-miljobarometeret-2020-31.10.2020.pdf

Bei dem Treffen wurde eine Berechnung der Kosten vorgestellt, die entstehen, wenn der Wald erhalten bleibt. Die Rechnung war einfach: Sie zeigte den verlorenen Verkaufswert neuer, teurer Häuser abzüglich des Wertes der verlorenen Grünfläche – der mit null angesetzt wurde. Die Prämisse des Investors war, dass die Natur einfach wertlos sei. Mein Argument war das Gegenteil: Selbst rein wirtschaftlich gedacht ist die Bedeutung einer Grünfläche erheblich: für kostenfreie Werte wie Erholung, öffentliche Gesundheit – ja, sogar für den Hochwasserschutz und die Luftreinigung –, wenn dies auch schwer zu quantifizieren ist. Hier kommen Faktoren ins Spiel, deren Wert sich nicht mit einem Geldbetrag beziffern lässt.

In diesem Zusammenhang wird das Konzept der Ökosystemdienstleistungen zu einem Instrument, das zeigt, wie grundlegend wir von der Natur und von einigermaßen intakten Ökosystemen abhängig sind. Dabei geht es nicht nur um die Versorgung mit Nahrungsmitteln, Medikamenten, Rohstoffen und die Grundlage für den Tourismus, sondern auch um biogeochemische Kreisläufe, Kohlenstoffspeicherung, Wasser- und Luftreinigung, Bestäubung und vieles andere, an das wir normalerweise nicht denken – ganz zu schweigen von der Lebensqualität, den Erlebnissen, der körperlichen und geistigen Gesundheit, die die Natur uns schenkt.[74]

Mit diesen kostenlosen Ökosystemdienstleistungen verhält es sich wie mit so vielen anderen Dingen: Man wird sich ihrer Bedeutung erst bewusst, wenn sie plötzlich weg sind. Erst wenn ein zentrales Organ im Körper, das man immer für selbstverständlich gehalten hat, zu versagen beginnt, merkt man, wie wichtig es ist. So ist es auch mit der biologischen Vielfalt. Die Bestäubungsleistung der Bienen wurde uns erst richtig bewusst, als die Bienen zu verschwinden begannen, aber es geht hier um viel mehr

---

74 NOU (2013)

als nur um Bestäubung. Ein Überblick über den aktuellen Stand der Ökosystemdienstleistungen zeigt einen deutlichen Rückgang bei 14 von 18 globalen »unterstützenden« Leistungen, die die Natur und die Artenvielfalt für die Menschheit erbringen.[75]

Wenn wir gut mit der Natur umgehen, wird es diese potenziellen Leistungen auch in absehbarer Zukunft geben. Das Gegenteil eines solchen verantwortungsvollen Umgangs ist die irreversible Komplettentnahme von Gütern. Dieser Aspekt der Diskontierung von Ökosystemdienstleistungen ist an sich schon wichtig: Der kumulierte Wert grüner Naherholungsgebiete kann langfristig – auch ökonomisch – weitaus größer sein als eine einmalige Abholzung desselben Gebietes. So entsteht tatsächlich eine Win-win-Situation für Ökonomie und Ökologie durch den Erhalt von Arten und Natur. Hinzu kommen die nicht immer leicht zu vermittelnden Werte, die mit Roten Listen und bedrohter Artenvielfalt verbunden sind. Diese Art des Denkens erfordert jedoch eine längerfristige Rationalität, als wir sie normalerweise besitzen – und auf die unser derzeitiges Wirtschaftssystem nicht ausgerichtet ist.

Die Fotosynthese ist die größte aller Ökosystemdienstleistungen. Sie bildet nicht nur direkt oder indirekt die Grundlage für die gesamte Nahrungsmittelproduktion. Sie sorgt auch für die Verarbeitung von mehr als der Hälfte des von uns freigesetzten CO_2. Nicht zuletzt ist dies ein entscheidendes Argument für die Erhaltung intakter Ökosysteme. Wir sind darauf angewiesen, dass Wälder und Meere die Kohlenstoffbindung auf absehbare Zeit weiter leisten können. Sollte diese Leistung erheblich geschwächt werden, ausbleiben oder sich im schlimmsten Fall umkehren, dann haben wir ein echtes Problem.

---

75 PBES (2019b)

Kipppunkte I

Können wir aus alldem irgendwelche Schlussfolgerungen ziehen? Betrachten wir zunächst die positiven Aspekte: Wir sind weit entfernt von einem sechsten Massenaussterben, und in vielerlei Hinsicht erlebt die Natur heute sogar eine Renaissance, wenn wir es z. B. mit Carl von Linnés Verständnis vergleichen. Vielleicht liegt es daran, dass es einfach weniger Natur gibt und wir in unserem urbanen Dasein immer weniger mit ihr in Berührung kommen? Nur die wenigsten Menschen wollen der Natur an den Kragen, und auch das Bewusstsein für den Rückgang der Wildtierpopulationen und das Artensterben ist, zumindest teilweise, sehr ausgeprägt. Aber dennoch wird die Natur immer noch so wahrgenommen: »Gut, dass sie da ist, aber eigentlich haben wir genug davon. Deswegen können wir angesichts der Realität – also der ökonomischen Realität – um sie pokern und feilschen, ob es nun um das Wäldchen vor der Haustür oder den Amazonas geht.« Der springende Punkt ist, dass die Natur unseres Planeten – trotz allen guten Willens – zunehmend unter Druck gerät: Naturbelassene Flächen schrumpfen, die Ökosysteme werden beeinträchtigt und die Tier- und Pflanzenpopulationen nehmen weltweit in rasantem Tempo ab.

Die Veränderungen, die in nur 100 Jahren stattgefunden haben, sind dramatisch. Wir sprechen von einer Halbierung der Artenvielfalt innerhalb eines Wimpernschlags in der Geschichte. Das bedeutet nicht, dass alle gefährdeten Arten aussterben werden, aber einige wird dieses Schicksal auf jeden Fall ereilen. Dies gilt sowohl für einige der größten und charismatischsten Arten auf der Erde und in den Ozeanen als auch für einige Arten von Kleinstlebewesen, die jedoch lebenswichtige Ökosystemdienstleistungen erbringen. Die Ursachen liegen vor allem in der Zahl der Menschen und in unserem gestiegenen Konsum, der immer größere Flächen beansprucht.

Darüber hinaus trägt der Klimawandel zunehmend zum natürlichen Artensterben bei. Die einzige gute Lösung ist, weiträumige, intakte Flächen für die Ökosysteme abzustecken. So bleibt auch die unsichtbare Vielfalt erhalten, die das Räderwerk der Natur am Laufen hält und entscheidend für die Fähigkeit des Planeten ist, CO_2 zu absorbieren – der größte und wichtigste Beitrag der Natur heute und in Zukunft.

Schwellenwerte und Kipppunkte werden im wirtschaftlichen Kontext häufig im Zusammenhang mit Immobilienmärkten, Aktienkursen, Börsencrashs und dem Platzen von Finanzblasen genannt. Solche Ereignisse haben offensichtliche Parallelen zu ökologischen Zusammenbrüchen. Eine der großen Fragen unserer Zeit, zumindest für diejenigen von uns, die sich mit den Reaktionen der Ökosysteme auf menschgemachte Belastungen befassen, ist, ob sich diese Zusammenbrüche vorhersagen lassen. Wie bereits erwähnt, gibt es Grenzen dafür, wie klein, isoliert und durch Inzucht geprägt eine Tierpopulation werden kann, bevor es plötzlich bergab geht, aber es ist immer schwierig, den genauen Zeitpunkt vorherzusagen, da sich Inzucht auf mehr oder weniger fatale Weise manifestieren kann. Erinnern wir uns noch einmal an die Wandertaube. Es gibt noch viele andere Beispiele dafür, dass Populationen eine gewisse Mindestgröße und -fläche als Lebensraum haben müssen, um auf Dauer lebensfähig zu sein. Zudem werden bereits geschrumpfte Populationen anfälliger, wenn sie von anderen Populationen isoliert sind oder die einzige verbleibende Population darstellen. Nach einem Krankheitsausbruch, einem extremen Wetterereignis oder massiven Waldbränden gibt es keine Nachbarpopulationen, die sie wieder ergänzen könnten. Genau aus diesem Grund ist die Fragmentierung der Naturräume so riskant.

Wenn ein Ökosystem unter Stress steht, z. B. durch stärkere Verschmutzung, Trockenheit, Verringerung der

Ausdehnung oder Aufteilung in Restflächen, Verlust eines Teils des Arteninventars oder Ähnliches, folgen die Reaktionen dann einer vorhersehbaren und geradlinigen Entwicklung, oder gibt es Schwellenwerte? Auf lokaler Ebene wurden viele Schwellenwerte des Typs »bis hierher und nicht weiter« ermittelt, aber gilt das auch für einen größeren Maßstab? Schwelleneffekte sind ein offensichtlicher Grund dafür, dass Zusammenbrüche auf verschiedenen Ebenen gar nicht so ungewöhnlich sind. Wenn Warnphänomene wie die zunehmende Instabilität messbarer Parameter erkannt werden, kann man sich bemühen, die Entwicklung umzukehren, bevor der kritische Kipppunkt erreicht wird. Solche Zusammenbrüche sind häufig dadurch gekennzeichnet, dass Systeme von einem dynamischen Gleichgewichtsniveau auf ein anderes kippen.[76] Können wir sagen, wann genau ein neues Gleichgewichtsniveau eintreten wird?

Der Amazonas und Australien brennen, und es stellt sich die Frage, ob dies ein Zeichen des Endes für einige der ältesten und wichtigsten Ökosysteme der Welt ist. Könnten diese Systeme einen Punkt erreichen, an dem es kein Zurück mehr gibt, einen Kipppunkt, an dem sich der Wald nicht mehr erholen kann, sondern in eine Abwärtsspirale gerät, die in einem savannenartigen System endet? Vor allem für den Amazonas ist dies nicht völlig undenkbar. Da der Wald seinen eigenen Wasserkreislauf erzeugt, könnte die ständige Fragmentierung der Waldflächen durch Abholzung und Feuer – katalysiert durch zunehmenden Hitzestress – das Ökosystem an den Rand des Abgrunds bringen. Die Wahrscheinlichkeit, dass dies geschieht, ist zwar nicht extrem hoch, aber auch nicht unbedeutend, und die Folgen werden enorm sein. Nicht unbedingt, weil der Amazonas die »Lunge der Welt« ist, wie wir immer wieder hören, sondern weil die enormen Mengen des in

---

76 Scheffer (2009)

den Bäumen gespeicherten Kohlenstoffs durch Abholzung oder Feuer wieder in die Atmosphäre gelangen und die Erderwärmung verstärken werden. Im schlimmsten Fall könnte genau das schließlich einen globalen Klimakipppunkt auslösen.[77] Das Amazonasgebiet hat seit 1970 etwa 17 Prozent seiner ursprünglichen Fläche verloren, und nach einigen Jahren mit weniger Abholzung nimmt diese momentan wieder zu. Die Schätzungen eines möglichen Kipppunkts für das Amazonasgebiet schwanken zwischen 20 und 40 Prozent Flächenverlust.[78] Im schlimmsten Fall sind wir diesem Punkt bereits näher, als uns lieb ist.

Wir kennen auch ein großflächiges Beispiel für einen derartigen Schwelleneffekt aus der Geschichte. Lange Zeit war die Sahara eine grüne und üppige Landschaft, die Wildtiere beherbergte, wie wir sie heute nur weiter südlich in Afrika antreffen. Dann, vor etwa 6000 Jahren, veränderte sich die Landschaft abrupt. In kurzer Zeit verwandelte sie sich in die karge Wüstenlandschaft, die wir heute kennen. Wir wissen das, weil wir noch immer die Überreste von Flusssystemen und Siedlungen finden können. Dies lässt sich auch an der Menge des Sandes in den Sedimenten der angrenzenden Meeresgebiete ablesen.

Aber wie konnte das passieren – und so schnell? Die Antwort lautet, dass die Sahara einen Kipppunkt erreicht hat, an dem eine allmähliche Verschlechterung das System schließlich unumkehrbar in einen anderen Gleichgewichtszustand kippen ließ.[79] Einige argumentieren, dass dies das erste Beispiel für großflächige Schwelleneffekte in Ökosystemen war, die durch den Menschen verursacht wurden. Möglicherweise haben wir schon damals ein Gebiet mit geringer Weidetoleranz für unsere Viehherden genutzt, wodurch die dramatischen Veränderungen

---

77 Lenton et al. (2019)

78 Lovejoy u. Nobre (2018)

79 Lenton et al. (2008)

ausgelöst wurden. Eine ähnliche Entwicklung ist heute im Amazonasgebiet zu befürchten, wo Satellitenmessungen infolge des zunehmenden Trockenstresses eine immer weniger grüne Vegetation zeigen. Auch die massive Korallenbleiche des Great Barrier Reefs scheint heute häufiger aufzutreten als früher, was auch in diesem Ökosystem ein Zeichen für einen bevorstehenden Kipppunkt als Folge der Ozeanerwärmung sein könnte.

Kipppunkte sind sowohl in der Ökologie als auch in der Wirtschaft bekannt. Kleine Veränderungen, wie z. B. Turbulenzen auf dem Aktienmarkt, können selbstverstärkende Kettenreaktionen auslösen, bis sie aufgrund von Gruppendynamik eskalieren. Die Leute verkaufen in Panik ihre Aktien, und das System kippt. Die ökologischen Kipppunkte sind von anderer Natur, obwohl die Symptome die gleichen sind. Die Wirtschaft kann sich in erstaunlich kurzer Zeit erholen, aber es dauert sehr lange, bis ökologische Systeme zum Ausgangspunkt zurückkehren, wenn überhaupt. Manchmal ist es aufgrund der Trägheit und des Widerstands im System – ein Phänomen, das als Hysterese bekannt ist – fast unmöglich. Es gibt z. B. keine einfachen Rezepte, um die Sahara wieder zu begrünen oder den Amazonas wiederaufzuforsten, sobald der Regenwald erst in eine Abwärtsspirale gerät.

Der ultimative Kipppunkt ist natürlich das globale Klima. Die Erde verfügt über eine Reihe von Regulierungsmechanismen, die zur Aufrechterhaltung idealer Lebensbedingungen in Bezug auf Temperatur, Niederschlag, Sauerstoff- und CO_2-Gehalt beitragen. Zu einem großen Teil ist es das Leben selbst, insbesondere Pflanzen und Mikroorganismen, das diese Mechanismen durch die großen biogeochemischen Kreisläufe reguliert. Der wichtigste Teil dieses Systems ist das Gleichgewicht zwischen der Fotosynthese, bei der CO_2 gebunden wird, und der Atmung, bei der CO_2 durch den Verbrauch von Sauerstoff freigesetzt wird. Im schlimmsten Fall erreichen wir einen ökologischen Kipppunkt, der dramatische Folgen für den Klimawandel auf der Erde hat. Deswegen werden wir das Klimasystem im nächsten Kapitel genauer unter die Lupe nehmen.

Was also ist die Schlussfolgerung, wenn es um die biologische Vielfalt geht, abgesehen von der Erkenntnis, dass es schwierig ist, zu wissen, was morgen – oder in den nächsten 100 Jahren – passieren wird? Im Wesentlichen macht es uns Sorgen, dass viele einzelne Arten Kipppunkte erreichen könnten, mit möglichen Kaskadeneffekten entlang der Nahrungsketten und schließlich dramatischen Veränderungen in ganzen Ökosystemen. Dies ist vor allem ein Argument für das Vorsorgeprinzip, das im groß angelegten Naturschutz Auswirkungen haben sollte. Außerdem liegt es auf der Hand, dass wir nicht selbstgefällig davon ausgehen können, dass alles so bleibt wie früher und dass es da draußen schon noch genug Natur für unsere Bedürfnisse gibt. Wenn wir das tun, könnte es uns wie dem Mann ergehen, der aus dem 10. Stockwerk fiel und auf der Höhe des 5. Stockwerks dachte, dass schon nichts Schlimmes passieren würde, weil er den Aufprall bisher erfolgreich vermieden hätte.

4 KLIMA

Sicherheit und Unsicherheit

Gibt es über das Klima eigentlich noch irgendetwas zu sagen? Schon über das Thema Naturverlust und Artensterben findet sich reichlich Information, das ist aber noch nichts im Vergleich zu einem Suchlauf für die Begriffe »Klimawandel« oder »globale Erwärmung«. Zu diesen Themen gibt es eine Unzahl von Grafiken, Berechnungen und Diskussionen über Ursachen und Konsequenzen, und wöchentlich erscheinen Tausende von neuen Artikeln, die sich in irgendeiner Weise um den Klimawandel drehen.

An Informationen fehlt es also nicht. Und auch nicht an Desinformation. In gleicher Weise wie ein Suchlauf des Wortes »Evolution« schnell zu einer Reihe von Webseiten von Kreationist:innen führt, stößt man bei der Recherche zum Thema Klimaveränderung auf zahlreiche professionell aussehende Internetseiten, die von Klimaskeptiker:innen betrieben werden, die mit vordergründig wissenschaftlichen Beweisen behaupten, dass der Klimawandel nichts als ein großer Bluff ist. Einige dieser Seiten sind geradezu konspirativ und bringen zum Ausdruck, dass die Klimaforscher:innen und das IPCC eine eigene politische und wirtschaftliche Agenda verfolgen. Andere Seiten sind nuancierter. Sie leugnen vielleicht nicht, dass die CO_2-Konzentration der Atmosphäre steigt oder dass wir es dabei mit einem Treibhausgas zu tun haben, es wird aber häufig behauptet, dass andere Faktoren als die menschlichen Emissionen das Klima steuern.

Nicht selten werden in diesem Zusammenhang die Sonnenaktivität oder die kosmische Strahlung genannt, das CO_2 aus der Tiefsee, Vulkane oder anderes. Viele dieser Internetseiten weisen auch darauf hin, dass es häufiger in der Erdgeschichte wärmer war und es auch schon früher viel CO_2 in der Atmosphäre gab. Warum also besorgt sein? Mitunter wird auch eine moralische Fahne gehisst: Ist es nicht besser, die vorhandenen Kräfte und Ressourcen zu nutzen, um den Ärmsten der Welt zu helfen, oder unseren Alten und Kranken oder der Natur? Warum sollen wir uns alle auf ein gefährliches Experiment einlassen, das auf den vagen Vermutungen eines möglichen Klimawandels basiert?

Ich bin der tiefen und festen Überzeugung, dass es wichtiger ist, über den Klimawandel als über die Evolutionstheorie zu diskutieren. Trotzdem muss ich kurz auf Letztere eingehen, denn einige der Argumente und auch die Dynamik der Debatte erkenne ich von dort wieder. Die konspiratorischsten, dogmatischsten und unwissenschaftlichsten Klimaskeptiker:innen erinnern in ihrem buchstabengetreuen Glauben an die Junge-Erde-Kreationist:innen der Evolutionsdebatte. Diese behaupten nicht nur, dass alle Arten zum selben Zeitpunkt entstanden sind, sondern auch, dass unsere Erde nur 6000 Jahre alt ist. Alles, was nicht zu diesem Fazit passt, wird verworfen oder geleugnet, und jedes Gegenargument verpufft ungehört.

Neben dieser Gruppe gibt es auch die Alte-Erde-Kreationist:innen. Sie akzeptieren das geologische Alter der Erde und auch kleine evolutionäre Veränderungen, wie die Entwicklung von Antibiotika-Resistenzen bei Bakterien. Gleichzeitig behaupten sie aber, dass vieles in der Natur so komplex und vielseitig ist, dass es unmöglich allein durch natürliche Auslese entstanden sein kann – das primäre Prinzip der Evolution. Vielleicht kann man diese Gruppe mit den avancierteren Klimaleugner:innen vergleichen?

In beiden Debatten werden Argumente vorgebracht, die wie folgt lauten könnten: »Immer mehr Wissenschaftler:innen verwerfen mittlerweile die Prinzipien der Evolution oder des menschengemachten Klimawandels.« (Unzutreffendes bitte streichen!)

Daneben haben wir noch solche, die zugeben, dass es wärmer wird und wir Menschen sicher einen Teil der Schuld daran tragen, aber … was macht das schon? Das Klima der Erde hat schon immer variiert, und ein etwas wärmeres Klima bringt ja auch Vorteile mit sich, auf jeden Fall, wenn man den Norden separat betrachtet.

Ich möchte in diesem Zusammenhang ganz deutlich sagen: Fachlich begründete Argumente sind immer willkommen – solange sie wirklich fachlich begründet sind. Ich bin grundlegend anderer Meinung als Gro Harlem Brundtland, die seinerzeit gesagt hat, »dass es unmoralisch ist zu zweifeln«.[80] Ich glaube, dass sie im Nachhinein selbst das Wort »unmoralisch« durch etwas Neutraleres austauschen würde. Es ist aber ganz ohne Frage unmoralisch, wider besseres Wissen zu argumentieren, wie es unter anderem die Tabaklobby getan hat, als sie hartnäckig behauptete, dass die Schädlichkeit von Tabak nicht bewiesen sei, obwohl dies in mehreren Studien längst gezeigt worden war. Ebenso ist es an der Grenze zur Unmoral, den Klimawandel zu fürchten, ohne sich damit weiter auseinanderzusetzen. Wie jede Forschung muss sich auch die Klimaforschung gegen Gegenargumente wappnen. Auch innerhalb der Klimaforschung wird heftig debattiert, allerdings nicht bezüglich der Frage, ob der Mensch der zentrale Akteur bei der Entwicklung des Klimas ist. Meinungsunterschiede gibt es bezüglich des Risikos, vor dem wir stehen, darüber, welche Rückkopplungen wir fürchten müssen, wie groß die Bedeutung der Wolken ist und über vieles mehr. Kurz gesagt ist es nicht immer leicht, aus der Flut der Informationen, die es zu diesem Thema gibt, das Richtige herauszufiltern. Es ist auch durchaus möglich, dass man Opfer von apokalyptischen Visionen wird, die ebenfalls nicht wissenschaftlich fundiert sind.

---

80 Lenton et al. (2008)

Es ist deshalb wichtig, auf sicherem Terrain zu starten, wenn man sich dem Thema »Klima« widmen will. Fangen wir dort an, wo wir uns wirklich sicher sind. Danach wagen wir uns dann in etwas weniger sichere Bereiche vor, bis wir uns schließlich den Fragen stellen, auf die es noch keine klaren Antworten gibt. Ehrlichkeit währt bekanntlich am längsten.

Alte Wahrheiten

Selbst gebildete, ansonsten gut informierte Leute kommen mitunter mit dem Einwand, dass CO_2 sich unmöglich auf das Klima auswirken kann. Ein Gas, das weniger als 0,05 Prozent der Atmosphäre ausmacht und zudem nicht giftig ist, sondern im Gegenteil von den Pflanzen sogar benötigt wird, kann doch nicht zu derart großen Problemen führen?

Die Hauptprinzipien des Treibhauseffekts sollten dabei eigentlich den meisten bekannt sein. Die Kurzversion lautet, dass einige Gase in der Atmosphäre wie das Glasdach eines Treibhauses fungieren. Sie fangen einen Teil der Wärme auf, die die Erde abstrahlt, und halten sie für einen Moment fest, ehe sie sie an den leeren, dunklen, kalten Weltraum abgeben. Im Grunde ist der Treibhauseffekt nicht mehr als ein Verzögerungsprozess.

Diese Erkenntnis ist nicht neu. Schon 1859, also zeitgleich mit Darwins *Die Entstehung der Arten*, schraubte der irische Physiker John Tyndall ein kompliziertes Messgerät zusammen, um zu studieren, wie sich Strahlung unterschiedlicher Wellenlängen in der Luft verhält. Er wollte herausfinden, in welchem Maße Gase wie CO_2, CH_4 (Methan), N_2 (Stickstoff), O_2 (Sauerstoff), O_3 (Ozon) und Wasserdampf infrarotes Licht absorbieren können. Tyndall kam damals zu dem Schluss, dass O_2 und N_2, also die Hauptbestandteile der Atmosphäre, langwellige

Wärmestrahlung praktisch nicht absorbieren. Die anderen Gase, inklusive Wasserdampf, konnten das dagegen sehr wohl. Tyndall schloss daraus, dass die Energie oder Wärme in der Rückstrahlung von der Erdoberfläche von diesen Gasen aufgefangen und somit die Temperatur auf der Erde beeinflusst wird.[81]

40 Jahre später griff Svante Arrhenius, der 1903 den Nobelpreis in Chemie erhielt, diese Erkenntnisse wieder auf. 1896 überschlug er, welche Konsequenzen eine verdoppelte CO_2-Konzentration in der Atmosphäre haben würde, ein Szenario, das damals als höchst theoretisch angesehen wurde. Damals wurde es mehr als eine Illustration der Bedeutung des CO_2 als Stabilisator des lebenspendenden Klimas auf der Erde angesehen und weniger als Warnung vor dem, was die Zukunft vielleicht bringen könnte. Auch wenn Arrhenius' Kalkulationen der Folgen einer Verdopplung der CO_2-Konzentration recht drastisch waren, wichen sie praktisch kaum von der besten Schätzung des Sachverständigenrates für Klimaänderungen (IPCC) für die Entwicklung des Klimas 100 Jahre später ab.

Ohne Computer und Klimamodelle berechnete Arrhenius, dass eine Verdopplung der CO_2-Konzentration (damals betrug die Konzentration 300 ppm, also 0,03 Prozent) zu einem Temperaturanstieg von 4 Grad auf der Erde führen würde, während eine Vervierfachung einen Temperaturanstieg um 8 Grad bewirken würde. Arrhenius zeigte des Weiteren auf, dass die Verbrennung von Kohle (diese lag Anfang des 20. Jahrhunderts bei etwa 1200 Millionen Tonnen pro Jahr) der Atmosphäre etwa ein Fünfhundertstel der bestehenden CO_2-Menge pro Jahr hinzufügte.[82] Er wies überdies darauf hin, dass der Zuwachs des Kohleverbrauchs sich von 1890 bis 1907 mehr als verdoppelt hatte. Auch wenn die Meere auf lange

81 Hessen (2015)

82 Arrhenius (1906)

Sicht einen Großteil des CO_2 absorbieren würden, müsse man von einer Zunahme der CO_2-Konzentration in der Atmosphäre und einer Erwärmung der Erde ausgehen, schloss er.

Die heutigen Klimamodelle und Berechnungen sind ungeheuer komplex, weshalb man sich die Frage stellen muss, wie Arrhenius – nur ausgerüstet mit Bleistift und Papier – eine so gute Prognose abgeben konnte? Die Erklärung ist einfach: Seine Berechnungen beruhen auf exakter Wissenschaft. Der Effekt des CO_2 steht außer Frage, und die Wärme-Ein- und Abstrahlung der Erde sind bekannt. Arrhenius hatte überdies auch die Eigenschaften des Wasserdampfs in seinen etwa ein Jahr andauernden Berechnungen berücksichtigt.

Obwohl der Kohleverbrauch ein gigantisches Ausmaß annahm, später noch ergänzt durch das Erdöl, glaubte damals niemand daran, dass dies zu einer problematischen Erderwärmung führen könnte. Erst als der britische Physiker Guy Stewart Callendar den Staffelstab in den 1930er-Jahren übernahm und die Theorie mit einer zunehmenden Zahl von Beobachtungen steigender Temperaturen koppelte, stießen die Gedanken erstmals auf offene Ohren. Callendar war damit der Erste, der, belegt durch Temperaturmessungen, aufzeigte, dass die Zunahme des CO_2 zu einem Problem werden könnte. Seine differenzierteren Berechnungen kamen zu etwas geringeren Werten als Arrhenius. Seine Prognosen lagen auch etwas unter dem heute gemessenen Temperaturanstieg. Dies liegt nicht daran, dass seine Berechnungen falsch sind, sondern daran, dass er lediglich CO_2 und Wasserdampf für die Analyse berücksichtigte und nicht auch Methan, Lachgas und das bodennahe Ozon. Des Weiteren unterschätzte er, wie schnell die CO_2-Konzentration tatsächlich zunehmen würde.

Es gibt noch immer vieles, das wir nicht exakt vorhersagen können, die Basis für die Berechnungen des

Treibhauseffekts ist aber solide und sie beruht auf grundlegenden physikalischen Prinzipien.[83]

Die Keeling-Kurve

Seit Ende der 1950er-Jahre gibt es handfeste Beweise dafür, dass die CO_2-Konzentration in der Atmosphäre stetig steigt. 1958 ließ David Keeling zwei Instrumente mit einem Sensor bauen, die die Schwächung des infraroten Lichts in der Luft messen – diese ist proportional zur Menge an CO_2. Eines dieser Messgeräte wurde in die Antarktis geschickt, das andere auf dem Berg Mauna Loa auf Hawai installiert. Letzteres sollte ganze 48 Jahre einen soliden Job machen, bis es 2006 in den Ruhestand gehen durfte. Während dieser Zeitspanne waren weitere Messgeräte aufgestellt worden, darunter dasjenige am Zeppelinfjell auf Spitzbergen, das schließlich eine Konzentration von mehr als 400 ppm CO_2 messen sollte.

Keeling beobachtete schon zu Beginn seiner Messungen eine jährliche Zunahme der CO_2-Konzentration. 1960 betrug diese Zunahme zwar nur 0,7 ppm pro Jahr, in den Jahren 2004 bis 2014 lag sie aber bereits bei 2,07 ppm pro Jahr. Die überraschenden Resultate waren für Keeling Anlass genug, bereits 1963 eine Reihe von Kolleg:innen einzuladen, um den Trend zu diskutieren. Die Wissenschaftler:innen hielten in ihrem Bericht fest, dass die mögliche Verdoppelung des atmosphärischen CO_2 im Laufe des nächsten Jahrhunderts zu einer Steigerung der Weltdurchschnittstemperatur um 4 Grad führen könne. Im Laufe der darauffolgenden Jahre stieg das CO_2-Niveau unvermindert weiter. Die Keeling-Kurve wurde bald zu einem ikonischen Symbol für das steigende Fieber des Patienten Erde. Keeling fand nur eine logische Quelle

---

83 Anderson et al. (2016)

für die Zunahme der CO_2-Konzentration, und sie war dieselbe, die auch schon Arrhenius und Callendar vor ihm ausgemacht hatten: Die Verbrennung von Kohle und Öl.

Die harten Fakten lauten also: CO_2 (gemeinsam mit CH_4, N_2O, bodennahem Ozon und Wasserdampf) erzeugt einen Treibhauseffekt. Des Weiteren nehmen die Konzentrationen von CO_2 und den anderen menschgemachten Treibhausgasen weiter zu, und diese Zunahme steht in Relation mit dem Bevölkerungswachstum und unserem Verbrauch an fossilen Energieträgern.

1988 wurde auf dem Mauna Loa auch eine kontinuierliche Methanmessung gestartet, und schon bald war zu erkennen, dass auch das CH_4-Niveau ansteigt. Unterstützt durch Messungen in Eisbohrkernen wurde nachgewiesen, dass das Methan in der Atmosphäre ausgehend von einem relativ stabilen Niveau von etwa 700 ppb (also parts per billion = Anteile pro Milliarde) in der vorindustriellen Zeit auf inzwischen etwa 1800 ppb angestiegen ist. Die Konzentration hat also um das Zweieinhalbfache zugenommen.

Methan findet sich in deutlich geringerer Konzentration in der Atmosphäre als CO_2. Während wir aktuell 420 ppm CO_2 nachweisen können, sind es beim Methan nur 1,8 ppm. Dieses »nur« ist allerdings für ein Viertel des Treibhauseffektes verantwortlich. CO_2 für 50 Prozent davon. Zu erklären ist dies damit, dass die Heizwirkung eines Methanmoleküls 25-mal größer ist als die eines CO_2-Moleküls. Methan hat in der Atmosphäre allerdings nur eine kurze Lebensdauer von etwa 8 bis 10 Jahren, während CO_2 wesentlich länger stabil bleibt. Ein Teil des CO_2 wird vom Meer aufgenommen, der Großteil verbleibt aber durchschnittlich 100 Jahre in der Atmosphäre.

In absoluten Zahlen heißt das für Methan:

270 Millionen Tonnen (natürlicher Austrag) plus 330 Millionen (durch den Menschen bedingte Emissionen) minus 580 Millionen Tonnen (Abbau in der Atmosphäre und auf der Erde) ist gleich 20 Millionen Tonnen Zuwachs

pro Jahr. Auch wenn die Zahlen für Austrag, Emissionen und Abbau etwas unsicher sind, bleibt die Tatsache, dass unzählige Messstationen auf der Erde die errechnete Nettobilanz bestätigen. In der Regel sind es dieselben Messstationen, die auch das CO_2 messen. Das Bild ist identisch: Sowohl für die Konzentrationen von CO_2 als auch von CH_4 weisen die Kurven nach oben.[84]

Es gibt keinen Grund, einen dramatischen Rückgang der Bestände bei Termiten oder Haustieren zu erwarten – die beide wichtige Methanquellen sind. Die Emissionen, die mit der Nutzung von Kohle, Gas und Öl einhergehen, scheinen in der letzten Zeit wieder zugenommen zu haben. Methanhydrate, die heute nur mit gerade einmal einem Prozent zu den Totalemissionen beitragen, sind hierbei der klimatische Joker. Wir wissen definitiv, dass es große Mengen Methan in Form von gefrorenen Gashydraten gibt, aber wie groß diese Lager exakt sind, weiß niemand.[85] Welcher Anteil davon den Weg in die Atmosphäre finden könnte, ist damit eine unbekannte Größe in der Klimagleichung.

Schätzungen deuten an, dass das totale Erwärmungspotenzial der Gashydrate das unserer bekannten Öl- und Gasreserven übersteigt. 500 Gigatonnen Kohlenstoff in Form von CH_4 hätte in punkto Erwärmung den zehnfachen Effekt des aktuellen CO_2-Niveaus.[86] Dieses Schreckensszenario ist zum Glück aber recht unwahrscheinlich. Ein Großteil der Gashydrat-Vorkommen liegt in so großer Tiefe, dass es dort aller Voraussicht nach verbleiben wird, außer jemand schüttelt die Erde richtig durch. Eine Ausnahme bilden die Methanhydrate in den relativ flachen Meeresgebieten vor Sibirien und Nord-Norwegen, sowie diejenigen, die im Permafrostboden gebunden sind. Eine

---

84 https://gml.noaa.gov/ccgg/data/

85 Johnson et al. (2015)

86 Ruppel u. Kessler (2016)

spontane Freisetzung des Methans ist nicht zu erwarten, mit steigenden Meerestemperaturen kann aber auch der Austrag steigen. Die Temperaturen der norwegischen Küstengewässer sind bereits um fast 1 Grad gestiegen, und der Permafrost schmilzt an vielen Stellen.

Lachgas, N_2O, ist der hitzige, kleine Bruder der Treibhausgase. Dieses Gas findet sich in noch geringeren Konzentrationen als Methan. Auch die Konzentration dieses Gases hat zugenommen, was damit zu tun hat, dass sich die Entnahme von freiem N2 aus der Atmosphäre beinahe verdoppelt hat. Düngemittelindustrie und Verbrennungsprozesse haben diesen zusätzlichen Stickstoff in reaktiver Form in den Umlauf gebracht. Während wir heute zwischen 1800 und 1900 ppb Methan in der Atmosphäre haben, beträgt der Anteil des Lachgases lediglich 330 ppb. Im Gegenzug hat dieses Gas ein molekulares Erwärmungspotenzial, dass 300-mal größer ist als das von CO_2, während es ebenso lange in der Atmosphäre bleibt wie CO_2. Mit den Spätfolgen der heutigen CO_2- und Lachgas-Emissionen werden wir also noch Hunderte von Jahren zu kämpfen haben. Mittlerweile verfügen wir auch über eine recht gute Kenntnis der Zusammensetzung der Atmosphäre in früheren Zeiten. Zu verdanken haben wir dies den Daten aus den Eisbohrkernen aus den Gletschern in Grönland und der Antarktis. Die Bohrkerne enthalten Atmosphärengase aus der Zeit des Einfrierens und erlauben somit Rückschlüsse auf die Gaszusammensetzung zur Zeit der Gletscherbildung. Die Bohrkerne können genau datiert werden, da man das Alter des Eises in unterschiedlichen Tiefen mit ziemlicher Genauigkeit bestimmen kann. Über die Eisbohrkerne können wir somit ermitteln, wie die Verhältnisse vor der industriellen Revolution waren. Auch diese Resultate liefern eindeutige Fakten: Sie zeigen, dass die CO_2-Konzentrationen während der Lebensdauer der Gletscher (etwa 850.000 Jahre) im Bereich von 200 bis

300 ppm lagen. Die niedrigsten Werte entsprechen den Kaltzeiten, während die höheren den Zwischeneiszeiten oder den Wärmeperioden zugeordnet werden können.

Wir wissen mit anderen Worten, dass die CO_2-Konzentration historisch betrachtet mit den Erdtemperaturen geschwankt hat, und wir sehen, dass CO_2 und CH_4 miteinander korrelieren. Gibt es von dem einen Gas mehr, so gilt dies auch für das andere. Im Laufe der letzten 850.000 Jahre lag die Methankonzentration mit einer gewissen Schwankungsbreite bei etwa 500 ppb. In den letzten 50 Jahren stieg die Kurve allerdings rapide an. Die Frage lautet entsprechend: Steigen die CO_2- und CH_4-Konzentrationen, weil es aus unbekannten Ursachen wärmer wird, oder wird es wärmer, weil die Menge an CO_2 und CH_4 zunimmt? Das eine schließt das andere nicht aus. Wie Eier von Hühnern stammen und Hühner aus Eiern, können auch Temperatur und Treibhausgase einander beeinflussen. Dies ist der Grund für die größte Unsicherheit – und die größte Sorge – in Bezug auf die Klimaproblematik.

Diese Unsicherheit gilt insbesondere für verschiedene positive Rückkopplungseffekte, also nicht für den heutigen Temperaturanstieg. Wir wissen, wie viel CO_2 durch Verbrennung, Abholzung und die Zementindustrie freigesetzt wird. Ebenso haben wir einen relativ guten Überblick über die vom Menschen generierten CH_4-Emissionen aus der Gewinnung von Kohle, Öl und Gas, durch unsere Haustiere, die Überflutungsflächen für den Reisanbau, den organischen Abfall (der methanproduzierende Bakterien fördert) und durch diverse Verbrennungsprozesse. Auch die Quellen des Lachgases sind weitestgehend bekannt und ihre Vorgänge verstanden. Es handelt sich dabei nicht um Geburtskliniken oder Zahnarztpraxen, sondern um Verbrennungsprozesse und die Nutzung von stickstoffhaltigem Kunstdünger. In diesen Punkten befinden wir uns noch auf sicherem Terrain.

Aber auch noch andere Faktoren wirken sich auf das Klima aus. Die meisten davon sind ebenfalls gut dokumentiert. Sonnenaktivität, Meteoriteneinschläge, Vulkanausbrüche und auf längere Sicht auch die Verschiebung der Bahn, auf der die Erde um die Sonne kreist, können das Klima beeinflussen. Gleiches gilt für Bewegungen der Erdkruste, Kontinentalverschiebungen und Meeresströmungen. Auch die Bildung von Gebirgen oder anderen geologischen Formationen wirkt sich regional wie global aus, doch diese Änderungen finden auf einer für uns irrelevanten Zeitskala statt. Außerdem können wir daran nichts ändern.

Essenziell ist, was sich zurzeit ändert.[87] Und in dieser Hinsicht ist das CO_2 der eindeutig wichtigste Faktor. Methan, Lachgas und FCKW-Gase machen zusammen nur etwa die Hälfte des Erwärmungspotenzials des CO_2 aus. Eine Hypothese lautet, dass diese Gase allerdings einen Beitrag zu der auffallend starken Erwärmung der Arktis bilden. Das bodennahe Ozon, das auch zum großen Teil menschgemacht ist, ist ein weiterer wichtiger Akteur für die Erwärmung und macht etwa ein Viertel des Effekts der CO_2-Konzentration aus. Auch das können wir noch mit Sicherheit festhalten.

Die Albedo, also die Rückstrahlung vom Boden, ist ein weiterer Faktor, der das Klima beeinflusst. Je dunkler eine Oberfläche ist, desto wärmer wird sie. Das wissen alle, die schon einmal ihre Hand auf eine weiße und schwarze sonnenexponierte Fläche gelegt haben. Man spürt auch den Unterschied, wenn man in der Sonne weiße oder schwarze Kleider trägt. Das Verhältnis zwischen weißem Schnee, dunklem Wasser, dunklem Wald oder Boden ist von Bedeutung. Je weniger Eis und Schnee auf dem Meer oder dem Erdboden liegen, desto mehr Wärme wird absorbiert, was wiederum zu weniger Eis und Schnee beim nächsten Mal führt. Der sogenannte Albedo-Effekt des

---

87 IPCC (2013)

Waldes führt dazu, dass der Netto-Effekt des Waldes für das CO_2-Budget etwas geringer ist, da mehr Nadelwald mehr Wärme absorbiert.

Auf der Minusseite finden sich Partikel in der Luft, die die Wolken weißer machen, sodass diese mehr Sonnenlicht in den Weltraum reflektieren. All dies basiert auf den Gesetzen der Physik. Wenn es verlässliche Zahlen gibt, zählt damit auch die Netto-Strahlungsbilanz zu den harten Fakten. Greifen Klimamodelle auf historische Daten aus Zeiten zurück, in denen wir bereits Messungen unternommen haben, die die reale Entwicklung zeigen, sind diese recht genau. So zeigt sich auch, dass die aktuellen Modelle die grundlegenden Antriebskräfte der Klimaveränderung gut abbilden.

Trotz all dieses sicheren Wissens, das solide in der Physik und durch exakte Zahlen der Messstationen verankert ist, unterscheiden sich die verschiedenen Klimamodelle noch immer stark. Glaubt man ihren Prognosen, ist alles zwischen 1,5 und 4,5 Grad durchschnittlicher Erwärmung bis zum Jahr 2100 möglich, was in der Tat ein gewaltiger Unterschied ist. Und im lokalen und regionalen Maßstab sind die Variationen noch größer, ganz zu schweigen von sogenannten Extremereignissen, die die Modelle kaum darstellen können. Dies hat nichts mit einer möglichen Schwäche der Modelle als solche zu tun (sieht man einmal von dem Effekt von Wolken und Wasserdampf ab, der zu unterschiedlichen Resultaten führen kann), sondern spiegelt wider, dass wir nicht vorhersagen können, ob die Natur das CO_2 im selben Umfang wie bisher aufnehmen wird. Ebenso wenig wissen wir, wie schnell die Gesellschaft sich in punkto Technologie, Wirtschaft und Verhalten umstellen wird. Stand heute erscheint es am wahrscheinlichsten, dass wir auf dem Weg zu einer Erwärmung von etwa 2,5 Grad sind, vielleicht sogar 2,8 Grad, wie UN-Generalsekretär António Guterrres im Vorfeld der Klimakonferenz im Herbst 2022 gesagt hat.

Es gibt also einige Unsicherheiten darüber, wie umfassend die Klimaveränderungen sein werden und welche Auswirkungen sie haben können. Man sollte in diesem Zusammenhang aber bedenken, dass die Variationen der vorhergesagten Temperaturen häufig daher rühren, dass die jeweiligen Modelle von unterschiedlichen Voraussetzungen ausgehen. Ein Beispiel sind die für die Zukunft angenommenen CO_2- und CH_4-Konzentrationen. In diesem Punkt kann man nur auf Prognosen zurückgreifen. Das Fazit hängt davon ab, was wir selbst in den kommenden Jahren tun werden.

Ganz besonders gilt dies für die zukünftige Entwicklung der Energieversorgung. Es gibt kein Orakel, das klare Auskünfte geben könnte, auch wenn die IEA und andere in diese Nische zu schlüpfen versuchen. Trotzdem sind die Klimamodelle in Bezug auf die grundlegenden Mechanismen robust. Alle sagen etwa denselben Verlauf vorher, wenn man sie mit denselben Ausgangsdaten füttert.

Die große Ungewissheit bei der Frage, wie die Welt im Jahr 2100 aussieht, hängt damit zusammen, wie wir, die wir jetzt leben, mit den vorliegenden Fakten umgehen. Ein weiterer unsicherer Punkt betrifft die Reaktion der Ökosysteme und des Kohlenstoffkreislaufs auf unsere Entscheidungen. Neben den Fragen bezüglich unserer soziokulturellen und wirtschaftlichen Entwicklung gibt es obendrauf also noch weitere große Unsicherheitsfaktoren. Sollten wir im großen Stil Rückkopplungen und Kipppunkte erleben, kann es zu ebenso dramatischen wie schnellen Änderungen kommen. Je weiter wir in die Zukunft blicken, desto unsicherer werden die Prognosen. Heißt es *business as usual* oder gibt es andere, klügere Lösungen? Auch die Forschung hat diesbezüglich leider keine Kristallkugel.

Natürlich lässt sich in diesem Zusammenhang einwenden, dass die Klimamodelle nur richtig zu sein scheinen, weil alle denselben Fehler begehen. Ein verbreitetes Argument lautet, dass das ganze Klimasystem nur von Wolken und Wasserdampf gesteuert wird, und die Klimatolog:innen diesen Punkt unterschlagen. Eine andere Behauptung, die immer wieder ins Feld geführt wird, lautet, dass der Wasserdampf allein für 96 Prozent der Erwärmung verantwortlich ist. Daher könnten wir das CO_2 vergessen. So ganz ohne Weiteres kann dieser Einwand nicht abgetan werden. Ein Kollege hat einmal betont, dass die Klimaskeptiker:innen oft die richtigen Fragen stellen, nur dass ihre Antworten falsch sind. Es ist nämlich durchaus berechtigt, zu fragen, ob der Wasserdampf einen wichtigen Beitrag zu den Klimaveränderungen leistet. Der Effekt scheint davon abzuhängen, wo in der Atmosphäre der Wasserdampf sich befindet, und was für Wolken sich daraus bilden. Wolken behindern die Sonneneinstrahlung und können damit einen abkühlenden Effekt haben. Gleichzeitig fängt Wasserdampf wie das CO_2 aber auch die langwellige Wärmestrahlung auf und trägt damit zur Erwärmung bei.

Entscheidend ist jedoch, dass Wasserdampf nicht in der Atmosphäre akkumuliert wie die anderen »echten« Treibhausgase, sondern in Form von Regen schnell wieder auf die Erde zurückfällt. Und auch der neu durch die Verdunstung entstehende Wasserdampf regnet dann wieder ab. Wird es aufgrund von mehr CO_2 und CH_4 wärmer, kommt zwar mehr Wasserdampf in die Atmosphäre, was wiederum zur Erwärmung beiträgt, das heißt aber nicht, dass es der Wasserdampf ist, der den Temperaturanstieg ursprünglich verursacht hat. Eher wird der Wasserdampf, ähnlich wie das Methan, zu einer Art Joker im Klimaspiel.

In diesen Punkten besteht also eine gewisse Unsicherheit. Wir halten fest, dass die Erwärmung, die wir heute auf dem Land und in den Meeren feststellen, nicht durch Wasserdampf erklärt werden kann. Der Schlüssel ist und bleibt der Kohlenstoff. Wer den Kohlenstoffkreislauf versteht, versteht damit auch die essenziellen Züge der Klimaentwicklung. Leider gibt es niemanden, der all die komplexen Irrwege des Kohlenstoffkreislaufs bis zum Ende durchschaut. Die Hauptaspekte sind aber zweifelsohne bekannt.

Der Kohlenstoffkreislauf

Hin und wieder stößt man auch auf die Behauptung, die Natur selbst sei für die größten Emissionen verantwortlich, weshalb man die menschlichen Quellen eigentlich vergessen könne. Auch an diesem Einwand ist ein bisschen Wahrheit. Ganze 95 Prozent des CO_2, das jährlich der Atmosphäre zugefügt wird, stammen aus natürlichen Ökosystemprozessen. Diese Prozesse sind teils chemischer, teils biologischer Natur.

Aus dem Biologieunterricht wissen wir, dass Pflanzen CO_2 durch die Fotosynthese binden, während Bakterien, Pilze und Tiere CO_2 durch die Atmung freisetzen. Dies ist auch bei Pflanzen der Fall. Damit sie wachsen können, müssen sie aber mehr CO_2 in Zucker und Stärke umwandeln, als sie durch die Verbrennung der beiden Komponenten wieder abgeben. Insgesamt werden jährlich etwa 210 Gigatonnen Kohlenstoff (in Form von CO_2) aus allen natürlichen Ökosystemprozessen freigesetzt. Davon stammen etwa 120 Gigatonnen vom Land und 90 aus den Meeren. Unsere Emissionen betragen »nur« 10 Gigatonnen Kohlenstoff jährlich (was in etwa 36 Tonnen CO_2 entspricht). Der entscheidende Unterschied ist aber, dass die Ökosysteme jedes Jahr etwas mehr CO_2 durch Fotosynthese binden, als sie durch die Zellatmung freisetzen. Ein gewisser Anteil wird auch durch Verwitterungsprozesse gebunden. Außerdem löst sich einiges CO_2 im Meer. Deshalb ist es in Wirklichkeit sogar nur etwa die Hälfte unserer Emissionen, die jedes Jahr netto in die Atmosphäre gelangt. Aber genau der Zuwachs um diese Tonnen ist es, der in der Keeling-Kurve dargestellt wird. Der Rest wird durch Prozesse an Land und zu Wasser aufgenommen. Wir sollten dankbar für die Ökosystemdienstleistungen sein, denn ohne sie wären wir schon jetzt auf dem Weg zu einer globalen Sauna.

Zuweilen hört man auch, dass der CO_2-Anstieg ganz andere Ursachen als die fossilen Emissionen habe. In diesem Zusammenhang wird gerne das Henry-Gesetz genannt. Es postuliert, dass ein Gleichgewicht zwischen den Gasen in der Atmosphäre und in der obersten Schicht des Meeres existiert, konkret, dass der Partialdruck eines Gases über einer Flüssigkeit direkt proportional zur Konzentration des Gases in der Flüssigkeit ist. Dies hängt damit zusammen, dass die Löslichkeit von Gasen in Flüssigkeiten mit zunehmender Temperatur abnimmt. Wärmere Meere geben also CO_2 ab. Auch an diesem Einwand ist etwas Wahres, das Argument als Ganzes ist aber falsch. Es postuliert nämlich, dass sich die Meere aktuell aufgrund von unbekannten Ursachen erwärmen, und dass dies die eigentliche Quelle des CO_2-Anstiegs ist. So etwas zu behaupten, ist dreifach unsinnig. Erstens gibt es aktuell außer dem Treibhauseffekt keine andere Quelle für die Erwärmung. Zweitens wärmen die Meere sich von der Oberfläche nach unten auf, was darauf hindeutet, dass die Wärme von oben kommt. Und drittens gibt es keinen Netto-CO_2-Austrag aus den Meeren in die Atmosphäre – eher umgekehrt. Außerdem entspricht der geringere Sauerstoffgehalt in der Atmosphäre der Zunahme an CO_2. Dies ist an sich bereits ein starkes Indiz, dass die eigentliche Quelle die Verbrennungsprozesse sind, da die Atmosphäre das O_2 liefert, mit denen der Kohlenstoff dabei reagiert. Dass auch Vulkane CO_2 ausstoßen, ist ebenso klar wie die Tatsache, dass diese Menge schwer zu quantifizieren ist. Der US Geological Survey veranschlagt allerdings, dass der Netto-Austrag der Vulkane im Vergleich zu den menschlichen Emissionen nur einen oder wenige Prozentpunkte ausmacht.

Es ist durchaus verständlich, warum sich manch einer in alternative Erklärungen versteigt. Viele Skeptiker:innen sind mit den Segnungen der Ingenieurskunst aufgewachsen. Die Welt war seit mindestens einer Generation im Aufwind, und jedes Problem schien lösbar. Dieses Weltbild wird jetzt in seinen Grundfesten erschüttert. Wir können den Glauben an technische Lösungen und ewigen Fortschritt nicht mehr ohne Weiteres aufrechterhalten. Manche versuchen es trotzdem, und für sie wirken die heutige Klimadebatte und nicht zuletzt der Klimastreik der Jugend wie irrationale Hysterie. Ähnlich ist es mit den Arbeiter:innen auf den Ölbohrplattformen. Seit mehr als einer Generation sorgen sie für Reichtum und Wohlstand hier im Norden. Auf dem Spiel steht deshalb nicht nur unser Lebensstil sondern auch die Selbstachtung und die Gewissheit der Ölarbeiter:innen, etwas Positives für die Gesellschaft geleistet zu haben. Plötzlich sind diejenigen, die uns Norweger:innen reich gemacht haben, die Sündenböcke. Da ist es verständlich, dass sie der ganzen Klimadebatte kritisch gegenüberstehen und sehr auf alternative Erklärungen hoffen.

In einer solchen Situation wird jede Unsicherheit zu einem willkommenen Strohhalm. Es ist niemandem vergönnt, vollen Überblick über all die Zahnrädchen zu haben, die auf komplexe Weise ineinandergreifen und unser Klima steuern. Ich muss darauf vertrauen, dass die Atmosphärenphysiker:innen ihr Metier verstehen, wenn es um die Bedeutung der Stratosphäre gegenüber den niedrigeren Schichten der Atmosphäre geht. Und sie müssen darauf vertrauen, dass andere verstehen, wie das RuBisCO-Enzym in den Chloroplasten auf mehr CO_2 reagiert.

Wir können nicht exakt wissen, wie viel CO_2 die Ökosysteme an Land und im Wasser aufnehmen und wieder abgeben können. Wir wissen aber ganz genau, wie viel wir mit unserer menschlichen Aktivität emittieren. Ebenso genau wissen wir, wie hoch die jährliche Zunahme von CO_2, CH_4 und N_2O ist.

Was wir aber nicht wissen, ist, ob wir darauf hoffen können, dass die Ökosysteme in der Zukunft Überstunden machen, um mehr Kohlenstoff zu binden. Und an diesem Punkt nehmen die wirklich beunruhigenden Szenarien Gestalt an. Deshalb müssen wir daran erinnern, dass die Unsicherheiten, denen wir gegenüberstehen, in beide Richtungen gelten: Es kann besser kommen, als wir es befürchten – aber eben auch schlimmer.

Von 0,5 bis 3 Grad

Auch wenn den Prognosen eine gewisse Unsicherheit anhaftet, wissen wir mittlerweile doch einiges über die Effekte, die wir bereits jetzt zu spüren bekommen. Es handelt sich dabei um die Konsequenzen einer Erwärmung um 1 Grad sowie um das, was passieren wird, wenn es um 1,5, 2 oder gar 3 Grad wärmer wird.

Mit der steigenden Temperatur steigt zwar auch die Unsicherheit, aber man kann davon ausgehen, dass wärmere Temperaturen die jetzt schon bekannten Probleme weiter verschärfen werden.

Es sind erst kürzlich drei Berichte erschienen, die alle über bereits dokumentierte und erwartete Effekte einer Erwärmung um 1 bis 3 Grad informieren. Der Artikel T*he human imperative of stabilizing global change at 1,5 °C*, der im Herbst 2019 publiziert wurde, hält fest, dass die Änderungen in vielen Bereichen bereits dokumentiert sind: Es gibt mehr Waldbrände, das Eis schmilzt schneller, das Meeresniveau steigt an, die Korallen bleichen aus und Flora und Fauna ändern sich, um nur ein paar Beispiele zu nennen.[88] Der Artikel fokussiert besonders auf die zu erwartenden, beunruhigend großen Effekte zwischen 1,5 und 2 Grad Erwärmung. Nur wenige Wissenschaftler:innen

---

88 Hoegh-Guldberg et al. (2019). IPCC (2018)

sind noch der Meinung, dass wir einen Temperaturanstieg um 1,5 Grad verhindern können. Dieser Wert wird irgendwann zwischen 2030 und 2052 zur Realität werden. Damit die Erwärmung nicht über 1,5 Grad hinausgeht, brauchen wir im Laufe von 20 bis 30 Jahren Klimaneutralität, also eine Emission die gleich null ist, sowie deutlich abnehmende Methan-Emissionen im selben Zeitraum. Dies ist möglich, wenn auch nicht sonderlich realistisch. Der erwähnte Artikel untersucht regionale Effekte im Zusammenhang mit Eisdicke, Permafrost, Extremperioden in Form von Überschwemmungen und Dürren, Ernteverluste und veränderte Ökosysteme für die drei Szenarien, 1,5 Grad Erwärmung oder weniger, 1,5 bis 2 Grad Erwärmung und bis zu 3 Grad Erwärmung. Für alle Szenarien werden soweit möglich die weiteren Auswirkungen beziffert und mit Wahrscheinlichkeiten angegeben. Ich will nicht auf alle Szenarien eingehen, möchte aber festhalten, dass die Effekte der Klimaveränderung bereits jetzt für uns alle spürbar sind. Auch ein Anstieg um »nur« 1,5 Grad wird für viele Regionen zu einer echten Herausforderung. Richtig übel werden die Effekte zwischen 1,5 und 2 Grad Erwärmung, und 3 Grad Erwärmung – dahin wollen wir wirklich nicht! Bei einem solchen Niveau gäbe es massive Ernteeinbußen, der Meeresspiegel würde drastisch ansteigen und in vielen Regionen würde das Trinkwasser fehlen. Ganze Landstriche würden durch Extremperioden für Mensch und Tier unbewohnbar werden. Dies wiederum würde zu geopolitischen Umwälzungen mit enormen Migrationsbewegungen und politischer Destabilisierung führen.

Ein Sonderbericht des IPCC widmet sich den Meeren und der Kryosphäre, also den gefrorenen Ökosystemen der Welt.[89] In dem Bericht wird festgehalten, dass die Meere im 20. Jahrhundert bereits um 15 cm angestiegen

---

89 IPCC (2019a)

sind und dass der Anstieg aufgrund der schmelzenden Gletscher rasch voranschreitet. Durch die Trägheit der Klimasysteme wird der Meeresspiegel bis 2100 auf ein Niveau zwischen 30 und 60 cm über dem heutigen Stand ansteigen, selbst wenn es uns gelingt, die Erderwärmung unter 2 Grad zu halten. Im selben Bericht wird festgehalten, dass 25 Prozent der oberen Permafrostschichten (die obersten 3 bis 4 Meter) bis zum Ende des Jahrhunderts aufgetaut sein werden, auch wenn wir den Temperaturanstieg unter 2 Grad halten. Emittieren wir weiterhin Treibhausgase im selben Maße wie heute, werden nicht 25, sondern 70 Prozent derselben Schichten auftauen. Dies würde nicht nur zu einem weiteren Anstieg der CO_2-Konzentration in der Atmosphäre führen. Es würde die ganze Tundra als ökologisches System massiv verändern. Wenn nur 5 bis 15 Prozent des Kohlenstoffs oxidieren und als CO_2 in der Atmosphäre landen, entsprächen das 130 Milliarden Tonnen zusätzlicher Treibhausgase, was dem jährlichen Effekt der weltweiten Abholzung entspricht.[90]

Ein dritter Bericht, auch er aus dem Herbst 2019, betrachtet die Änderungen an Land und legt einen besonderen Fokus auf die Nahrungsmittelproduktion in den unterschiedlichen Szenarien.[91] Auch hierin wird aufgezeigt, dass schon bei einer Erwärmung von 1,5 Grad merkbare Einbußen in der Nahrungsmittelproduktion zu erwarten sind und dass dieser Trend sich spürbar verstärkt, wenn die Erwärmung 2 oder mehr Grad beträgt. Das wird große geopolitische Konsequenzen haben, da viele der heute höchst produktiven Regionen massiv von Dürre und Hitzewellen betroffen sein werden. Gebiete, die heute eine eher untergeordnete Rolle für die Nahrungsmittelproduktion spielen, können hingegen Vorteile haben. Aber wie man es auch dreht und wendet: Weltweit betrachtet haben steigende

90 Schuur et al. (2015)

91 IPCC (2019b)

Temperaturen klar negative Auswirkungen, und diese werden umso negativer, je stärker die Temperatur steigt.

Schneebälle in der Hölle

Wir wissen nicht, wie schlimm es kommen wird, wohl aber, wie schlimm es kommen könnte. Einige erwartete Effekte sind wie Schneebälle in pappigem Schnee. Solange wir den Ball selbst rollen, haben wir alles unter Kontrolle. Geht es aber bergab, kann der Schneeball ein Eigenleben entwickeln. Wenn der Wald abbrennt oder im großen Stil gerodet wird, wenn Moore und Feuchtgebiete drainiert und ausgetrocknet werden, wenn der Permafrost taut und Treibhausgase freisetzt und wenn die Meere saurer und wärmer werden und weniger CO_2 aufnehmen – all dies Prozesse, die zurzeit stattfinden – riskieren wir definitiv solche Schneeballeffekte. Über allem liegt noch dazu die Angst, dass die Ökosysteme irgendwann keine Kohlenstoffsenken mehr sind, sondern netto Treibhausgase freisetzen.

Es handelt sich hierbei um eine sehr gewichtige potenzielle Rückkopplung, die als der größte Unsicherheitsfaktor in der Klimaentwicklung betrachtet werden muss. Wir können nämlich nicht mit Sicherheit sagen, wie die Natur auf steigende Temperaturen, geänderte Niederschlagsverhältnisse und unsere umfassenden Eingriffe reagieren wird. Wir wissen lediglich, dass die Ökosysteme aus den genannten Gründen weniger CO_2 aufnehmen – und mehr freisetzen. Wir haben auch recht gute Kalkulationen darüber, wie viel Kohlenstoff sich in den nördlichen Mooren, den Permafrostgebieten und den großen borealen Waldgebieten sowie den tropischen Regenwäldern befindet. Diese Lager enthalten mehr Kohlenstoff, als bereits in der Atmosphäre ist. Deshalb können wir mit ziemlicher Sicherheit sagen, wie viel zusätzlicher Kohlenstoff freigesetzt wird, wenn die Wälder verschwinden. Ein Beispiel: Die Kohlenation Australien (der definitiv weltgrößte Kohleexporteur) emittiert jährlich 530 Millionen CO_2-Äquivalente. Basierend auf den Berechnungen der NASA haben die Waldbrände Anfang 2020 bereits 350 Millionen Tonnen CO_2 freigesetzt (die in diesem Jahr also dazukommen). Auf gleiche Weise können wir ziemlich genau berechnen, wie viel CO_2 andere Ökosysteme in solchen Szenarien freisetzen können. Wir wissen aber nicht, welches davon eintreffen wird.

Auch wenn man nicht schwarzmalen will, muss man die schlimmsten Szenarien im Hinterkopf behalten. Die Sonnenaktivität, das Zirkulationsmuster der Meeresströmungen und zufällige meteorologische Variationen spielen natürlich auch eine Rolle – und über regionale und lokale Variationen in Form von Fluten, Hitzewellen, Dürre oder Stürmen haben wir da noch gar nicht gesprochen. Nicht all diese Ereignisse führen automatisch zu einer weiteren Erwärmung, sie sagen aber etwas darüber aus, wie unvorhersehbar die Konsequenzen der Klimaänderungen global, regional und lokal sein können.

Daraus folgt, dass die faktisch bestehenden Unsicherheiten uns zur Vorsicht mahnen sollten. Eine wichtige Botschaft lautet, dass der Druck, der auf der Natur lastet, besorgniserregend ist, weil diese eine entscheidende Rolle bei der Klimaregulation der Erde spielt. In der Atmosphäre ist, verglichen mit Wäldern, Mooren, Tundra und Meer, sehr wenig Kohlenstoff. Ein Beispiel soll dokumentieren, was wir im schlimmsten Fall zu erwarten haben: Die gesamte Atmosphäre enthält 840 Gigatonnen Kohlenstoff. Dem gegenüber stehen 4000 Gigatonnen in Vegetation, Erde und Permafrost sowie 900 Gigatonnen in den oberen Meeresschichten. Die genauen Zahlen sind nicht wichtig, wohl aber, dass schon eine moderate Zunahme des Kohlenstoff-Austrags aus diesen Systemen große Konsequenzen für die CO_2-Konzentration in der Atmosphäre und damit für die Zukunft unseres Klimas hat. So gesehen darf die bestehende Unsicherheit auf keinen Fall als Argument genutzt werden, noch ein bisschen abzuwarten, um zu sehen, wie sich das alles entwickelt. Im Gegenteil sollte sie uns anspornen, endlich aktiv zu werden.

Die Kunst der Wahrsagerei war noch nie eine sichere Branche, und heute ist die Zukunft unsicherer als jemals zuvor. Der morgige Tag wird dem heutigen ähnlich sein, aber in 50 Jahren sieht die Welt mit Sicherheit anders aus, als sie es jetzt tut. Wie sie in 100 Jahren aussieht, ist niemandem vergönnt zu wissen. Mit Sicherheit werden auch da noch Menschen auf der Erde leben, und ihr Leben wird sich vom unsrigen nicht sonderlich unterscheiden. Bäume, Insekten und Jahreszeiten werden kommen und gehen. Trotzdem wird die Welt aller Wahrscheinlichkeit nach ein schwierigerer, gefährlicherer und sowohl ökologisch wie ökonomisch ärmerer Ort sein.

Wo exakt wir schließlich landen werden, liegt in unseren Händen – und zwar jetzt und in der allernächsten Zukunft. In gewisser Weise ist es unser einziger Trost, dass wir – die Menschen – die Schuld an den entstandenen Problemen haben, und es deshalb auch an uns ist, sie zu lösen. Leider sind wir nicht mit einer kollektiven, weitsichtigen Rationalität ausgestattet, was dieses »Es-ist-an-uns-Argument« etwas problematisch macht. In diesem Zusammenhang nähern wir uns einer der wirklich wesentlichen Fragen, wenn wir über die Reaktionen der verschiedenen natürlichen und klimatischen Systeme sprechen: Ist das System Mensch in der Lage, rechtzeitig zu reagieren?

Das Dach

Der IPCC lancierte 2018 einen Bericht, in dem der Unterschied zwischen einer Temperaturerhöhung von 1,5 und 2 Grad diskutiert wurde. Die Schlussfolgerung lautet, dass wir unseren CO_2-Austrag bis 2030 um 50 Prozent reduzieren und bis 2050 auf null senken müssen, wenn wir die »gefährliche Erwärmung« von mehr als 2 Grad vermeiden wollen.

2018 haben wir 37 Gigatonnen CO_2 in die Atmosphäre geblasen, mehr als jemals zuvor. 2019 werden die Emissionen aller Voraussicht nach noch höher sein.[92] Im selben Jahr wurden an der Mauna-Loa-Station auf Hawaii mehr als 415 ppm CO_2 gemessen. Ein Niveau, dass das letzte Mal vor 3 Millionen Jahren gemessen wurde, und da lag der Meeresspiegel mehrere Meter über dem heutigen Stand. Die globale Durchschnittstemperatur lag im Juli 2019 0,95 Grad über dem Durchschnitt des 20. Jahrhunderts, und der Juli des Jahres war der wärmste bisher gemessene Juli überhaupt. Frankreich erlebte einen Hitzerekord nach dem nächsten, die vorläufige Spitze bildeten 43,2 Grad. Als der Sommer ein halbes Jahr später nach Australien kam, gab es auch dort extreme Hitze und Trockenheit, gefolgt von enormen Bränden, dann einer Überflutung und schließlich einem Hagelsturm biblischen Ausmaßes. Diese Ausnahmen werden zur neuen Realität werden.

Als Keeling 1958 mit seinen Messungen begann, betrug der erste notierte CO_2-Wert in der Atmosphäre 280 ppm. 2013 vermeldete die Station auf dem Zeppelinfjell eine Konzentration von 400 ppm, und jetzt, im Jahr 2019, sind wir also bei 415. Halten wir gleichmäßig Kurs, erreichen wir 2050 mit 560 ppm das Doppelte der ersten Keeling-Messung. Als wir das letzte Mal ein ähnlich hohes CO_2-Niveau hatten, lag die globale Durchschnittstemperatur zwischen 5 und 6 Grad höher als heute – bei 30 Meter höherem Meeresspiegel. Dorthin wollen wir wirklich nicht.

Wie viel CO_2 können wir also emittieren, um noch Hoffnung haben zu dürfen, dass der Kohlenstoffkreislauf

---

92 Friedlingstein et al. (2019)

nicht verrücktspielt? Der IPCC gibt dazu folgende Antwort: Mit 2 Grad als Obergrenze dürfen wir maximal 800 Milliarden Tonnen Kohlenstoff freisetzen, was 2900 Gigatonnen CO_2 entspricht. Dies hört sich nach einer exakten Berechnung an – und die Zahl wirkt beruhigend hoch. Diese Obergrenze ist aber kein Soll, und 2 Grad Temperaturerhöhung sind auch keine magische Grenze. Man hat die Zahlen an einem Punkt festgelegt, an dem vermutlich eine Art Grenze zwischen unangenehm und richtig schlimm verläuft. Schon bei einer Temperaturerhöhung von 2 Grad wird es nämlich gewaltige lokale Unterschiede geben, und die Extremereignisse, die wir bereits jetzt erleben, werden deutlich häufiger werden. Wir dringen damit in unbekanntes Terrain vor und reden von Bedingungen, die kein Mensch zuvor erlebt hat.

800 Milliarden Tonnen Kohlenstoff markieren im Übrigen die totale Obergrenze für unsere Emissionen. 520 Milliarden davon haben wir bereits freigesetzt. Mit anderen Worten bleiben uns noch 280 Milliarden Tonnen. Sollten die Emissionen auf dem Niveau von 2018 weitergehen, wäre es eine absurde Untertreibung, zu sagen, dass uns wenig Zeit bleibt. Eine Reihe von unabhängigen Berechnungen geben Auskunft über unser Restbudget auch für das Erreichen der gesetzten Obergrenzen von 1,5 Grad.[93] Diese weichen im Hinblick auf die Jahre, die wir noch so weitermachen können, teilweise deutlich voneinander ab. Der Großteil der Berechnungen kommt aber zu dem Schluss, dass wir noch 0 bis 10 Jahre haben. Ich überlasse es jedem Einzelnen zu entscheiden, ob diese Daten beruhigend genug sind, um erst einmal abzuwarten, wie sich das Ganze wirklich entwickelt.

Das Mercator Research Institute hat eine Kohlenstoffuhr, die gegen null läuft. Man kann wählen, ob man 1,5

---

93 https://www.carbonbrief.org/analysis-how-much-carbon-budget-is-left-to-limit-global-warming-to-1-5c/

oder 2 Grad als Obergrenze festsetzen möchte.[94] Da wir in der Sekunde 1332 Tonnen CO_2 freisetzen, reduziert sich das verbleibende CO_2-Budget mit erschreckender Geschwindigkeit. Nach dieser Kohlenstoffuhr haben wir statistisch gesehen noch 8 Jahre, bis die 1,5-Grad-Grenze gerissen ist. Machen wir so weiter wie bisher, ist in 20 bis 25 Jahren auch das 2-Grad-Ziel nicht mehr zu halten. Da ist es nicht gerade beruhigend, dass 2020 die CO_2-Emissionen ihr Allzeithoch erreicht haben und die Konzentration in der Atmosphäre weiter zunimmt.

Faktisch müssen wir unsere Emissionen nicht nur reduzieren, sondern auf null bringen, und dann, im nächsten Schritt, unter null kommen, wollen wir uns wirklich sicher fühlen. Dies ist nur mithilfe der Ökosysteme und der Fotosynthese möglich – oder durch eine mirakulöse CO_2-Lagerungstechnik in einem bisher unbekannten Maßstab. Realistisch betrachtet, ist das 1,5-Grad-Ziel längst nicht mehr zu erreichen. Trotzdem ist es wichtig, dass wir uns Ziele setzen. Auch wenn 1,5 Grad viel besser als 2 Grad sind, sind 2 Grad wiederum viel, viel besser als 3. Schließlich werden wir beinahe täglich daran erinnert, dass wir schon bei einem Grad Erwärmung in ziemlich unruhige Gewässer gelangen.

Zurzeit beträgt die Weltbevölkerung etwa 8 Milliarden Menschen. Sollten alle Menschen auf der Welt so viel CO_2 emittieren wie ein:e durchschnittliche:r Norweger:in (knapp 9 Tonnen CO_2 jährlich), würden die Emissionen gigantische 65 Gigatonnen pro Jahr betragen. Im Laufe nur eines Tages steigt die Weltbevölkerung um 200.000 Menschen. Im Jahr 2050, dem Jahr, in dem wir alle CO_2-neutral sein müssen, am besten CO_2-negativ, wird die Bevölkerungszahl, einen gleichbleibenden Anstieg vorausgesetzt, 9,7 Milliarden Menschen betragen. Setzen wir voraus, dass die Natur weiterhin mehr CO_2

94 https://www.mcc-berlin.net/en/research/co2-budget.html

aufnimmt, als sie abgibt, was nicht wirklich sicher ist, schaffen wir diese Neutralität nur, wenn wir im Jahr 2050 nur noch maximal 2 Tonnen CO_2 pro Person freisetzen.

In den westlichen Ländern beginnen die Emissionen nun langsam zu sinken.[95] Trotz ausgesprochener Klimaskepsis bei der politischen Führung reduzierten die USA ihre CO_2-Emissionen 2019 um 1,7 Prozent. Der Grund dafür war aber eher, dass Preise und Märkte nicht mehr aufseiten der Kohle waren. Dies zeigt, dass Wirtschaft und Märkte progressiver als die Politik sein können, was politisch natürlich durch eine markante Erhöhung der CO_2-Abgabe gefördert werden könnte. 2020 sind die CO_2-Emissionen der USA wie in fast allen Ländern dank COVID-19 beträchtlich zurückgegangen. 2021 nahmen die Emissionen gegenüber 2020 wieder um 7 Prozent zu, sie liegen damit aber noch immer 5 Prozent unter dem Niveau von 2019. In einem Teil der westlichen Länder sind wir also auf einem guten Weg, trotzdem liegen die Pro-Kopf-Emissionen in den USA noch immer bei beinahe 16 Tonnen, gegenüber knapp 7 Tonnen in der EU (hier sind die Emissionen deutlich zurückgegangen), während der Weltdurchschnitt bei 4,8 Tonnen liegt. Indien ist zurzeit etwa bei der Hälfte des Weltdurchschnitts, wobei die Emissionen dort stark ansteigen. China liegt bereits seit 1990 über dem Weltdurchschnitt; aktuell liegt es bei 7,4 Tonnen pro Einwohner:in. Die gestiegenen Emissionen sind durch das massive Wirtschaftswachstum zu erklären, dank dem viele Hundert Millionen von Menschen nun nicht mehr unter der Armutsgrenze leben. Es ist durchaus verständlich, dass sie nun die Freuden der Konsumgesellschaft genießen möchten, auch wenn das Wirtschaftswachstum im großen Stil von Kohlenstoff angetrieben wird.

Dies bringt zum Ausdruck, wie anspruchsvoll unsere

---

95 https://data.worldbank.org/indicator/EN.ATM.CO2E.PC.

klimapolitischen Bestrebungen sind. Da wir Gefahr laufen, 2050 560 ppm CO_2 in der Atmosphäre zu haben, uns aber zurück zu dem vorindustriellen Niveau von 300 ppm wünschen, müssen wir dafür sorgen, dass mehr CO_2 aufgenommen als ausgestoßen wird. Aktuell gibt es nur einen realistischen CO_2-Staubsauger für solche Mengen Kohlenstoff: mehr Wald.

Trotzdem werden die Regenwälder z. B. am Amazonas abgeholzt und verbrannt, alles im Namen der wachsenden Wirtschaft Brasiliens. Gleichzeitig wird an anderen Orten in fossile Reserven investiert, die dem Dreifachen unserer maximalen Restkapazität entsprechen. Mit anderen Worten: Ein Großteil der Kohlenstoffreserven muss dort bleiben, wo er ist, sei es nun gebunden als Wald am Amazonas oder als Öl im Norwegischen Schelf.

Wie schlimm kann es kommen?

Es ist das Jahr 2300. Extreme Hitzewellen, alles vernichtende Orkane, jahrelange Trockenperioden und Waldbrände sind eher die Regel als die Ausnahme. Die letzten Gruppen mitgenommener, hungriger und durstiger Menschen verlassen Bangladesch, den Nahen Osten, Nordafrika und andere unbewohnbar gewordene Regionen und machen sich auf den Weg in den immer dichter bevölkerten Norden. Es ist eine apokalyptische Vision, die wir aus Büchern und Filmen kennen, aber wir reden hier nicht mehr von Science-Fiction. Die Antwort auf die Frage, wie schlimm es wirklich kommen kann, ist eine Sauna-Welt, die mindestens 5 Grad wärmer ist als zurzeit. Der Weg dorthin führt über weiterhin ungebremste Emissionen von CO_2 und Treibhausgasen sowie eine Reihe von Kipppunkten und Rückkopplungen, die gemeinsam eine katastrophale Kettenreaktion ausgelöst haben. Zum Glück ist dieses Szenario nicht wahrscheinlich, unmöglich ist es aber nicht.

Die zum Tragen kommenden Mechanismen sind recht unterschiedlich, und einige dieser Rückkopplungen können sogar in die entgegengesetzte Richtung wirken. Ein grünerer Planet, für den es mit der nach Norden und in die Höhenlagen vorrückenden Vegetation bereits Anzeichen gibt, würde z. B. mehr CO_2 binden. Trotzdem müssen wir damit rechnen, dass die meisten Rückkopplungen die Erwärmung verstärken. Das Ganze wird noch dramatischer, wenn wir uns vor Augen führen, dass es keine klar definierte Grenze gibt, die bestimmt, wann was passieren wird. Bei 2 Grad Erwärmung müssen wir aber bereits mit einigen der möglichen Effekte rechnen. Andere treten vielleicht erst später auf, aber selbst wenn wir die 2 Grad nicht überschreiten, werden wir mit Problemen zu kämpfen haben. Die ersten Auswirkungen der Erwärmung spüren wir bereits.

70 Menschen kamen bei den Verwüstungen des Orkans Dorian im Herbst 2019 auf den Bahamas ums Leben. Mehr als 180 Menschen starben bei der Flut im Ahrtal im Sommer 2021, und 180 Menschen ließen bei einer Überflutung in Afghanistan im Spätsommer 2022 ihr Leben. Viele Menschen sind auch bereits bei Waldbränden ums Leben gekommen, und viele Tausend starben infolge der Hitzewellen. In Zukunft wird es deutlich mehr solcher Katastrophen geben. Das wärmere Meer führt zu heftigeren Stürmen und mehr Niederschlag. Immer mehr Menschen werden deshalb die häufig betroffenen Gebiete wie die Bahamas oder andere exponierte Inseln und Küstenregionen verlassen. Klimaflüchtlinge sind schon heute eine Realität, aber die großen Völkerwanderungen haben noch nicht begonnen. In den sonnenverbrannten Regionen Spaniens gab es im Herbst 2019 eine Überflutung, wie man sie zuvor noch nie erlebt hatte, und Venedig wurde im Spätherbst 2019 gleich von drei Sturmfluten getroffen. 2022 war ein Jahr mit zahlreichen Wärme- und Trockenheitsrekorden. In den letzten Jahren gab es immer wieder Waldbrände

ungewöhnlichen Ausmaßes, während in mehreren Großstädten Trinkwasser zur Mangelware wurde. Die Feuer in Australien haben Menschenleben gekostet. Ebenso die Hochwasser und anderen Katastrophen, die auch in anderen Teilen der Welt immer häufiger auftreten. Es ist nicht leicht, das Leid nach solchen Ereignissen zu beziffern, die Natur erleidet aber jedes Mal den größten Schaden. Extreme Waldbrände sind zur Realität geworden, auf die wir uns vorbereiten müssen. Fragen sie doch mal die Kalifornier:innen.

Trockenheit, Wassermangel und Brände sind nichts Neues, aber große Flüsse, die das Meer nicht mehr erreichen, ausgetrocknete Seen, verbrannte Ernten und durstende Großstädte gehören mittlerweile zur Tagesordnung. In unserem Bestreben nach Kontrolle über die launische Natur haben wir uns selbst überlistet, sodass wir jetzt erleben, wie uns die Natur immer neue Prüfungen auferlegt. Dorian war nur einer von einer langen Reihe von Orkanen, an die sich bald der nächste anknüpfen wird. Der Orkan Harvey, der im August 2017 Houston traf, war auch nicht der erste, vielleicht aber derjenige, der die Menschen endlich aus ihrer Lethargie gerissen hat. In Houston gingen keine Bretterbuden unter irgendwelchen Palmen kaputt, sondern eine Großstadt in Texas, wodurch uns unsere Verwundbarkeit mehr als deutlich aufgezeigt wurde. Der auf Harvey folgende Regen war statistisch ein Ereignis, wie es nur alle paar 100 Jahre auftritt. So lautete jedenfalls die Berechnung aus heutiger Sicht. Dabei war Harvey bereits das dritte Extremwetterereignis in Houston in nur 2 Jahren.

Die Naturkatastrophen folgen immer dichter aufeinander. Ein hundertjähriges Hochwasser, also ein Hochwasser, das statistisch nur alle 100 Jahre auftritt, wird langsam zu einem zehnjährigen Hochwasser. Höhere Temperaturen im Meer lassen die Verdunstung ansteigen, was wiederum zu mehr Regen und stärkeren Orkanen führt. Diese Phänomene sind physisch verstanden und statistisch belegt.

Selbst im niederschlagreichen, kühlen Norwegen erinnern die Bauern sich mit Schrecken an den Trockensommer 2018. Die ganze Welt war in diesem Jahr von Hitzewellen geprägt. Vielerorts gab es neue Temperaturrekorde, und am wärmsten war es damals im Oman, wo absurde 49,4 Grad im Schatten gemessen wurden. Auch der Sommer 2019 wurde mit extremer Wärme eingeleitet, und der Juli 2019 war der wärmste jemals auf der Erde registrierte Monat. Hitzerekorde hat es auch früher schon gegeben, und Extremwetterlagen gab es schon immer, sodass man ein einzelnes Extremereignis nicht mit Sicherheit dem Klimawandel zuordnen kann. Die Häufigkeit und der Umfang der Extreme ist aber eindeutig und ganz sicher kein Zufall: Neun der zehn wärmsten Julimonate wurden seit 2005 gemessen. Auch die Brände in Kalifornien haben 2018 neue Rekorde erreicht. Im November, wenn normalerweise die Regenzeit einsetzt, musste das Land das tödlichste Feuer seit 100 Jahren vermelden. 85 Menschen kamen zu Tode und die materiellen Schäden beliefen sich auf 16 Milliarden Dollar. Der gleichzeitig tobende Woolsey-Brand rund um Malibu wurde damit in den Schatten gestellt, dabei wurden auch durch dieses Feuer 100.000 Hektar in Asche verwandelt. Überdies mussten 170.000 Menschen evakuiert werden.[96] Werfen wir einen Blick auf Australien. Im Winter 2019/2020, also noch vor der eigentlichen Brandsaison, wüteten dort die zweigrößten Brände in der Geschichte des Landes. Die betroffene Fläche betrug 10,7 Millionen Hektar (wesentlich mehr als ganz Schottland). Das Ergebnis waren neben der verbrannten Natur 6000 niedergebrannte Häuser und Tausende von evakuierten Bürger:innen. Nach ein paar Jahrzehnten mit immer

---

96 Wallace-Wells, D. S. (2019): Die unbewohnbare Erde: Leben nach der Erderwärmung. Ludwig

höheren Temperaturen und zunehmender Trockenheit war 2019 auch in Australien das wärmste Jahr seit Beginn der Temperaturaufzeichnungen. In Europa wurden die Spitzenwerte des Jahre 2019 bereits zwei Jahre später im Hitzesommer 2021 getoppt, um dann ein Jahr später, im Sommer 2022, erneut überstiegen zu werden.

Immer mehr Menschen wird mittlerweile bewusst, dass wir vor einer neuen klimatischen Realität stehen. Die Menschen sind aber eine anpassungsfähige Art, und auf seltsame Weise werden auch die dramatischsten Ereignisse zu einem Teil unserer neuen Wirklichkeit. Wieder erleben wir also das, was auf English mit dem Begriff *shifting baselines* bezeichnet wird: Je häufiger die Extreme auftreten, desto weniger reagieren wir darauf.

Die extremen Wetterlagen verstärken wohl den Glauben daran, dass der Klimawandel real ist. Für viele ist das, was passiert, jedoch trotzdem nur ein Teil der Nachrichtenbilder, die in raschem Tempo über den Bildschirm flimmern. Man kann kaum noch aufnehmen, was da wirklich passiert. Außerdem stellt man sich schnell die Frage, was man persönlich denn daran ändern kann. Andere hingegen werden aktiv. Die Jugend auf der ganzen Welt hat endlich eine Sache, für die es sich zu kämpfen lohnt. Wieder andere überkommt das Gefühl, dass das Ende naht, während die Ewiggestrigen sich damit beruhigen, dass das Wetter ja schon immer launisch war. 1905 war es trockener, 1918 hat es schlimmer gebrannt und 1925 war es nasser, kann man einwenden. Die große Flut Storofsen, die 1789 das Østlandet verwüstet hat, ist noch unübertroffen. Natürlich kann man mit solchen Argumenten die heutigen Katastrophen kleinreden, um sich nicht dem Ernst der Lage stellen zu müssen. Trotzdem gibt es einen großen Unterschied zwischen früher und heute: Die Extreme sind keine Ausnahmen mehr, an die man sich auch noch Hunderte Jahre später erinnert. Sie sind im Begriff, zu unserem neuen Alltag zu werden.

Gleichzeitig gibt es Grund, zu einer gewissen Sachlichkeit zu mahnen. Man muss zwischen dem unterscheiden, was schlimmstenfalls passieren kann, und dem, was vermutlich eintreffen wird. Die Klimaskeptiker:innen verwenden immer wieder Begriffe wie Endzeitszenario, aber es gibt auch ganz konkrete Weltuntergangsprophet:innen.

Die apokalyptischen Reiter

Der Tag des Jüngsten Gerichts hat auf uns Menschen schon immer eine besondere Anziehungskraft gehabt, genauso wie Katastrophenfilme. In einem in alle Richtungen gut gepolsterten Alltag kann man sich an dem Horror ergötzen. Vor allem, weil wir tief in unserem Inneren fest daran glauben, dass das, was in den Katastrophenfilmen passiert, ja nichts mit unserer Realität zu tun hat. Sogar die religiöse Vorstellung des Jüngsten Gerichts wirkt vermutlich auch für die meisten Gläubigen abstrakt und unendlich weit entfernt. Außerdem darf man ja hoffen, dass man im Augenblick der Entscheidung auf der richtigen Seite steht.

Natürlich kann man vorbringen, dass wir alle nur auf Zeit hier sind, gnadenhalber, und es eines Tages ohnehin einen neuen Meteoriteneinschlag geben wird, wenn nicht die Magmakammer unter dem Yellowstone-Park platzt, ein Gammablitz uns alle umbringt oder die Erde in ein schwarzes Loch gesaugt wird. All dies ist auf einer für uns relevanten Zeitskala aber extrem unwahrscheinlich. Außerdem können wir daran nichts ändern. Das Artensterben und die Klimaänderung, die wir gerade erleben, sind hingegen eine handfeste, selbst erzeugte potenzielle Apokalypse. Trotzdem stößt man auch hier immer wieder auf eine Endzeitrhetorik mit Begriffen wie Ökokollaps oder Klimakollaps. Noch immer hört man von Klimaskeptiker:innen, die nichts davon wissen wollen, wie schlimm es wirklich ist, man würde nur schwarzmalen.

Selbst nach wirklich nüchternen Vorträgen und Artikeln bin ich als Endzeitprophet beschimpft worden, dabei lautete meine Botschaft lediglich, dass die Situation mittlerweile wirklich sehr ernst ist. Manchmal höre ich diese Vorwürfe sogar nach Beiträgen, in denen es eigentlich darum geht, aufzuzeigen, dass nicht alles vor die Hunde gehen wird und wir zum Glück noch eine Chance haben.

»Es ist schlimmer, viel schlimmer, als Sie denken.« Mit diesen Worten leitet David Wallace-Wells sein Buch *Uninhabitable Earth* ein.[97] Es ist ein beinahe schizophrener Spagat zwischen der Prophezeiung, dass die Erde unbewohnbar werden wird und der engagierten Argumentation, dass wir alles versuchen müssen, um dies zu vermeiden. Ich erkenne mich in vielem wieder, ohne aber zu ähnlich fatalen Schlussfolgerungen wie Wallace-Wells zu kommen. Während er glaubt, dass der Planet dazu verurteilt ist, zum Inferno zu werden, denke ich, dass das Leben – auch das der Menschen – das klimatische Fegefeuer überleben wird. Wallace-Wells fragt sich, ob es moralisch vertretbar ist, angesichts der aktuellen Zukunftsaussichten noch Kinder in die Welt zu setzen. Die Frage ist durchaus berechtigt, denn jedes Kind trägt dazu bei, dass der menschliche Fußabdruck auf dem Planeten wächst. Sich zu vermehren, ist vielleicht eine der umweltfeindlichsten Handlungen, die wir begehen können. Zudem ist es wirklich unsicher, welche Zukunft wir unseren Kindern noch bieten können.

Als meine Kinder geboren wurden, waren diese Fragen noch nicht so dringlich, weshalb ich keine moralische Reue empfinde. Mittlerweile kenne ich aber viele Leute, die keine Kinder bekommen wollen, weil die Welt keine würdigen Lebensbedingungen mehr bieten wird. Sie meinen, das Leben wäre für kommende Generationen nicht

---

97 Wallace-Wells, D. S. (2019): Die unbewohnbare Erde: Leben nach der Erderwärmung. Ludwig

mehr lebenswert. Die Argumente mögen verständlich klingen, drücken aber eine ungemein traurige, resignierte Haltung aus.

Wallace-Wells führt sich in seiner Argumentation selbst ad absurdum, wenn er schlussfolgert, dass seine neugeborene Tochter trotz allem ein reiches Leben haben kann. Er schreibt, dass wir jetzt noch nicht aufgeben dürfen, der Kampf sei noch nicht verloren, und er werde nicht verloren sein, solange unsere Art nicht ausgerottet sei. Diese Ansicht teile ich, denn ich glaube nicht, dass die von Wallace-Wells ausgewählten Horrorszenarien wirklich repräsentativ sein müssen, auch wenn sie definitiv im Rahmen des Möglichen liegen. Andererseits kann es durchaus nützlich sein, wenn uns jemand klarmacht, wie schlimm es wirklich kommen kann. Man muss dabei nur klar zwischen kann und wird unterscheiden.

Dystopische Untergangsliteratur kann denselben Effekt haben wie das Lebenswerk des Philosophen Peter Wessel Zapffe mit dem vielsagenden Namen *Om det tragiske* (Über das Tragische). Zapffe hielt dem Druck des Lebens stand, indem er immer wieder dafür argumentiert hat, dass das Leben sinnlos ist. Wallace-Wells ist sich seiner Widersprüchlichkeit bewusst, wenn er uns trotz der proklamierten Hoffnungslosigkeit auffordert, die Hoffnung nicht aufzugeben. Gleichzeitig kritisiert er die Wissenschaft dafür, aus Angst davor, Horrorszenarien zu malen, zu nüchtern zu argumentieren und deutliche Worte zu vermeiden. Als eine Art ironische Antwort auf die Klimaskeptiker:innen, die dem Weltklimarat Schwarzmalerei vorwerfen, um der Forschung Aufmerksamkeit und weitere Gelder zu sichern, behauptet Wallace-Wells, dass die Wissenschaftler:innen im Allgemeinen und ganz besonders der IPCC sich selbst einen Maulkorb anlegen, damit die Botschaft nicht so krass daherkommt. Auch Naomi Oreskes ist schon zu dieser Schlussfolgerung gekommen. Es liegt in der Natur der Forschung (und sicher auch der Wissenschaftler:innen), immer gewisse Vorbehalte zu haben. Der Ernst, der aus ihren Artikeln, Berichten und Interviews spricht, ist deutlich genug. Und eine gewisse Rollenverteilung zwischen Wissenschaft, NGOs, Aktivist:innen und Autor:innen erscheint sinnvoll. Trotzdem halte ich es für richtig, dass nun auch die Forschung Klartext redet. Nicht nur, um Umweltignoranz und Desinformation den Kampf anzusagen, sondern auch, um eine unnötige Untergangsangst zu vermeiden.

Immer wieder bringen Autor:innen zum Ausdruck, dass die Katastrophe unausweichlich ist. Ihrer Meinung nach käme es jetzt eher darauf an, Schutzräume zu bauen, als die Klimaänderung zu bekämpfen. Inspiriert unter anderem von Wallace-Wells schreibt Jonathan Franzen:

Wenn du jünger als sechzig bist, hast du gute Chancen, Zeuge einer radikalen Destabilisierung des Lebens auf der Erde zu werden – massive Ernteeinbußen, apokalyptische Brände, implodierende Volkswirtschaften, epische Fluten und Hunderte Millionen Flüchtlinge, die ihre durch unerträgliche Hitze und permanente Trockenheit zerstörte Heimat verlassen müssen. Wenn du unter dreißig bist, hast du quasi eine Garantie, Zeuge davon zu werden.[98]

Der pointierte Artikel, aus dem das Zitat stammt, basiert auf Franzens Essaysammlung *The End of the End of the Earth* aus dem Jahr 2018.[99] Franzen argumentiert, dass wir uns damit trösten, dass ja noch alles etwa so wie früher

---

98 »If you're younger than sixty, you have a good chance of witnessing the radical destabilization of life on earth—massive crop failures, apocalyptic fires, imploding economies, epic flooding, hundreds of millions of refugees fleeing regions made uninhabitable by extreme heat or permanent drought. If you're under thirty, you're all but guaranteed to witness it.« https://www.newyorker.com/culture/cultural-comment/what-if-we-stopped-pretending. Franzen, J. (2020): *Wann hören wir auf, uns etwas vorzumachen?* Rowohlt

99 Franzen, J. (2019): *Das Ende vom Ende der Welt.* Rowohlt

ist, die Jahreszeiten lösen einander ab, die Tage vergehen und bei Netflix gibt es immer neue Comedy-Serien. Das Leben dreht sich um die täglichen Zerstreuungen. Das Frühstück des kommenden Tages ist dabei relevanter als eine ferne, nicht bestätigte Apokalypse.

Laut Franzen haben wir in dieser Situation zwei Möglichkeiten: Entweder hoffen wir weiter darauf, dass die Katastrophe abgewendet werden kann und werden dabei von Tag zu Tag frustrierter, oder wir akzeptieren, dass die kommende Katastrophe eine Tatsache ist, und überlegen stattdessen, wie wir damit umgehen. Seiner Meinung nach florieren unrealistische Hoffnungen und naiver Optimismus. Nur wenige Aussagen provozieren ihn so sehr wie der Satz: »Wir müssen jetzt die Ärmel hochkrempeln und den Planeten retten.« Statt so etwas zu sagen, sollte man es tun, lautet seine Botschaft. Aber auch das ist leicht gesagt …

Andere haben die Dystopien verinnerlicht, sind noch einen Schritt weitergegangen und reden über den baldigen Untergang der Menschheit. Sie machen in der Umweltdebatte keine große Gruppe aus, obwohl sie wie andere Untergangssekten Verzweiflung und Hoffnungslosigkeit verbreiten und bei ihren Anhänger:innen den innerlichen Wunsch wecken, erlöst zu werden. Ein Problem, das durch ihren übertriebenen Pessimismus und die bombastischen Szenarien entsteht, ist die damit auf der Gegenseite provozierte Scheißegal-Haltung. Dies gilt nicht nur für bewusste oder unbewusste Übertreibungen, sondern auch für Missverständnisse und unklare Darstellungen, die leider an der Tagesordnung sind.

Wenn fälschlich berichtet wird, dass weltweit die Hälfte der Arten im Laufe von 40 Jahren ausgerottet wurden, gibt man damit all jenen Munition, die Beispiele suchen, um Umweltpessimismus und Angstrhetorik zu dokumentieren. Sogar das klimapornografische Lieblingsmotiv, der Eisbär auf der schmelzenden Eisscholle, kommt überraschend gut klar, weshalb es kontraproduktiv sein kann, zu viel Gewicht auf sein Schicksal zu legen. Der Bestand beträgt etwa 20.000 Tiere in verschiedenen Lebensräumen. Einige regionale Bestände sind nach der Unterschutzstellung deutlich gewachsen.

Sind die Warnungen, dass der Eisbär bedroht ist, damit nur Fake News? Nein. Der Eisbär braucht die Eisflächen, um effektiv jagen zu können. Zieht sich das Eis in der Arktis zurück, wird sich das früher oder später auf die Art auswirken. Vielleicht sollten wir eher auf diesen Punkt fokussieren, wenn wir den Eisbären als ein Beispiel heranziehen wollen. Und dass der Bestand sinken wird, heißt noch nicht, dass die Art ausstirbt, da die Tiere klug und anpassungsfähig sind. Auf Svalbard haben die Eisbären bereits begonnen, Rentiere zu jagen und im großen Stil Entennester zu plündern. Vielleicht kann sich die Art mit der Zeit an ein Leben anpassen, wie es der Grizzlybär, von dem sie ja eigentlich abstammt, führt?

Ein anderes Beispiel für fehlerhafte Klimarhetorik ist die Behauptung, dass der durch Brandrodungen bedrohte Regenwald am Amazonas die Lunge der Welt sei und dass 20 Prozent unseres Sauerstoffs von dort stammten. Diese Aussage wurde glücklicherweise schnell korrigiert, der Schaden war aber bereits entstanden, denn die Aufmerksamkeit galt damit plötzlich nicht mehr den besorgniserregenden Entwicklungen (Artenschwund, Eisschmelze und Abholzung), um die es ja eigentlich ging.

Im Spätherbst 2019 kursierten dann noch die Bilder von den »ausgetrockneten« Victoria Falls. Der Wasserstand war tatsächlich sehr niedrig, aber das ist in der Trockenzeit keine Seltenheit.[100] Wenn alles das Etikett »Klimawandel« bekommt, unterminiert man damit die Glaubwürdigkeit der Klimaaktivist:innen und schaufelt erneut Wasser auf die Mühlen der Klimaskeptiker:innen.

---

100 »Victoria falls has not dried up«. Getaway, 9. Dezember 2019

Kipppunkte II

Seit mehr als 25 Jahren berechnet der IPCC den möglichen Rahmen der zu erwartenden globalen Erwärmung. Angegeben wird eine Spanne zwischen 1,5 und 4,6 Grad. In 80 Jahren wird die Erde sich aller Wahrscheinlichkeit nach irgendwo in diesem Bereich befinden. Innerhalb davon wird die Wahrscheinlichkeit, dass die Erwärmung 4 Grad übersteigt, mit 25 Prozent angegeben. Man hat auch versucht, die enorme Spannweite durch andere Methoden einzuengen, und ist dabei für das Jahr 2100 bei Annahme einer Verdopplung des CO_2-Gehalts der Atmosphäre auf eine Temperaturerhöhung um 2,2 bis 3,4 Grad gekommen.[101]

In diesem Zusammenhang möchte ich noch einmal darauf hinweisen, dass wir uns auf unsicherem Terrain bewegen. Andere haben kritisiert, dass diese letzte Studie zu wenig Rücksicht auf die Kipppunkte der Natur genommen hat. Geht man trotzdem von 3 bis 4 Grad als reeller Möglichkeit aus, wird dies mit hoher Wahrscheinlichkeit eine Reihe von Rückkopplungsmechanismen in regionalen Klimasystemen auslösen.[102] Ein Artikel, der im Herbst 2022 im Magazin *Science* erschien, handelt von einer Reihe solcher potenzieller Kipppunkte in Klima- und Natursystemen. Es wurden darin die wahrscheinlichen Temperaturgrenzen für neun Kipppunkte eingeschätzt, darunter auch für das System des Regenwalds am Amazonas. Basierend auf den natürlich relativ unsicheren Einschätzungen wird der Amazonas-Regenwald der Klimaänderung standhalten, bis die Temperaturerhöhung 2 Grad übersteigt. Danach besteht ein hohes Risiko, dass sich Teile des Regenwaldes in eine Savanne verwandeln, was bedeutet, dass der im Wald gebundene Kohlenstoff als CO_2 in die Atmosphäre

---

101 Cox et al. (2018)

102 Lenton et al. (2019)

entweicht. Außerdem würde dies zu einem unersetzlichen Verlust an biologischer Vielfalt und dem Lebensraum einiger Urvölker führen.

Da die Veränderungen im Norden der Erde am größten sind, erwarten wir die deutlichsten Veränderungen in der Kryosphäre, d. h. den bisher gefrorenen Erdregionen mit Gletschern und Permafrost.[103] Das Auftauen des Permafrostes ist ein weiterer potenzieller Kipppunkt, durch den die globale Erwärmung verstärkt werden kann. Auch das Grönlandeis kann in einen irreversiblen Abtauprozess übergehen, wenn die Temperaturerhöhung 1,5 Grad übersteigt, und sollte es vollständig verschwinden (was Hunderte von Jahren dauern würde), wird das Meeresniveau um 6 bis 7 Meter ansteigen. Etwas überraschend könnte auch das Eis in der West-Antarktis infolge desselben Kipppunktes abtauen, weil das Meer immer wärmer wird. Sollte der Eispanzer der gesamten Antarktis abtauen, wird der Meeresspiegel um ganze 21 Meter ansteigen. Dieses Worst-Case-Szenario ist zum Glück auf absehbare Zeit ziemlich unwahrscheinlich. Die schnellen Eisverluste in der West-Antarktis könnten aber einen Dominoeffekt auslösen, durch den große Teile des West-Eises ins Meer gleiten, was allein bereits zu einer Erhöhung des Meeresspiegels um 3 Meter führen würde.

Bei uns im Norden von Europa ist eine Abschwächung des Golfstroms das größte Risiko. Zum Glück deutet im Moment aber noch wenig darauf hin, dass es in nächster Zeit so weit kommen wird.

Große Teile der am dichtesten bevölkerten Regionen Asiens können Probleme durch den ansteigenden Meeresspiegel in Verbindung mit heftigen Stürmen, Trockenheit und Überschwemmungen bekommen. Außerdem wird das Trinkwasser knapp werden, da die großen Flüsse durch das Abtauen der Gletscher im Himalaja trockenfallen. Bis

---

103 IPCC (2019a)

dahin werden Überschwemmungen, Dürren, Waldbrände und extreme Hitzewellen schon längst einige der am dichtesten bevölkerten Regionen der Erde unbewohnbar gemacht haben. Auch Nahrungsmittelproduktion und Trinkwassergewinnung werden dramatisch einbrechen. Alle bisher bekannten Migrationswellen werden im Vergleich zu dem, was wir erwarten müssen, wie Bagatellen wirken, sollte dieses Szenario eintreten. Schon 1 oder 2 Grad Temperaturanstieg würde weltweiten Einfluss haben. Werden es 3 oder gar 4 Grad, werden alle Änderungen deutlich dramatischer ausfallen und sowohl die Natur als auch unsere menschliche Gesellschaft auf katastrophale Weise beeinflussen.

Um ehrlich zu sein, haben wir weder die Fantasie noch das Wissen, um ein realistisches Bild einer 4 Grad wärmeren Welt zu zeichnen, wir können aber hoffen, dass es für den Menschen noch bewohnbare Bereiche gibt. Auch die Natur wird reagieren, und vermutlich werden ein paar Arten sogar von den neuen Bedingungen profitieren.

Im Vergleich zu den finsteren Dystopien macht es aber einen großen Unterschied, ob man erwartet, dass sowohl wir als auch eine ganze Reihe von Arten überleben können. Auch das sollte einem, meiner Meinung nach, die Kraft geben, jeden Morgen aufzustehen. Es liegt in unserer Hand, zu verhindern, dass wir es mit einer noch düstereren Terra incognita zu tun bekommen. Dieser Kampf muss gekämpft werden, auch wenn er Opfer erfordert. Es ist deshalb keine gute Strategie, darauf zu beharren, dass 4 Grad ja ziemlich unwahrscheinlich sind. Trösten wir uns damit, dass 2 oder 3 Grad realistischer sind und vermindern deshalb unsere Bemühungen für das Klima, wird es nämlich umso schwieriger, das Schlimmste zu verhindern.

Die wahrscheinliche Temperaturspanne von 2 bis 3 Grad Erwärmung basiert auf dem Vertrauen in unsere kollektive, weitsichtige Rationalität sowie auf dem verbreiteten Glauben, dass Technologie und menschlicher

Erfindungsreichtum den neuen Herausforderungen gewachsen sind. Der Ernst der Lage ist uns mittlerweile bewusst, und zweifellos trägt auch das dazu bei, dass Veränderungen möglich werden. Trotzdem bleibt es fraglich, ob wir uns mithilfe der Technologie aus der Klimakrise retten können.

Wie bei der Artenvielfalt gibt es auch bei der zukünftigen Entwicklung des Klimas einige Gewissheiten, während andere Punkte weniger sicher sind. Aber beides unterstreicht den Ernst der Lage. Wir wissen, welche Mengen an Treibhausgasen in die Atmosphäre entweichen, wir kennen die Konzentration dieser Gase mit exakter Genauigkeit und können ihr Erwärmungspotenzial mithilfe von physikalischen Gesetzen berechnen, die unumstößlich sind. Des Weiteren kennen wir in groben Zügen die natürlichen Prozesse in den verschiedenen Ökosystemen der Welt und wissen, wie viel Treibhausgase dort freigesetzt oder aufgenommen werden.

Trotz all der Zahlen und Berechnungen variieren die Ergebnisse und die Erwartungen für das Jahr 2100 zwischen 1,5 und 4 Grad Erwärmung. Es hat sich als schwierig erwiesen, die Temperaturzunahme genauer zu berechnen. Dafür gibt es zwei Hauptgründe: Erstens wissen wir nicht, wie der Mensch und die Gesellschaft reagieren, wenn der Klimawandel sich beschleunigt. Dieser Punkt kann die Ökosysteme und die damit verbundenen natürlichen Prozesse massiv beeinflussen. Steuern wir auf globale Abkommen zu, um die Emissionen zu begrenzen und technologische Lösungen voranzutreiben, um einen möglichst schmerzfreien Übergang zu einer grüneren Welt zu schaffen? Oder wird eine Welt, die weiterhin die Wirklichkeit leugnet und sich zunehmend von Egoismus, Gier, schlechten Anführer:innen, Stammesdenken und kriegerischen Konflikten leiten lässt, je leerer unser Fressnapf wird, auf eine Bruchlandung zusteuern, in der die Menschheit auf das Startfeld zurückgesetzt wird?

Der zweite Grund für die Schwankungsbreite der Prognosen hat mit der Unsicherheit darüber zu tun, wie die Natur selbst reagieren wird. Werden die Ökosysteme zu Land und im Wasser weiterhin die Hälfte unserer Emissionen aufnehmen, oder beginnen sie womöglich selbst, Kohlenstoff freizusetzen?

James Lovelock postulierte als einer der Ersten, dass die Erde eine Reihe von selbstregulierenden Mechanismen habe, die dazu beitrügen, das Klima zu stabilisieren. Er präsentierte dies als seine Gaia-Hypothese.[104] Ursprünglich war auch er der Meinung, dass es unmöglich sei, das Klima auf der Erde zu beeinflussen, doch mit der Zeit erkannte er, dass auch die Selbstregulierung Grenzen hat und wir im Begriff sind, diese zu überschreiten und damit eine Kette von Rückkopplungsmechanismen auszulösen, die das Klima dann immer schneller verändern.[105]

Sein bekanntestes Beispiel ist der Effekt des Abschmelzens der Eiskappen. Weniger Eis und Schnee führen zu einer zunehmenden Absorbierung von Wärme an Land und in den Meeren. Dadurch wird es wärmer, und diese Zunahme der Temperatur beschleunigt ihrerseits das Abschmelzen. Ein anderer sich selbst verstärkender Mechanismus ist das Auftauen des Permafrosts mit der damit verbundenen Freisetzung von Methan und Kohlenstoff im Boden der Tundra. Ein dritter ist die Versauerung der Meere als Folge erhöhter CO_2-Konzentrationen. Saurere Meere bewirken ein geringeres Wachstum von wichtigen Planktonalgen wie Kalkflagellaten. Dies führt dazu, dass weniger CO_2 durch Fotosynthese aufgenommen wird. Das dadurch verminderte Nahrungsangebot im unteren Bereich der Nahrungskette setzt sich nach oben fort. Gerne können wir dieser Liste auch die Waldbrände hinzufügen.

---

104 Lovelock, J. E. (1982): Unsere Erde wird überleben: GAIA – Eine optimistische Ökologie. Piper

105 Lovelock, J. E. (2007): Gaias Rache. Warum die Erde sich wehrt. List Verlag

Sie sind ein natürlicher Prozess, der durchaus positive Effekte hat, da in der Vegetation gebundene Nährstoffe freigesetzt werden. Die Brände setzen natürlich auch viel CO_2 frei, auf lange Sicht ist das aber ein Nullsummenspiel, da die Fotosynthese das freigesetzte CO_2 mit dem Nachwachsen des Waldes wieder bindet. Umfassende Brände wie in Australien, Brasilien und Kalifornien können trotzdem sich selbst verstärkende Rückkopplungen in Gang setzen, weil es lange Zeit dauert, bis der Wald wieder wächst, und er in vielen Gebieten eben nicht wiederkommt. Das Heranwachsen von Wäldern ist ein langsamer Prozess. Mitunter dauert es 100 Jahre, bis der Ausgangszustand wiederhergestellt ist. In der Zwischenzeit trägt das CO_2 zu mehr Erwärmung und Trockenheit bei, was wiederum zu neuen Waldbränden führt. Langfristig wird so immer weniger richtiger Wald nachwachsen.

James Lovelock ging davon aus, dass unser Point of no return bei einer CO_2-Konzentration von 550 ppm in der Atmosphäre liegt. Wir sind heute bei 420 ppm, und ohne drastische, ja fast mirakulöse Änderungen werden wir Lovelocks geschätzten Grenzwert in wenigen Jahrzehnten überschritten haben. Weder er noch andere können mit Sicherheit sagen, dass es wirklich einen Kipppunkt für die Welt als Ganzes gibt, das immer höhere Risiko für gefährliche Rückkopplungen ist aber einer der Gründe für das viel diskutierte »2-Grad-Ziel«. Eigentlich wäre es besser, von der 2-Grad-Grenze zu sprechen, denn vermutet wird, dass viele der Kipppunkte erst nach Überschreiten dieser Grenze erreicht werden.

Als der IPCC 2019 seinen bereits erwähnten Sonderbericht veröffentlichte, in dem die unterschiedlichen Auswirkungen einer Erwärmung um 1,5 und 2 Grad beschrieben werden, war das für viele eine schockierende Lektüre. Wie kann ein halbes Grad einen solchen Unterschied mit Blick auf Hitzewellen, Verwüstungen, Eisdecke und Korallenriffe ausmachen? Bei 2 Grad Erwärmung scheint es um das Great Barrier Reef und die anderen Vorkommen von Warmwasserkorallen geschehen zu sein. In einer Folgestudie wurde dieser Punkt noch untermauert: »Während wir früher dachten, eine durchschnittliche Temperaturerhöhung um 2 Grad gegenüber der vorindustriellen Zeit wäre noch händelbar, erkennen wir jetzt immer mehr, dass bereits ein solcher Temperaturanstieg sowohl für die Ökosysteme als auch den Menschen kaum mehr zu meistern und sehr gefährlich sein wird.«[106]

Der Kern des Problems ist, dass der Temperaturanstieg als solcher einen eskalierenden Effekt hat. Die Auswirkungen von 0,5 bis 1 Grad Erwärmung sind geringer als die von 1 bis 1,5 Grad und diese wieder geringer als von 1,5 zu 2 Grad. Auch dadurch steigt die Wahrscheinlichkeit, zwischendurch einen Kipppunkt zu erreichen. Der Bericht weist darauf hin, dass viele Ökosysteme, darunter die Korallenriffe, gesund und vital sein können, bis sie an eine Grenze stoßen, wo die Effekte plötzlich greifen und sie dramatisch schnell absterben. Viele physiologische Reaktionen bei Pflanzen und Tieren überschlagen sich förmlich, wenn erst eine bestimmte Grenze überschritten ist.

Es gibt sowohl theoretische wie auch empirische Belege für lokale und regionale Kipppunkte in verschiedenen Ökosystemen.[107] 2018 publizierte Will Steffen gemeinsam mit seinen Kolleg:innen am Stockholm Resilience Center eine Analyse, in der die Wahrscheinlichkeiten der gefährlichsten dieser Rückkopplungen untersucht wurden.[108] Bei ihm ist das Horrorszenario der globale Übergang in ein Hothouse Earth mit 5 Grad wärmeren Temperaturen als heute, kombiniert mit einem 10 bis 60 Meter höheren Meeresspiegel, abhängig davon, wie weit man in die Zukunft blickt.

---

106 Hoegh-Guldberg et al. (2019)

107 Lenton (2011). Barnosky et al. (2012). Lenton u. Hywel (2013)

108 Steffen et al. (2018)

Wie viel Leid und welche Extreme mit diesen 5 Grad verbunden sind, wage ich mir kaum auszumalen. Die drei ersten Kipppunkte können bereits zwischen 1 und 3 Grad Erwärmung erreicht sein. Es handelt sich dabei um das Abtauen der Eisflächen in Grönland sowie der Gletscher in den Alpen und vermutlich auch in Alaska und im Himalaja, sowie das Fehlen des Sommereises in der Arktis und das endgültige Absterben der Korallenriffe. Das Eis in der Arktis und die Korallenriffe haben vielleicht nur noch wenige Jahrzehnte.

Das nächste Niveau erreichen wir zwischen 3 und 5 Grad Erwärmung. Steffen rechnet mit Geschehnissen, die die großen Meeresströmungen beeinflussen, den Monsun und El Niño, sowie die Jetstreams in der Atmosphäre. Der Amazonas-Regenwald wird verloren gehen, während die Sahelzone vielleicht etwas grüner wird. Durch diese Geschehnisse werden sich die klimatischen Systeme auf der Erde deutlich verändern. Steigt die Temperatur um mehr als 5 Grad, wird auch das Eis der Antarktis abschmelzen, der Permafrost wird komplett auftauen und dann auch das Wintereis in der Arktis.

Die Erde wird dann unter einer Hitzeglocke stecken, die möglicherweise Zehntausende von Jahren anhält. Da unsere Emissionen in einer solchen Zukunft gegen null gehen werden, wird das CO_2 durch natürliche Prozesse langsam wieder aus der Atmosphäre aufgenommen. Dies wird von der verbliebenen Fotosynthesekapazität des Planeten abhängen, über die wir für eine derart ferne Zukunft natürlich nichts sagen können. Wie es dann um die Artenvielfalt auf der Erde bestellt sein wird, ist ebenso ungewiss wie die Zukunft von uns Menschen. Wir können lediglich festhalten, dass der Planet dank uns ungemein ärmer sein wird. Die Dystopie von »einer Million verlorenen Arten« wird dann mit Sicherheit zur Realität werden, dies auch deshalb, weil gerade die artenreichsten Regionen am stärksten von den Veränderungen betroffen sein werden.

Dies ist aber nur der Anfang, wenn man – ohne Klimahysteriker:in zu sein – beschreiben will, wie die Welt aussehen kann, wenn es wirklich schlimm kommt. Das Wort »kann« spielt hier wieder eine entscheidende Rolle. Halten wir fest, dass eine Sauna als Erde ziemlich unwahrscheinlich, aber ganz und gar nicht unmöglich ist. Der Intellekt des Menschen hat uns unabsichtlich in Schwierigkeiten gebracht, und es ist der Intellekt des Menschen, der uns aus diesen Schwierigkeiten wieder herausholen muss. Aber was genau heißt das?

5
ZAUBERER UND PROPHETEN

Ökonomie versus Ökologie

Während die Welt im Herbst 2019 von massiven klimatischen Ereignissen geprägt war, die für alle Sektoren der Gesellschaft so etwas wie ein Weckruf waren, las ich eines von vielen Interviews eines Finanzanalytikers. Es trug die Überschrift: »Das Risiko, dass alles in sich zusammenbricht, ist ziemlich hoch.«[109] Es war aber nicht die Umwelt, über die er gesprochen hat, sondern der Aktienmarkt. »Ein noch geringeres Wirtschaftswachstum verträgt die Welt nicht«, schlussfolgerte er. Ich will damit nicht andeuten, dass ihm Umwelt und Klima egal sind, aber diese Aussage illustriert die unterschiedlichen Weltanschauungen mit ihren gegensätzlichen Sorgen.

Die Angst um Arbeitsplätze, Einkommen und Aktienmärkte stehen denen um Umwelt, Natur und Erwärmung gegenüber. Kurz gesagt treffen Wirtschaft und Ökologie frontal aufeinander – außer es gibt irgendwo einen magischen Weg, der um dieses anscheinend unlösbare Problem herumführt. Auch mit einer wirtschaftsfreundlichen Brille muss man ja sehen, dass einem auf lange Sicht nicht damit gedient ist, den Fokus immer nur auf heutige Arbeitsplätze und das Wohlergehen der Aktionäre zu richten. Das Problem ist vermutlich, dass das Kurzfristige das Langfristige immer aussticht. Selbst in einer Situation, in der höhere Produktion und schnellerer Umsatz von materiellen Gütern das Letzte ist, was wir brauchen, setzt die Wirtschaft noch auf Wachstum, damit die Räder sich weiterhin drehen.

---

109 »Sjefstrateg Peter Hermanrud: Det er høy risiko for at dette går galt«. Dagens Næringsliv, 20. September 2019

Erinnern wir uns an die Finanzkrise 2008. Aus Angst vor Rezession und steigender Arbeitslosigkeit forderte uns die damalige norwegische Finanzministerin Kristin Halvorsen auf »mal richtig ausgiebig shoppen zu gehen, um die norwegische Wirtschaft zu retten«.[110] Dabei gehörte sie zu der Spitze einer Partei, in deren Programm zur gleichen Zeit festgehalten wurde, dass der private Verbrauch aus Rücksicht auf die Umwelt sinken müsse. Das Problem war natürlich, dass auch eine umweltbewusste Politikerin wie Halvorsen im Werkzeugkasten des Finanzministeriums kein anderes Mittel finden konnte, als den Konsum anzukurbeln.

Einige hassen Phänomene wie den Black Friday, andere lieben sie. Manche sind der Meinung, dass vermehrter Handel, Wachstum und technologische Entwicklung die Antwort auf alle großen Herausforderungen unserer Zeit sind, während wieder andere sie als Ursache genau dieser Herausforderungen erachten. Der amerikanische Journalist Charles C. Mann stellt den Gegensatz zwischen diesen beiden Perspektiven sehr treffend in seinem Buch *The Wizard and The Prophet* dar[111], indem er die Biografien von William Vogt und Norman Borlaug miteinander verknüpft. Vogt wurde 1902 geboren, Borlaug 1914. Sie waren die führenden Repräsentanten widerstrebender Weltanschauungen, die mit der Zeit immer aktueller geworden sind. Vogt, von dem die wenigsten gehört haben, war Vorreiter einer wachstums- und konsumkritischen Strömung. Wir finden sie im traditionellen Naturschutz, und sie ist auch Teil der neomalthusianischen Bewegung, deren Bibeln *Die Grenzen des Wachstums* des *Club of Rome*[112] und Paul Ehrlichs *Die Bevölkerungsbombe*[113] sind.

---

110 »Kristin Halvorsen advarer mot shoppe-stopp«. VG, 25. Januar 2008

111 Der Zauberer und der Prophet; Mann (2018)

112 Meadows et al. (1972): Die Grenzen des Wachstums. DVA

113 Ehrlich (1972): Die Bevölkerungsbombe. Hanser

Vogt war der geistige Vater des Philosophen Arne Næss, der »ein reiches Leben mit einfachen Mitteln« propagiert und damit den ideologischen Hintergrund für die Bewegung *Fremtiden i våre hender*[114] bereitet hat.

Diametral entgegengesetzt zu dieser Richtung stehen Norman Borlaug und seine geistigen Nachfolger:innen. Borlaug ist den meisten als der Mann hinter der grünen Revolution bekannt, durch die die Landwirtschaft auf beinahe wundersame Weise effektiviert und zusätzliche Nahrung für Millionen von Menschen geschaffen wurde. Er trug so zum Bevölkerungswachstum bei. Borlaug hat mit seinem Wirken zu Lebzeiten keine große Bewegung ins Leben gerufen, er steht aber für den Technologie-Optimismus, der damals auch seine Berechtigung hatte. Heute ist das Bild differenzierter, aber man kann durchaus sagen, dass man in der optimistischsten Zeit davon ausgegangen ist, dass die menschliche Gemeinschaft in der Lage sein würde, aus jedem sich stellenden Problem herauszuwachsen.

Sowohl für Vogt als auch für Borlaug begann alles in der Problemregion Mexico City, die Ende des Zweiten Weltkriegs sowohl gesellschaftlich als auch landschaftlich heruntergewirtschaftet war. Vor der Eroberung durch die Spanier lagen die beiden Städte Chapingo und Mexico auf den jeweiligen Seiten eines großen Sees. Auf den Inseln und an den Ufern war fruchtbares Land, und im Wasser wimmelte es von Fischen. Kurz gesagt herrschten damals noch gute Zeiten. Mit der wachsenden Bevölkerung wurde der See zunehmend trockengelegt, und die Ländereien trockneten aus und verödeten. Dieser traurige Anblick bot sich sowohl Vogt als auch Borlaug, die sich 1946 beide vor Ort aufhielten. Während der eine sich in der Dummheit der Menschen bestätigt sah, erkannte der andere große Möglichkeiten. Vogt war der Ansicht, der

114 Die Zukunft in unseren Händen

Mensch müsse sich zurückziehen und die Wasserläufe und Feuchtgebiete renaturieren, während Borlaug Visionen entwickelte, wie das Land durch Ingenieurtechnologie und veredelte Pflanzen zu retten war. Die Geschichte symbolisiert sowohl die Herausforderungen, vor der die Welt heute steht, als auch die alternativen Lösungsansätze, die um unsere Aufmerksamkeit konkurrieren.

Die beiden Männer haben sich persönlich nie getroffen, auf jeden Fall nicht von Angesicht zu Angesicht. Sie haben sich aber gegenseitig ständig als Beispiel für eine falsche Sichtweise dargestellt. In Vogts Augen waren Borlaug und seine Jünger auf Abwegen. Er meinte, sie hätten sich selbst und die Gesellschaft mit ihrem grenzenlosen Optimismus und ihrer Wissenschaftsgläubigkeit irregeführt. Borlaug hingegen bezeichnete Vogt und die Seinen als schwärmerische Umweltfantasten und Ludditen.

Diese Bezeichnung hängt den Techno-Pessimist:innen und Fortschrittsgegner:innen noch heute an. Eigentlich bezeichnete der Begriff eine soziale Bewegung, angeführt von Ned Ludd, der gegen die Einführung neuer Maschinen in der Textilindustrie Großbritanniens Anfang des 19. Jahrhunderts kämpfte. Die Aktionen der Ludditen waren damals blutiger Ernst und endeten für viele Anhänger:innen der Bewegung ebenso blutig. Für die *wizards*, die Zauberer, wie Mann die Nachfolger:innen Borlaugs genannt hat, hatte die rückständige Sichtweise der Ludditen fast etwas Komisches: Sie glaubten wirklich durch die Zerstörung der Maschinen den Fortschritt aufhalten zu können.

Die Anhänger:innen von Vogt (Mann prägte für sie den Begriff »Propheten«) waren dabei streng genommen gar keine Technologie- oder Fortschrittsgegner. Ihr Argument lautete lediglich, dass der Fortschritt sich der Tragfähigkeit der Natur unterordnen müsse. Die Borlaugianer waren ihrerseits keine Naturgegner, wohl aber der Ansicht, dass man diese nutzen und beherrschen müsse.

Die Anhänger:innen von Vogt und Borlaug unterscheiden sich insbesondere durch die Werte, nach denen sie leben. Die Zauberer richten alles an ihren Zielen und Möglichkeiten aus, sie wollen weiter, weiter, weiter. Für die Propheten hingegen sind der Wert des Lebens, der Natur und der Moral entscheidend.

Kann man heute sagen, dass eine der beiden Seiten recht hat und die andere sich irrt? Die Zauberer haben die Welt ein gutes Stück nach vorn gebracht, das steht außer Frage. Und gleichzeitig haben die Multiplikatoreffekte – also die zunehmende Bevölkerung mal den zunehmenden Verbrauch von jedem von uns – dafür gesorgt, dass wir nun am Rand des Abgrunds stehen. Heißt das, dass die Malthusianer und Propheten tatsächlich die ganze Zeit recht hatten, und ein Rückzug an allen Fronten nötig ist, um unser Überleben zu sichern, oder gibt es eventuell einen dritten Weg? Ist Wachstum ohne Umweltbelastung möglich?

Der Traum von der Entkopplung

Wie bei allen schwierigen Fragen gibt es auch auf diese keine klare Antwort. Nur wenige Dinge illustrieren das Problem besser als die Diskussionen um die Windkraft. Endlich ist eine CO_2-freie Alternative für die Stromproduktion gegeben, doch diese erfordert sowohl physische als auch visuelle Eingriffe in die Landschaft. Man kann aber nicht gegen alles sein – und irgendwo muss die Energie ja herkommen. Etwa so habe ich lange selbst gedacht.

So einfach ist es aber nicht, denn es sind große kommerzielle Unternehmen an der Entwicklung beteiligt, die massive Eingriffe in die Natur vornehmen, und das alles unter der Prämisse, dass unser Energiebedarf weiter ansteigt. Aber muss sich wirklich alles dieser Prämisse unterordnen? Und zu welchem Teil ist dieser Ausbau in

Wirklichkeit nicht ökologisch, sondern in erster Linie kommerziell motiviert?

Wie bereits erwähnt, kennen wir diesen Wertekampf aus den Auseinandersetzungen um den Ausbau der Wasserkraft in Norwegen. Auch wenn die Projektverantwortlichen in den 1970er-Jahren (z. B. im Falle des Alta-Kraftwerks) noch nicht mit dem Klima argumentieren konnten, war der Streit um den Schutz der Umwelt derselbe. Die gewaltigen Staudämme, die heute viele Regionen der Welt prägen, erzeugen grünen Strom, naturverträglich sind sie aber definitiv nicht.

Zwei Drittel der globalen Klimaemissionen hängen mit der Gewinnung von Energie zusammen. Vor 2 Jahren haben die Internationale Energieagentur (IEA) und die International Renewable Energy Agency (IRENA) einen gemeinsamen Bericht veröffentlicht, der die Energiewende beschreibt, die wir brauchen, um das Pariser Abkommen einzuhalten und die Erwärmung unter 2 Grad zu halten. Die Botschaft ist klar: Wir brauchen eine effektivere Nutzung der Energie, nicht mehr Energie!

Norwegen hat bereits heute einen Energieüberschuss, und es gibt keine Garantie, dass die Energie aus den Windparks tatsächlich die Kohleenergie auf dem europäischen Festland ersetzen wird, wie es zu hoffen wäre. Der neue grüne Strom wird möglicherweise stattdessen genutzt, um die steigende Nachfrage zu decken. Diese ist dank der noch immer relativ niedrigen Energiepreise hoch, welche den Raubbau an der Natur in keiner Weise widerspiegeln. Im schlimmsten Fall werden die neuen Windparks und Wasserkraftprojekte ein Ruhekissen, damit wir weiterhin guten Gewissens Energie vergeuden können. Die Diskussion illustriert, wie schwierig die Wachstumsprämisse geworden ist. Eine Loslösung der Energiegewinnung von der Umwelt, d. h. eine Energiegewinnung ohne Umweltbelastung, ist – auf jeden Fall derzeit – eine Illusion. Mehr Energie – auch die grüne, erneuerbare – geht häufig auf Kosten der verbliebenen Natur. Nur Offshore-Windparks scheinen einigermaßen konfliktfrei zu sein, sieht man einmal von den möglichen Problemen für den Vogelzug ab. Diese Anlagen sind aber teuer, und es ist fraglich, ob sie sich jemals amortisieren. Im Vergleich zu konventioneller Energie leiden sie an mangelnder Rentabilität. An diesem Punkt findet sich aber eine mögliche Stellschraube: Man muss die CO_2-Abgaben erhöhen und die zusätzlichen Einnahmen auf die grüne Technologie verteilen! In einer Welt, die auf den Gesetzen des Marktes beruht, müssen zunehmend sowohl ökonomische als auch rechtliche Wirkmittel genutzt werden, wollen wir die Emissionen auf ein verträgliches Niveau drücken, ohne die natürliche Vielfalt weiter einzuschränken.

Eine der (wenigen) guten Nachrichten der Klimakonferenz in Madrid im Dezember 2019 war, dass sich die EU-Länder bis 2050 zur CO_2-Neutralität verpflichtet haben. CO_2-freie Energie bis 2050 ist wirklich kein triviales Ziel. Soll die Entkopplung von Wachstum und Umweltbelastung gelingen, muss das Wachstum in jeglicher Hinsicht nachhaltig sein, und das ist im Moment noch in sehr weiter Ferne. Wir müssen nicht nur die Treibhausgasemissionen stoppen, sondern auch das Artensterben und das Schrumpfen der Bestände. Wir müssen die Meeresversauerung umkehren, kein Gift mehr in die Umwelt blasen, die Übernutzung beenden und auf Stickstoff- und Phosphordüngung weitestgehend verzichten. Und um einer nachhaltigen Zukunft näher zu kommen, müssen wir eine Kreislaufwirtschaft etablieren, bei der alle nicht erneuerbaren Mineralien und anderen Ressourcen vollumfänglich recycelt werden. Wir reden darüber seit bereits 20 Jahren, ohne großartig weitergekommen zu sein. Das Wachstum der Weltbevölkerung sollte allerdings tatsächlich bald ein Ende erreichen, und auch an dieses Problem haben wir uns lange nicht herangewagt.

Auch wenn keine Energieversorgung ohne Umweltkosten möglich ist, gibt es dabei natürlich gewaltige Unterschiede. Solarzellen und Wind sind besser als Gas, das wiederum besser als Öl ist. An letzter Stelle rangiert die Kohle. Intelligente Technologie hilft uns. Gleichzeitig muss der Verbrauch sinken. Auf jeden Fall müssen wir ihn ganz anders gestalten, als wir es heute tun.

Damit sind wir wieder bei dem Bericht des Weltbiodiversitätsrates (IPBES). Die Schlussfolgerung dieses Berichts ergreift eindeutig Partei für die Seite der Propheten und damit für die des klassischen Naturschutzes. Der Ansatz, dass wir unseren Verbrauch einschränken müssen, hat deutlich weniger Sex-Appeal als die aufkommende technologieorientierte Umweltbewegung, die sich nur auf CO_2 und Klima fokussiert. Doch auch dies scheint sich mittlerweile zu ändern. Jostein Henriksen schreibt in einer gut formulierten Kritik der »Neu-Grünen«, wie die Zauberer hin und wieder bezeichnet werden:

Während die traditionelle Naturschutzbewegung ignoriert und marginalisiert und als ineffektiv abgeschrieben wurde, werden diese »Neuen« nun sowohl von Politikern als auch Wirtschaftsvertretern hofiert. Und diese nutzen ihren neu erworbenen Einfluss nun als Beweis dafür, dass sich Wirtschafts- und Umweltinteressen einander annähern. In Wahrheit nähert sich aber die Umweltbewegung den Wirtschaftsinteressen an.[115]

Ein paar Monate nach der Veröffentlichung des IPBES-Berichts und der Pressemitteilung, in dem die Standpunkte klar zum Ausdruck kamen, erschien der Bericht *Decoupling Debunked*, mit dem Untertitel »Evidence and arguments against green growth as a sole strategy for sustainability«. Wichtig ist in diesem Zusammenhang

115 »›Grønn vekst‹ er umulig«. Morgenbladet, 16. Mai 2019

das Wort »sole«. Es geht also nicht darum, Technologie als wichtigen Teil einer möglichen Lösung abzulehnen. Betont werden soll nur, dass dies nicht der einzige Lösungsansatz sein darf. Entscheidend ist, dass der im Auftrag des European Environmental Bureau erstellte Bericht zu derselben Schlussfolgerung kommt wie der Weltrat für Biologische Vielfalt (IPBES):

Ein sogenanntes grünes Wachstum, bei dem die CO2-Emissionen, der Verlust der Artenvielfalt, der Druck auf Wasserressourcen und andere Ressourcen sowie die kritischen Umweltbelastungen bei gleichzeitigem Wirtschaftswachstum auf ein nachhaltiges Niveau gesenkt werden, ist nicht durchführbar. Die reichen Länder werden daher aufgefordert, Suffizienzstrategien umzusetzen, die ein »Gesundschrumpfen« auf der Produktions- und Konsumseite bewirken.[116]

Die Schlussfolgerung des Berichts basiert auf 600 Studien, in denen die Kopplung von Wachstum und Umweltbelastungen untersucht wurden. Man könnte nun sicher einwenden, dass man mit einem »alt-grünen« Auftraggeber wie dem European Environmental Bureau zu einer solchen Schlussfolgerung kommen musste. Die Grundlage für die Analyse ist aber wirklich solide.

Auch wenn Biotreibstoff, CO_2-Speicherung, Wasserstoff und Solarzellen lange nicht die Kapazitäten aufweisen, die wir bräuchten, heißt es vonseiten der Zauberer, dass die Technologien nur erst aus den Kinderschuhen herauswachsen müssen, danach sei die Entkopplung schon möglich. Nun ist es sicher nicht ganz unwahrscheinlich, dass wir in 50 Jahren über CO_2-freie Energie verfügen. Sich aber zurückzulehnen und darauf auszuruhen, ohne selbst Einsatz zu zeigen, erinnert an die Position einiger christlich-konservativer Kreise in den USA. Sie stehen

---

116 European Environmental Bureau (2019)

in Klimafragen auf der Seite der Kohleindustrie, und das nicht nur aus wirtschaftlichen Gründen, sondern weil sie überzeugt sind, dass Gott es schon richten wird, sollten die Zauberer es nicht schaffen. Ja, und sollte Gott andere Pläne haben, dann sei das eben sein Urteil über die sündige Gesellschaft …

Natürlich ist es nicht so, dass die Propheten gut und die Zauberer schlecht sind, oder umgekehrt. Es gibt einige grundlegende Unterschiede, sicher auch was die Persönlichkeit der Menschen angeht, die sich auf der einen oder der anderen Seite wohler fühlen. Das eigentliche Problem ist aber, dass wir in einer Wirtschaft feststecken, die weiteres Wachstum voraussetzt. Ohne Wachstum bricht das System, von dem wir abhängig sind, zusammen. Die Konsequenz wären höhere Arbeitslosigkeit, reduzierte Kaufkraft, geringere Steuereinnahmen und so weiter. In reichen Ländern wie Norwegen ist mehr Kaufkraft schon gar nicht mehr das Ziel, eigentlich geht es hier nur noch darum, das System am Laufen zu halten. Bricht es in sich zusammen, steigen nämlich ganz sicher die menschlichen und gesellschaftlichen Kosten.

Auch eine Reihe von psychologischen Mechanismen machen es einem schwer, das Wachstum aufzugeben. Jostein Henriksen schreibt in seiner Chronik:

Endlich konnte man das moralische Genörgel um einen geringeren Verbrauch und niedrigeren Lebensstandard beenden und stattdessen über die Zukunft reden: Solarzellen, Kohlenstoffspeicher und Elektroautos. Das war der Allgemeinheit wieder zu verkaufen. Jemanden dazu zu bringen, nicht mehr Auto zu fahren, ist nahezu unmöglich, aber wer fährt nicht gerne einen Tesla?[117]

117 »›Gronn vekst‹ er umulig«. Morgenbladet, 16. Mai 2019

Aber ist es wirklich realistisch, dass die Konzerne, die Konsumgüter herstellen – mit China an der Spitze – ein genuines grünes Wachstum erreichen? Oder klammern wir uns an diesen Wunschtraum, weil wir so gestrickt und wenigstens zum Teil davon abhängig sind, solange unsere Wirtschaft so funktioniert, wie sie es tut?

Es ist eine weitverbreitete Auffassung, dass China den Kurs korrigiert hat und nicht mehr auf extrem steigenden Kohleverbrauch mit den damit verbundenen Emissionen, sondern auf einen immer grüneren Energiesektor setzt. Leider ist das nur zum Teil richtig. Gemeinsam mit chinesischen Kolleg:innen haben wir an unserem Institut die Entwicklung der chinesischen Energieversorgung und der CO_2-Emissionen über den Zeitraum von 1978 bis 2018 untersucht.[118]

Das Wirtschaftswachstum Chinas war in diesem Zeitraum enorm, es stieg durchschnittlich um 9,4 Prozent pro Jahr. Der totale Energieverbrauch nahm in derselben Zeit um das mehr als 8-Fache zu, während die Bevölkerung um das 1,4-Fache anwuchs. Der Kohleanteil am Energiemix betrug 1978 70,7 Prozent, gegenüber 59 Prozent im Jahr 2018. In derselben Zeitspanne nahm der Anteil erneuerbarer Energien von 3,4 auf 14,3 Prozent zu. Die Energieeffizienz sowohl per capita als auch in Bezug auf das Bruttoinlandsprodukt hat sich deutlich verbessert, das Fazit für die totalen CO_2-Emissionen ist aber trotzdem eine Steigerung von 1366 Millionen Tonnen im Jahr 1978 auf 9641 Millionen Tonnen 2018. Das ist mehr als eine Versechsfachung und damit nur geringfügig kleiner als die relative Zunahme des Energieverbrauchs. Dazu kommt, dass auch die Chinesen mehr Fleisch essen, dass sie ihren Verbrauch an Kunstdünger mehr als verdoppelt und massiv zur Steigerung des globalen Warenflusses beigetragen haben.

118 Zheng et al. (2019)

Natürlich gibt es positive Entwicklungszüge; so hat China im Jahr 2018 zehnmal mehr Solarenergie installiert als Deutschland, aber das bevölkerungsreichste Land der Welt hat auch neue Kohlekraftwerke eröffnet. China ist bis zum Jahr 2030 vom Pariser Abkommen ausgenommen und nutzt diese Schonzeit offensichtlich auf eine Weise, die dem Klima nicht zuträglich ist. Dem Global Energy Monitor zufolge plant China unter anderem den Bau von 121 neuen Kohlekraftwerken, was der gesamten Kohlekapazität der EU entspricht.[119] Nachdem Chinas Kohleverbrauch von 2014 bis 2016 kontinuierlich gesunken war, stieg er 2018 wieder um 4,7 Prozent an. Außerdem finanziert China den Bau von Kohlekraftwerken in mehreren anderen Ländern. Das Land dient damit in erster Linie als ein Beispiel dafür, wie weit wir noch von einer Entkopplung von Wachstum und Umweltbelastung entfernt sind. Wachstum braucht Energie, Materialien, Fläche und es bedingt den Ausstoß von Treibhausgasen. Um diese Tatsachen kommen wir nicht herum.

Gleichzeitig steht außer Frage, dass viele Bereiche immer effizienter werden: Ein Neuwagen gibt heute weniger CO_2 pro gefahrenen Kilometer ab als noch in den 1980ern. Außerdem nehmen die Emissionen mancher westlichen Länder bereits ab. Die EU als Ganzes hat die Treibhausgasemissionen von 2017 bis 2018 um 2,5 Prozent[120] gesenkt und im Zeitraum von 1990 bis 2017 um ganze 22 Prozent[121]. Wäre die EU die Welt, könnten wir also etwas positiver in die Zukunft blicken. Auch wenn in Deutschland noch immer 8,9 Tonnen CO_2 pro Person freigesetzt werden (weltweit liegt der Durchschnitt etwa bei der Hälfte dieses Wertes), bewegen wir uns in die richtige Richtung.

119 Shearer et al. (2019)

120 Eurostat (2019a)

121 Eurostat (2019b)

Die Entwicklung von Natur, Klima und Gesellschaft bilden eine untrennbare Einheit. Selbst ein auf CO_2-freier Energie basierendes Wachstum wäre nicht nachhaltig, außer es gewährleistet vollen Artenschutz und Gebietsschutz. Wir können nicht ohne Weiteres einen größeren Kuchen backen, damit alle mehr bekommen, da der Zugang zu Rohstoffen begrenzt ist. Justus von Liebigs Wassereimer mag als Illustration für dieses Problem dienen: von Liebigs vielfältige wissenschaftliche Leistungen im 19. Jahrhundert reichen von Backpulver über Babynahrung bis hin zu Chloroform, freien Radikalen – und nicht zuletzt, Pflanzendünger. Letzterer ist relevant für uns. Justus von Liebig erkannte nämlich, dass Pflanzen nicht nur CO_2 brauchen, um zu wachsen. Sie benötigen auch Stickstoff und eine Reihe anderer Verbindungen, um gedeihen zu können. Mindestens eines dieser Elemente wird immer begrenzt sein, argumentierte er. Sollte zu wenig Phosphor im Boden sein, nützt es nichts, mehr von den anderen Elementen zur Verfügung zu stellen. So lautet sein Minimumgesetz. Erklärt werden kann es mit einem alten Wassereimer, zusammengesetzt aus Holzdauben. Wie viel Wasser in diesen Eimer geht, wird immer durch die kürzeste Daube bestimmt. Der Eimer nimmt auch dann nicht mehr Wasser auf, wenn die anderen Dauben länger sind.

Dieses Bild funktioniert auch auf globalem Niveau: Die kürzeste Daube, was auch immer sie symbolisiert, bestimmt die Tragfähigkeit. Für das Wirtschaftswachstum ist CO_2-neutrale Energie das knappste Gut. Diese »Daube« kann und muss durch eine neue grüne Revolution verlängert werden. Sollte uns das gelingen, kann das dazu führen, dass einige von uns, die wir seit Jahren warnen, als die neuen Umweltpessimist:innen enden. Wie Malthus seinerzeit das Potenzial gesteigerter Nahrungsmittelproduktion unterschätzte und deshalb belacht wurde, können auch wir in die Situation geraten, unsere Fehler zugeben zu müssen. Dieses Risiko nehme ich gerne in

Kauf, es ist sogar einer der wenigen Fälle, bei denen ich inständig darauf hoffe, dass die andere Seite recht behält. Aber wie dem auch sei, wenn Dinge besser als erwartet laufen, hat das nicht selten damit zu tun, dass die früheren Warnungen beachtet wurden. Die Alternative, einfach darauf zu setzen, dass schon alles gut gehen wird, und nichts zu unternehmen, bringt uns definitiv in große Schwierigkeiten. Zwischen Handeln und Nicht-Handeln herrscht hier also eine große Asymmetrie. Tun wir nichts, ist das Risiko definitiv am größten. Das ist das zentrale Argument für das Vorsorgeprinzip.[122]

Die Kohlenstoffdaube entspricht also in etwa 800 Gigatonnen CO_2. Es gibt aber auch Dauben für Wasser, Nahrung, Fläche und Artenvielfalt, um nur einige zu nennen. All diese Ressourcen sind innerhalb des Natursystems begrenzt. In vielen Bereichen stellt schon heute der Zugang zu sauberem Trinkwasser die kürzeste Daube dar, und in den Gegenden, wo die Erwärmung am deutlichsten zu spüren sein wird, wird sie schon bald noch kürzer werden. Wassermangel führt dann wieder zu Nahrungsmangel, was auf fast schon paradoxe Weise dann doch wieder Malthus recht gibt, wenn auch über einen gewaltigen Umweg.

Aber auch all die anderen Faktoren sind eng mit dem Kohlenstoffkreislauf verwoben. Die endgültige Länge der Dauben wird durch die Tatsache bestimmt, dass wir es mit einem Planeten mit begrenzter Kapazität für die Produktion von Biomasse zu tun haben. Um es klar auszudrücken: Auch wenn es uns durch einen technologischen Quantensprung gelingen sollte, die Energie der Sonne anzuzapfen, was uns unbegrenzte Energie ohne CO_2-Emissionen bescheren würde, würde das nicht ausreichen, um auch in Zukunft ein unbegrenztes Wachstum

122 Zum Vorsorgeprinzip in der Umweltpolitik: https://www.umweltbundesamt.de/vorsorgeprinzip

zu sichern, da eben auch andere Faktoren begrenzt sind. Wir können nicht allein von Luft und Liebe leben. Und Energie, Batterien oder gespeichertes CO_2 kann man nicht essen.

In Verlauf unserer Geschichte war es schon immer ein Erfolgsrezept unserer Art, die Natur und ihre Gaben zu nutzen. Lange Zeit waren wir in dieser schier endlosen Natur ziemlich wenige. Mittlerweile haben die Rahmenbedingungen sich dramatisch geändert. Es gibt unendlich viele von uns, und die Natur wird immer weniger. Dabei werden wir noch immer von denselben Triebkräften geleitet wie früher. Das Gaspedal finden wir mit Leichtigkeit, nur das Bremsen fällt uns schwer.

Für uns im Westen wird das Dilemma dadurch verstärkt, dass wir selbst von den Umwelteffekten am geringsten getroffen werden. Außerdem haben wir den Raubbau an der Natur nicht selten in andere Länder exportiert, die die Waren produzieren, die wir dann importieren. In Brasilien wird der Amazonas-Urwald abgeholzt, um das Soja zu produzieren, das in westliche Länder exportiert wird – und der (pro Kopf) größte Sojaimporteur der Welt ist Norwegen.

Blickt man auf die Schwellenländer wie Brasilien, ist das Dilemma ein anderes. Dort führt mehr Kaufkraft zu mehr Umweltbelastung, denn es ist absolut verständlich, dass eine wachsende, vom Joch der Armut befreite Bevölkerung ihr Geld für materielle Güter nutzt.

Beinahe die gesamte Debatte um die Entkopplung dreht sich zurzeit um Energie und CO_2, dabei können wir weder Öl essen, noch Photonen oder Meereswind. Ein Großteil des Flächenverbrauchs auf der Erde und viele von unseren Treibhausgasemissionen hängen mit den Lebensmitteln zusammen, die wir verzehren. Wir sind schlichtweg gezwungen, uns anders zu ernähren, wollen wir wirklich etwas erreichen.

Der Segen der Erde

Norman Borlaugs Erfolgsformel basierte darauf, die richtigen Getreidesorten zu selektieren, sie auf neue Weise zu düngen und einen effizienten, maschinell unterstützten Ackerbau voranzutreiben. Dies führte zu klaren Fortschritten. Heute wird nicht nur mehr Nahrung produziert als früher, sondern auch mehr pro Fläche. Gleichzeitig dehnen sich die Anbauflächen aber auf Kosten von Wäldern, Feuchtgebieten und anderen Naturräumen aus. Dadurch wird immer mehr Wasser verbraucht, und auch der Düngerverbrauch nimmt kontinuierlich zu. Außerdem leistet die Landwirtschaft durch Tierhaltung und Düngung einen bedeutenden Beitrag zu den Treibhausgasemissionen, insbesondere in Form von Methan und Lachgas.

Etwa 40 Prozent der Erdoberfläche werden heute in irgendeiner Form für die landwirtschaftliche Produktion genutzt. Meistens handelt es sich dabei um unsere fruchtbarsten Flächen: Flusstäler, Deltas, ehemalige Wälder und Ebenen, die früher einmal die Heimat einer Vielzahl von Tieren und Pflanzen waren. Das Problem ist nicht nur, dass die wachsende Bevölkerung immer mehr Nahrung braucht, sondern dass eine wohlhabende Bevölkerung auch immer mehr Fleisch möchte. Die Nachfrage nach Fleisch, Soja und Palmöl führt dazu, dass in den Tropen immer mehr Wald verschwindet. Die Viehzucht ist eine der größten Bedrohungen für die Wildtiere der Welt. Außerdem ist der Einsatz von Dünger in den letzten Jahrzehnten geradezu explodiert. Der Verbrauch von Stickstoffdüngern nahm von 10 Millionen Tonnen im Jahr 1960 auf über 100 Millionen Tonnen heute zu. Der Verbrauch von Phosphat stieg »lediglich« von 10 auf 40 Millionen Tonnen pro Jahr an. Phosphor ist allerdings eine stark begrenzte Ressource und einer der nicht erneuerbaren Rohstoffe, von denen die Nahrungsmittelproduktion vollkommen abhängig ist. Für diesen

Stoff gibt es keinen Ersatz. Ob in 100 oder 200 Jahren die Vorräte ausgehen, ist schwer zu sagen, aber dieses chemische Element – das eigentlich wie Gold behandelt werden sollte – schicken wir heute mit einem One-Way-Ticket von den Äckern in unsere Flüsse und Meere, wo es zur Überdüngung und zum unerwünschten Algenwachstum beiträgt, ehe es tief unten in den Sedimenten verschwindet und somit auf unabsehbare Zeit aus dem Kreislauf entschwunden ist. Bei Stickstoff sieht es etwas anders aus. Die Atmosphäre enthält ganze 78 Prozent freies Stickstoffgas (N2). Dieser Stoff wird uns also nicht ausgehen, solange wir die Energie und die Methoden haben, N2 in Verbindungen zu übertragen, die die Pflanzen nutzen können.

Neben Borlaug war auch Kristian Birkeland für die grüne Revolution verantwortlich. Birkeland entdeckte nämlich, dass er mit der Energie der norwegischen Wasserkraft über einen Lichtbogen atmosphärischen Stickstoff (N2) in Salpetersäure (HNO_3) umwandeln und so als Grundlage für Nitratdünger fixieren konnte. Dies war der Beginn von Norsk Hydro, einem zentralen Akteur der grünen Revolution – und einer der Gründe für Norwegens wachsenden Wohlstand.

Auch diese Medaille hat aber eine Kehrseite. Durch Stickstoffbindung und Verbrennung setzen wir mehr atmosphärisches, nichtreaktives Stickstoffgas um als die Natur selbst, und dieses reagiert weiter zu Verbindungen, die sowohl chemische als auch biologische Wirkung haben. Zusätzlich gelangen hohe Stickstoffemissionen von uns Menschen und dem Mist unserer Nutztiere in die Atmosphäre und ins Wasser. Im Grunde ist das Ganze wie ein globales Düngeexperiment. Einige Effekte sind positiv, wie das zunehmende Waldwachstum, andere, wie die Überdüngung des Wassers, die Verunreinigung des Grundwassers und die hohen Lachgasemissionen, stellen uns vor Probleme.

China befindet sich auch in diesem Punkt in einer Sonderstellung. Das Land ist verantwortlich für 30 Prozent der weltweiten CO_2-Emissionen sowie für einen Großteil des weltweiten Kunstdüngerverbrauchs – was wiederum massive Emissionen von Methan und Lachgas mit sich bringt. Während das Land abhängig von einer hohen Nahrungsmittelproduktion ist, wachsen die Probleme durch verunreinigte Flüsse und Seen, ganze Küstenregionen sowie durch kontaminiertes Grundwasser. Gemeinsam mit chinesischen Kolleg:innen haben wir an der Universität Oslo die Stickstoffnutzung und -freisetzung in China von 1960 bis 2018 analysiert und kostengünstige und energieeffiziente Methoden dafür bewertet, wie die Emissionen bei Aufrechterhaltung der intensiven Nahrungsmittelproduktion gesenkt werden können.[123]

Eine Reduktion der heutigen Emissionen von 14,5 Megatonnen pro Jahr auf ein vermutlich tragfähiges Niveau von 5,2 Megatonnen sollte möglich sein. Diese Abnahme wäre aber mit Kosten in Höhe von 17 bis 25 Millionen Dollar verbunden. Kein kleiner Betrag, der Gewinn für die Umwelt und die Gesundheit wäre aber nicht zu unterschätzen. Überdies konnten wir zeigen, dass ein Großteil der Reduktion durch ein besseres Recycling der Nährstoffe erreicht werden kann – entsprechend der traditionellen Landwirtschaft in der betroffenen Gegend. Es finden sich also Aspekte von beiden Seiten, von Wizards und Propheten, in unserem Ansatz, wobei die Propheten vielleicht etwas im Vordergrund stehen. Einige der Lösungen sind technologischer Art, am lohnendsten ist es aber tatsächlich, sich an den alten Landwirtschaftstraditionen zu orientieren.

Die meisten Prognosen gehen davon aus, dass wir bis zum Jahr 2050 die Nahrungsmittelproduktion verdoppeln müssen, um eine wachsende Bevölkerung zu ernähren, die

---

123 Yu et al. (2019)

immer höhere Ansprüche an das stellt, was auf ihrem Teller landen soll. Gleichzeitig geht der IPCC davon aus, dass die Nahrungsmittelproduktion infolge der Klimaänderung und damit verbundenen schlechteren Produktionsbedingungen abnehmen wird. Wenn der Fleischkonsum auch in den Bevölkerungsgruppen zunimmt, die Not und Armut endlich hinter sich gelassen haben, entsteht damit eine sehr schwierige Situation. Global hat sich der Fleischkonsum seit 1960 beinahe verfünffacht, und es gibt keine Anzeichen dafür, dass diese Entwicklung gebremst würde. Der zunehmende Wohlstand in Asien in den letzten Jahrzehnten ist für einen Großteil dieses Zuwachses verantwortlich. Um einen geraden Kurs halten zu können, müssen wir deshalb fast schon auf ein Wunder hoffen, damit die Entwicklung nicht vollends eine falsche Richtung nimmt. Wunder sind aber selten und kommen nicht auf Bestellung.

Worauf wir aber vielleicht hoffen können, ist eine neue grüne Revolution. Das, wofür Borlaug seinerzeit stand, kann nicht wiederholt werden, denn mehr ist aus unseren Böden nicht herauszuholen. Und mehr landwirtschaftliche Fläche können wir auch nicht generieren. Das nutzbare Land wird durch die wachsenden Städte und die zunehmende Erosion eher abnehmen. Und mehr Wasser steht auch nicht zur Verfügung, schließlich sind sinkende Grundwasserstände schon heute in vielen Regionen der Erde ein Problem. Der Einsatz von Spritzmitteln sollte reduziert werden, und aus dem Problem »herausdüngen« können wir uns auch nicht mehr.

Vielleicht sollten wir unser Vertrauen deshalb in die Gentechnik setzen. Speziell die CRISPR/Cas-Methode, die im Begriff ist, die Spielregeln des Lebens zu revolutionieren, könnte eine Lösung sein. Mit dieser Methode ist es möglich, Gensequenzen mit fast chirurgischer Präzision zu ändern und so z. B. Gene in das Erbgut einer Nutzpflanze einzufügen, die zu nährstoffreicheren, schneller wachsenden, trockenheitstoleranteren oder resistenteren Pflanzen führen. Es ist gut möglich, dass dies der Beginn einer grünen Revolution 2.0 ist. Damit wäre es z. B. auch möglich, das RuBisCO-Enzym, das wichtigste Enzym der Welt, zu modifizieren. Dieses Enzym ist entscheidend für die Fotosynthese, wobei es für diesen Job eigentlich verblüffend schlecht designt ist. Durch Verbesserung des RuBisCO-Enzyms ist es gelungen, bei der Pflanze Acker-Schmalwand (eine Art Fruchtfliege der Botanik) die Fotosynthese um 60 Prozent zu steigern. Sollte diese Technik auch bei Pflanzen einsetzbar sein, die für die Nahrungsmittelproduktion relevant sind – was noch ungeklärt ist – könnte das von großer Bedeutung sein. Es werden aber noch Jahrzehnte vergehen, bis dieses Verfahren im großen Stil nutzbar ist und eine neue grüne Revolution zur Realität wird.

Es würde aber bereits beträchtlich helfen, wenn wir alle fortan mehr auf Pflanzenkost setzen würden. Der Fleischkonsum ist nämlich eines der größten Probleme für die Tragfähigkeit der Erde. Der Druck auf die Amazonasregion, Afrika und viele andere Naturräume hat im großen Stil mit der Viehhaltung zu tun, oder eben mit der Futtermittelproduktion für die Viehzucht. Gleiches gilt für die Lachsaufzucht, die gerade in Norwegen eine wichtige Rolle spielt. Fast die Hälfte der Energie und der Proteine, mit denen wir unser Vieh füttern, stammt aus Getreide und Soja, beim Lachs ist der Sojaanteil sogar noch höher.

Die Pflanzen für die Fleischproduktion einzusetzen, bedeutet einen großen Energieverlust. Würden wir sie stattdessen direkt nutzen, könnten wir viel mehr Nahrung pro Flächeneinheit generieren. Der Hauptgrund, weshalb der Amazonas-Regenwald in Rauch aufgeht, ist die Nachfrage nach Fleisch und Soja – an der wir einen wichtigen Anteil haben. Mit dem neuen Handelsabkommen mit Brasilien und den angrenzenden Ländern wird der Druck auf die Regenwaldflächen vermutlich noch zunehmen. Die größte Bedrohung für die zukünftige Nahrungsmittelproduktion ist aber die Trockenheit, denn ohne Wasser kann nichts wachsen.

Sauberes Wasser

Mit 97,5 Prozent ist ein Großteil des Wassers auf der Erde Salzwasser. Mehr als zwei Drittel des verbleibenden Süßwassers ist in Gletschern gebunden, das meiste davon in der Antarktis. Weniger als 1 Prozent des Süßwassers der Erde ist nutzbar. Die Landwirtschaft ist für 70 Prozent des Süßwasserverbrauchs verantwortlich. Einige der größten Flüsse der Welt erreichen als Folge der Bewässerung kaum noch das Meer. Und der kleine Rest an Wasser, der noch die Mündung erreicht, transportiert schwere Frachten von Nähr- und Schadstoffen aus Düngern und S pritzmitteln.

Viele große Seen der Welt schrumpfen durch die Wasserentnahmen zusammen, und einige sind bereits vollends ausgetrocknet. Der Aralsee, einmal der viertgrößte See der Welt mit einzigartiger biologischer Vielfalt und einer großen Anzahl an endemischen Arten, ist im Laufe weniger Jahrzehnte infolge der Bewässerung von Landwirtschaftsflächen um 90 Prozent zusammengeschrumpft. Auch der Tschadsee in Afrika ist fast zur Gänze verschwunden, während Boliviens zweitgrößter See, der Lago Poopó, 2015 nach mehreren Jahren starker Verdunstung vollständig ausgetrocknet ist.

Absurditäten wie der Reisanbau in Arizona und Kalifornien führen zu immer weiter sinkenden Grundwasserständen, sie sind wie die wasserintensive Fleischproduktion in weiten Teilen der Welt ein Resultat unserer Entscheidungen. Es braucht zwischen 5000 und 20.000 Liter Wasser, um ein Kilo Fleisch zu produzieren, während

Weizen mit 500 bis 4000 Liter pro Kilo Getreide auskommt. Dass jemand auf die Idee kommt, Grundwasser an die Erdoberfläche zu pumpen, um in Trockenregionen Reis anzubauen, nur weil wir es können und es wirtschaftlich vielleicht gerade lohnend ist, sagt viel über unsere Einstellung zu den Bedingungen der Natur aus, über die wir uns leider viel zu oft erhaben fühlen.

Wasser ist auf der Welt alles andere als gleichmäßig verteilt. Die Prognosen für die zukünftigen Niederschläge besagen, dass diejenigen, die schon heute viel davon haben, noch mehr bekommen werden, während es dort, wo schon jetzt Wassermangel herrscht, noch trockener wird. Viele Städte der Welt haben bereits ein Problem mit der Wasserversorgung, und auch die Landwirtschaft leidet in weiten Bereichen unter chronischem Wassermangel. Für 2050 rechnet man bereits mit einem dreimal höheren Wasserbedarf als heute. Es liegt auf der Hand, dass auch diese Rechnung, wie so viele andere, nicht aufgeht. Schon heute hakt es an allen Ecken und Enden. Trotzdem wird der zu hohe Wasser- und Naturflächenverbrauch nach wie vor als Marginalität abgetan. Wie überall müssen wir auch hier irgendwann unsere Schulden zahlen – inklusive der aufgelaufenen Zinsen.

Das Land, in dem man Trockenheit und Naturgesetzen allem Anschein nach mit technologischen Lösungen getrotzt hat, ist Israel: Dank gigantischer Wasserversorgungsanlagen, fortschrittlicher Bewässerungstechnik und großer Entsalzungsanlagen werden dort gegen alle Widerstände reichlich Nahrungsmittel produziert. Israelische Ingenieure leisteten ihren Beitrag und halfen 2015 beim Bau der größten Entsalzungsanlage der USA in Kalifornien. Sogar sonnenenergiebetriebene Entsalzungsanlagen können aber nur einen Teil der Wasserversorgungsprobleme lösen und dies nur vor Ort und zu einem hohen Preis. Gleiches gilt für andere technologische Zauberlösungen. Immer größere Staudämme und immer längere Bewässerungskanäle haben dort, wo sie gebaut werden, äußerst negative Effekte auf die Biodiversität.

Wie bei allen anderen begrenzten Ressourcen muss auch beim Wasser der Verbrauch reduziert und das verwendete Wasser wiederaufbereitet werden. Ein reduzierter Verbrauch zwingt uns, weniger Fleisch zu essen. Und wir sollten mehr Nahrung aus dem Meer holen. Je weiter unten in der Nahrungskette wir ernten, umso besser, da in der Regel 60 Prozent der Energie verloren gehen, wenn man von einer Stufe auf die nächst höhere wechselt.

Landwirtschaft und Wasserverbrauch sind nicht nur vom Klimawandel beeinflusst. Sie wirken sich selbst in hohem Maße auf das Klima aus, was uns wieder daran erinnert, wie Natur und Klima miteinander verknüpft sind. Im Sonderbericht des IPCC *Climate Change and Land*[124] wird wirklich klar zum Ausdruck gebracht, dass unser Flächenverbrauch ein wichtiger Faktor für die Klimaentwicklung ist und dass es zwingend nötig ist, unser Verhalten und unseren Konsum zu ändern, wollen wir die katastrophale Erwärmung des Planeten verhindern. Trotzdem ist es falsch, die Landwirtschaft zum großen Sündenbock zu machen. Eher ist es der Markt, also die Verbraucher:innen, und damit wir, die eine Kehrtwende machen und durch unser Einkaufsverhalten eine nachhaltige Nahrungsmittelproduktion stützen müssen. Bei allem, was mit unserer Gesundheit zu tun hat, sehen wir, wie groß die Macht der Verbraucher:innen ist. So verschwand Palmöl in Norwegen dank des Drucks der Käufer:innen weitestgehend aus den Discounterregalen. Dies geschah zwar hauptsächlich aus Angst vor möglichen Gesundheitsschäden, der Gewinn für die Natur war aber trotzdem da, weil ein Großteil der Palmölproduktion auf Kosten der Regenwälder ging. Dieselbe Verbrauchermacht müssen wir jetzt nutzen, um den Planeten zu retten – vielleicht hilft

---

124 IPCC (2019b): Sonderbericht Klimawandel und Landsysteme.

ja das Argument, dass es um die Gesundheit kommender Generationen geht.

Gorillas und Handys

Maiko und Virunga sind zwei Nationalparks in der Demokratischen Republik Kongo. Sie sind Heimat einer enormen biologischen Vielfalt und ein wichtiger Lebensraum für die letzten Gorillas. Hier liegt auch der Lebensraum der stark bedrohten Berggorillas sowie einer Reihe anderer seltener, aber weniger imposanter Tierarten. Beide Bereiche dokumentieren den Druck der Gesellschaft auf die Natur, wie hoch der Schutzstatus auch sein mag. Kongos Nationalparks sind reich an seltenen Metallen wie Coltan, einem Tantal-Niob-Erz. Wir finden das Tantal daraus in Mobiltelefonen, Computern, Solarzellen und anderer Elektronik. Zwei andere mindestens ebenso seltene Stoffe sind essenziell für die heutigen Batterien: Lithium und Kobalt. Kongo verfügt über 60 Prozent aller bekannten Kobaltreserven.

Die Elektronik, auf der die grüne Technologie der Zukunft aufbaut, benötigt immer mehr dieser seltenen Grundstoffe. Neben Kobalt, Lithium und Coltan gilt das auch für Neodym, Samarium, Gadolinium, Dysprosium und Praseodym. Die Gewinnung dieser Seltenen Erden, die für eine technologisch bedingte grüne Wende essenziell sind, führt zu großen Belastungen der Umwelt und der lokalen Bevölkerung. Coltan ist noch immer günstiger als Gold, ein Kilo dieses Rohstoffes wurde aber schon für 600 Euro gehandelt – mehr als genug, damit die Natur weichen muss. Auch für den Goldabbau zahlt die Natur einen hohen Preis. Um die Menge für einen Ehering zu fördern, muss an den üblichen Lagerstätten eine Tonne Stein bewegt und zerteilt werden – mit enormem Energieaufwand. Steine werden vorerst keine Mangelwaren sein, bei Kies und Sand kann das aber bald anders aussehen. Sand wird für die Aufschüttung neuer Landflächen und für die Herstellung von Beton benötigt. Als Dubai – von dem man meinen sollte, es gäbe dort Sand genug – 2018 ein weiteres seiner überdimensionierten Gebäude errichten wollte – den 828 Meter hohen Burj-Khalifa-Turm –, musste der Sand für den Bau tatsächlich aus Australien importiert werden. Ein Grund dafür war, dass Dubai bereits 635 Millionen Tonnen seines eigenen Sandes genutzt hatte, um künstliche Inseln zu bauen.

So könnte es weitergehen. Es gibt keine Technologie, die uns all die Fläche, das Wasser, den Phosphor oder das Coltan geben kann, die wir in Zukunft benötigen. Auf jeden Fall nicht ohne ernsthafte Folgen für die Natur, die Umwelt und die örtliche Bevölkerung. Es gibt auch keine Technologie, mit der wir mehr Lebensraum für die bedrohten Tiere dieser Welt schaffen können.

Es mangelte in der Vergangenheit nicht am neomalthusianischem Umweltpessimismus, und es stimmt, dass immer wieder mit schlechten Metaphern die Katastrophe heraufbeschworen wurde. Wachstumsanhänger:innen und Techno-Optimist:innen verweisen nun nur zu gern auf in den 1970ern getätigte Aussagen wie: »Wir haben noch maximal 10 Jahre, um eine Kehrtwende zu erreichen, sonst ist alles zu spät.« Trotzdem können wir vor der Hauptaussage nicht die Augen verschließen: Solange wir immer mehr nicht erneuerbare Ressourcen abbauen, die Natur zurückdrängen und die Artenvielfalt reduzieren, werden die »Ressourcenpessimist:innen« schließlich recht behalten.

Die Grenzen des Wachstums

Das vorliegende Buch enthält nur eine Abbildung. Im Gegenzug widmet es sich dem Kern der Debatte, der wir uns stellen müssen: Wollen wir weiteres Wachstum oder eine tragfähige Abflachung der Wachstumskurve? »Beides bitte« ist Wunschdenken. Hält die Effektivierung mit der Steigerung Schritt, gelingt es uns vielleicht, die Netto-Zunahme der Umweltbelastungen zu vermeiden. Das setzt aber voraus, dass die nicht erneuerbaren Rohstoffe, die wir abbauen, vollumfänglich recycelt werden. Die meisten Kurven für Emissionen und Verbrauch haben einen Verlauf, der an die Kurve für das Bevölkerungswachstum erinnert. Einige sind sogar steiler, andere flacher. Wie steil der Verlauf jedoch sein mag, die Kurven zeigen, dass mehr Menschen auch mehr verbrauchen – und meistens sogar auch noch mehr pro Kopf.

Ich will ein paar Beispiele nennen: Die Zementindustrie setzt (sieht man einmal vom Energiesektor ab) mit Abstand am meisten anthropogen bedingte Treibhausgase frei. 8 Prozent unserer gesamten Emissionen gehen auf ihr Konto, da bei der Bildung von Zement CO_2 als Nebenprodukt anfällt. Die Welt-Zementproduktion nahm von 130 Megatonnen 1950 auf 1,8 Gigatonnen im Jahr 2000 zu. Heute (2017) sind es stolze 4,1 Gigatonnen. Für einen Großteil dieses Wachstums ist China verantwortlich. Allein in den Jahren von 2008 bis 2010 produzierte China mehr Zement als die USA im gesamten 20. Jahrhundert. Auch in der Zementindustrie gibt es eine Null-Emissions-Vision. Das ist gut so, aber wir sind noch weit, sehr weit, von einer Lösung entfernt. Zudem wird weiterhin Sand in der Produktion benötigt, was das Problem beschleunigt, sofern nicht der gesamte Zement recycelt wird – und das am besten ohne Energiebedarf.

Auch die weltweite Stahlproduktion ist von 30 Megatonnen im Jahr 1900 auf 1,6 Gigatonnen 2015 angewachsen, und auch hierbei spielt Chinas exponentielles Wachstum in den letzten Jahren eine wichtige Rolle.

Der Flugverkehr mag als drittes Beispiel für exponentielles Wachstum stehen. Allein von 2010 bis 2015 nahm die Anzahl der Flugpassagiere von 2,69 auf 3,53 Milliarden jährlich zu. Das heißt nicht, dass jeder zu fliegen begonnen hat, sondern eher, dass diejenigen, die schon vorher geflogen sind, noch mehr fliegen. Es ist eine vielleicht etwas vage Annahme, aber vermutlich kann man davon ausgehen, dass weniger als 20 Prozent der Weltbevölkerung jemals geflogen sind. Trotzdem ist die Anzahl der Starts im genannten Zeitraum von 29,6 auf 33 Millionen jährlich gestiegen. Die internationale Flugtransportorganisation geht »optimistisch« von einem weiteren Wachstum bis auf 7,2 Milliarden Passagiere pro Jahr aus. Dies ist im Übrigen ein Beispiel für eine Prognose, die zu einer sich selbst erfüllenden Prophezeiung werden kann, denn ohne so etwas als Zielvorgabe in den Raum zu stellen, klappt das nicht.

Diese und eine lange Reihe weiterer Zahlen, die das Wachstum in verschiedenen Bereichen belegen – von Bakterien bis zu Imperien –, sind in Václav Smils monumentalem Buch *Growth* aus dem Jahr 2019 zu finden.[125] Smil will, wie er selbst sagt, mit den gesammelten Daten keine spezifischen Schlussfolgerungen ziehen, aber zwischen den Zeilen lässt sich trotzdem eine gewisse Sorge herauslesen: Trotz ständig besserer Ressourcennutzung muss schon viel zusammenkommen, damit Wachstum nachhaltig wird.

Für die meisten durch Effektivierung erreichten Gewinne gibt es gute Datengrundlagen. Der Flugverkehr zeigt z. B., dass die Emissionen nicht im Einklang mit der Anzahl Passagiere zugenommen haben. Das hat unter anderem damit zu tun, dass die Boeing 707/747/787 inzwischen nur noch ein Siebtel des Treibstoffbedarfs von 1958 haben. Zu verdanken ist dies besseren Motoren und neuen Materialien, die die Flugzeuge leichter machen. Solche Effektivierungsgewinne kompensieren einen Teil des Wachstums, aber eben nur einen Teil. Außerdem

125 Wachstum; Smil (2019)

haben fast alle Effektivierungskurven einen abflachenden Verlauf. Smil bringt dafür viele Beispiele. Neue Technologien führen zu Beginn zu schneller Effektivierung, schließlich ist es auch ökonomisch sinnvoll, Material- und Energiekosten zu senken. Mit zunehmender Reife der Erneuerung werden die Effektivierungsvorteile aber immer geringer. Auch bei Boeing führten die sparsameren Motoren anfangs zu deutlichen Einsparungen. Später wurden diese dann immer geringer.

Die Flugbranche hat sich auch durch die Nutzung von Biotreibstoffen reinzuwaschen versucht, die auf Flächen produziert wurden, die vorher nicht für die Nahrungsmittelproduktion verwendet wurden. Aber alles, was angebaut wird, braucht Fläche, und auch Biotreibstoffe sind mit Problemen behaftet und nicht wirklich nachhaltig. Insbesondere geht eine starke Zunahme der Biotreibstoffproduktion auf Kosten der biologischen Vielfalt. Algenkulturen könnten in diesem Zusammenhang vielleicht eine Lösung sein. Der Umfang solcher Anlagen ist aber noch nicht ansatzweise groß genug, um eine reale Alternative zur flächenintensiven Biotreibstoffproduktion an Land zu bieten. In den letzten 2 bis 3 Jahren hat es auf diesem Feld kaum Fortschritte gegeben, und selbst die optimistischsten (und durchaus fragwürdigen) Prognosen gehen davon aus, dass wir bis 2050 maximal einen Anteil von 5 Prozent algenbasiertem Treibstoff haben werden. Weltweit gibt es überdies nur fünf Flughäfen (Oslo und Bergen sind zwei davon), die zurzeit Biotreibstoff anbieten. Ich will damit nicht sagen, dass man den Gedanken an Biotreibstoff für Flugzeuge ad acta legen soll, es heißt lediglich, dass der Glaube an Biotreibstoff, um weiterhin mit gutem Gewissen fliegen zu können, gelinde gesagt naiv ist.

Um weiterzukommen, brauchen wir deshalb komplett neue Technologien – wie z. B. elektrische Flugzeuge. Die ersten davon fliegen bereits, und möglicherweise stellen sie in Zukunft eine echte Alternative dar. Ein erhöhter

Druck auf die Flugbranche würde eine solche Entwicklung beschleunigen. Wirft man einen Blick auf die Eigenreklame dieser Branche – von Komfort über Preis in Richtung Umwelt – erkennt man eine bemerkenswerte Zeitenwende. Das Flugzeug wird mit Sicherheit als Verkehrsmittel auch in der Zukunft erhalten bleiben. Deshalb ist es sehr gut, dass man auf CO_2-neutrales Fliegen setzt. Das Dilemma ist aber auch hier wieder, dass wir nur ein Zeitfenster von gerade einmal 8 Jahren haben, bis die 1,5 Grad Erwärmung erreicht sind. Nicht einmal die optimistischsten Schätzungen gehen davon aus, dass die Luftfahrt bis dahin elektrifiziert ist. Des Weiteren muss man auch an die Ressourcen denken, die für den Bau all der neuen Flugzeuge nötig wären – und wie der Strom, mit dem sie angetrieben werden sollen, produziert werden kann, weiß auch noch niemand.

Die Flugbranche selbst fühlt sich ungerecht behandelt, weil sie als Sündenbock an den Pranger gestellt wird und Opfer von »Flugscham« wurde, obwohl sie nur für 2 Prozent der globalen und für 12 Prozent der verkehrsbedingten CO_2-Emissionen verantwortlich ist. Der Straßenverkehr macht hingegen volle 74 Prozent von Letzteren aus. Der Punkt ist allerdings, dass die effektivste Möglichkeit für jeden von uns, sein jährliches CO_2-Budget zu reduzieren, darin besteht, weniger zu fliegen. Auch die Straßenverkehrsemissionen haben mit uns zu tun, sie sind aber viel diffuser, da hierunter auch der Transport von Lebensmitteln, Kleidern, Elektronik und allen anderen Waren fällt, die vom Produktionsort zum Kunden gebracht werden müssen. Wir müssen auch an diesem Punkt arbeiten. Das heißt aber nicht, dass die Flugbranche nicht auch ihrerseits Verantwortung übernehmen muss. Außerdem hat jede:r von uns das Recht, selbst zu entscheiden, welche Reisen jeweils wirklich nötig und vertretbar sind.

Die Reduzierung des Flugverkehrs ist im Übrigen ein Beispiel für eine schnell umsetzbare Maßnahme.

Eigentlich sind wir von der Luftfahrt nämlich nicht wirklich abhängig. Ein wesentlicher Teil aller Flüge ist tourismusbedingt, und auch wenn einige der Meinung sind, ohne Auszeit im Süden ginge es nicht, ist das letztlich trotzdem etwas, auf das wir verzichten können. Nur wenige werden wohl ernsthaft behaupten, dass ihr Seelenheil von mehreren Ferienreisen pro Jahr oder verlängerten Wochenenden in den fernsten Ecken der Welt abhängt.

Der Tourismus ist der Wirtschaftszweig mit dem vermutlich größten Wachstum in der neueren Zeit, und er ist für einen Großteil des weltweiten Flugverkehrs verantwortlich. Gab es 1950 noch kaum internationale Urlaubsreisen, betrug die Zahl der internationalen Touristenankünfte im Jahr 2018 weltweit mehr als 1,4 Milliarden.[126]

Auch wenn die Prognosen weiteres Wachstum für die Tourismusbranche vorhersagen, ist es durchaus möglich, dass wir uns langsam dem höchsten Punkt der Kurve nähern. Selfies aus fernen Urlaubszielen sind in den sozialen Medien nicht mehr so häufig zu sehen. Flugreisen könnten sich damit zu einem Bereich entwickeln, wo wir uns in der Nähe eines sozialen Wendepunktes befinden. Thomas Hylland Eriksen schreibt in einem Artikel:

Das deutlichste Symbol für die Mobilität der Moderne, für Freiheit und technologische Magie ist gleichzeitig zu einem Symbol für unseren Übermut, unsere Kurzsichtigkeit und unsere Verantwortungslosigkeit geworden. Die kurze, hektische Kulturgeschichte des Flugverkehrs ist im Begriff, eine neue Wendung zu nehmen.[127]

Gerade weil das Flugzeug zu einem Transportmittel der Massen geworden ist, mit damit verbundenen Preisstürzen

---

126 https://norsk-reiseliv.no/english/

127 »Flaut å fly«. Morgenbladet, 15. Oktober 2019

und Einbußen bei Komfort und Service, ist auch das Gefühl für das Besondere verloren gegangen. Die meisten denken bei ihrer bevorstehenden Flugreise nur noch an Sicherheitskontrollen, Verspätungen und Stress. Außerdem sind bald »alle« – also die 20 Prozent der Menschheit, die fliegen – schon beinahe überall gewesen.

Hylland Eriksens Artikel basiert auf Hans A. Baers Buch *Airplanes, the Environment and the Human Condition*, das den Flugverkehr als Beispiel für einen Gesellschaftsbereich nutzt, der sich aktuell in einer Übergangsphase befindet. Hier sei die Welt reif für eine Änderung der Normen, postuliert Baer, der die Hochschulangehörigen aufgefordert hat, sich für eine solche Wende besonders ins Zeug zu legen.[128]

Die Universitäten begründen ihre Existenzberechtigung häufig damit, dass sie den Weg zu neuen Gesellschaftsentwicklungen weisen, durch die die Schieflage der Welt korrigiert werden kann. So gesehen macht es keinen guten Eindruck, wenn wir, die an den Universitäten arbeiten, mehr in der Luft als am Boden sind, natürlich jedes Mal auf dem Weg zu wichtigen Treffen oder Konferenzen.

Der Flugverkehr ist nur ein Symbol für ein Wachstum, das generell in die falsche Richtung geht. Der weiter oben schon erwähnte Aufruf aus dem Jahr 2019 im Journal *BioScience*, unterschrieben von 11.000 Forscher:innen, verweist auf die große Zahl von Wachstumskurven für umweltzerstörerische Aktivitäten, die mit einer entsprechenden Anzahl an Grafiken über den Verlust von vitalen Ökosystemleistungen einhergehen.[129] Artikel dieser Art sollten als Gegengewicht zu den Imperativen der Wirtschaft zur politischen Pflichtlektüre werden. Alles Wachstum hat seine Grenzen, und wenn wir es nicht selbst schaffen, ihm klare Grenzen zu setzen, wird es sich

128 Baer (2018)

129 Ripple et al. (2020)

früher oder später selbst begrenzen. Es liegt in der Natur der Sache, dass es besser wäre, diesen Prozess selbst zu steuern, denn wenn das Wachstum erst abrupt zu einem Ende kommt, ist es möglicherweise zu spät, um eine weiche Landung sicherzustellen.

Die Effektivierung und die mehr oder weniger erfolgreiche grünen Wende, an der wir arbeiten, werden den Niedergang abbremsen. Es ist aber ungewiss, ob diese Maßnahmen ausreichen, um heftige Turbulenzen oder eine überaus harte Landung zu vermeiden. Grüne Veränderungen kommen in der Regel nicht nur durch politischen Druck zustande, sondern auch und vor allem, weil wir alle, als Verbraucher:innen und Bürger:innen, sie einfordern. Ohne eine gewisse Angst um die Zukunft unserer Umwelt und ein entsprechendes Engagement eines jeden von uns werden die Entwicklungen zu langsam sein. Es ist deshalb doppelt wichtig, naiv-optimistische Aussagen im Stile von »Entspannt euch, die Forschung wird das schon richten!« abzulehnen oder Argumenten entgegenzutreten, die Flugscham als Moralismus abtun. Solche Aussagen bremsen sowohl den technologischen als auch den gesellschaftlichen Wandel aus, auf den wir angewiesen sind.

Der Elefant im Raum

Alles, was ich bisher in diesem Buch gesagt habe, kann zu einer allem Anschein nach sehr einfachen Rechnung zusammengefasst werden, deren Konsequenzen aber ziemlich kompliziert sind: Umweltbelastung ist gleich Bevölkerung mal Verbrauch. Die meisten Diskussionen, die wir über Nachhaltigkeit führen, drehen sich um den Verbrauch – insbesondere unseren Flächenverbrauch und unsere Treibhausgas-Emissionen. Der Verbrauch ist aber nur einer der beiden entscheidenden Faktoren in dieser

Gleichung. Wenn es mehr Menschen gibt, hat das zwangsläufig zur Folge, dass für jede:n Einzelne:n weniger für den Verbrauch zur Verfügung steht, wenn die Gesamtbelastung dieselbe bleiben soll. In einem Punkt sind sich Zauberer und Propheten einig: Das Bevölkerungswachstum kann nicht in alle Ewigkeit so weitergehen. Einig ist man sich auch darüber, dass mehr Wohlstand, eine bessere Ausbildung, mehr Selbstbestimmung für Frauen und ein Ende des Verbots von Verhütungsmitteln die Schlüssel zu einem gebremsten Bevölkerungswachstum und schließlich sogar zu einem Rückgang der Bevölkerung sind. Unglücklicherweise wird keine dieser Voraussetzungen über Nacht eintreten.

Im Grunde ist das Wasser auf die Mühlen der Zauberer, denn ist das etwa nicht gleichbedeutend mit einem Argument für weiteres Wirtschaftswachstum? Andererseits: Wenn der ökologische Fußabdruck von Milliarden von Menschen sich unserem westlichen annähert, inklusive unserem Energieverbrauch, unserem Fleischkonsum und unseren Reisegewohnheiten, werden die Probleme eskalieren. Deshalb argumentieren die Anhänger:innen von Malthus & Co, dass der Konsum innerhalb der westlichen Welt deutlich sinken muss. Sie sehen sogar eine moralische Verpflichtung darin, die ungleiche Verteilung auf der Welt auszugleichen. Die Zauberer hingegen sind überzeugt, dass das Dilemma sich von allein löst, wenn erst alle auf unseren westlichen Standard gebracht wurden, und ebenso überzeugt, dass dies durch Effektivierung, Effektivierung, Effektivierung – und Recycling – machbar ist. Nur dass das nicht über Nacht passieren wird.

Die Idee von einer sogenannten Kreislaufwirtschaft ist ein Kaninchen, das längst noch nicht aus dem Hut gezaubert ist, bislang sehen wir allenfalls die Ohrspitzen. Alle sind sich einig, dass es richtig und notwendig ist, weiter in diese Richtung zu gehen. Der Begriff »Kreislaufwirtschaft« ist aber nicht gerade neu, und es gibt viele Gründe dafür, warum wir vermutlich so schnell nicht zum Ziel kommen werden. Einer davon ist, dass auch Recycling seine Grenzen hat. Über die ganze Welt verteilte Abfallprodukte lassen sich nicht so einfach zu einem neuen Kreislauf zusammensammeln. Überdies ist es ziemlich energieaufwendig, aus den verschiedenen Produkten die Ausgangsmaterialien wieder zurückzugewinnen. Recycling ist, wie Effektivierung und technologische Entwicklung, ein Teil der Lösung der Probleme, die wir der Welt und uns bereitet haben – weshalb wir darauf setzen müssen – aber es sieht nicht so aus, als würde das allein ausreichen.

Die Zauberer verweisen gerne auf optimistische Prognosen bezüglich der Weltbevölkerung. Sie zitieren Hans Roslings optimistische Schätzungen oder Bücher wie *Empty Planet – The Shock of Global Population Decline*, in dem davon ausgegangen wird, dass die UN-Schätzungen der Bevölkerungszahlen zu pessimistisch sind. Die Autor:innen postulieren, dass die Weltbevölkerung um 2050 herum mit etwa 9 Milliarden ihren Zenit erreicht und danach langsam abnimmt.[130] Es ist natürlich möglich, dass es so kommt, aber ausruhen dürfen wir uns auf dieser Prognose nicht. Andere Schätzungen gehen nämlich von einem weiteren Bevölkerungswachstum bis 2100 aus, an dessen Ende volle 11 Milliarden Menschen stehen. Niemand weiß, was kommen wird, aber selbst 9 Milliarden Menschen mit einem ökologischen Fußabdruck wie dem westlichen wären für die Umwelt eine Katastrophe.

Mit dem Bevölkerungswachstum verhält es sich in jeder Debatte über Nachhaltigkeit wie mit dem berühmten Elefanten im Raum. Auf dieser Seite der Rechnung kann man nur schwerlich direkt eingreifen. Wir können die Entwicklung bestenfalls indirekt beeinflussen. Außerdem

130 Der leere Planet - der Schock des globalen Bevölkerungsschwundes; Bricker u. Ibbitson (2019)

verstecken sich hier einige echte Dilemmas: Mehr Volksgesundheit, bessere Medikamente, reduzierte Sterblichkeit und grüne Revolutionen, die für mehr Nahrung sorgen, sind aus humanistischer Perspektive gute Maßnahmen. Gleichzeitig tragen gerade diese Verbesserungen zu einem stärkeren Bevölkerungswachstum und damit der generellen Umweltbelastung bei. Die einzige Lösung ist ein Geburtenrückgang. Glücklicherweise ist durchaus davon auszugehen, dass es dazu kommen wird, aber auswirken wird sich das erst um das magische Jahr 2050 herum, wenn die 185 Staaten, die das Pariser Abkommen unterzeichnet haben, ihre Emissionen auf null reduziert haben müssen.

Zum Zeitpunkt der Publikation dieses Buches in Norwegen war dieses Datum genau 30 Jahre entfernt. Vor 30 Jahren war die Botschaft des NASA-Forschers James Hansen über gefährliche Klimaänderungen längst und ebenso gut bekannt wie der Bericht der Brundtland-Kommission. Des Weiteren ist es fast 30 Jahre her, dass mit dem IPCC ein Weltklimarat eingerichtet wurde und dieser seine ersten klaren Empfehlungen zur Emissionsreduzierung herausgegeben hat. Seither sind die Emissionen allerdings deutlich gestiegen – und das kontinuierlich.

2018 haben wir 37 Milliarden Tonnen CO_2 freigesetzt, und das Wachstum des Jahres davor war auf einem Rekordhoch. Ich möchte deshalb noch einmal unterstreichen, dass wir nur noch 8 Jahre haben, bis wir so viel Treibhausgase in die Luft geblasen haben, dass ein Temperaturanstieg um 1,5 Grad nicht mehr zu verhindern ist, und vermutlich weniger als 20, bis wir den Boden für einen Temperaturanstieg um 2 Grad bereitet haben. Soll dieses Problem allein durch Technologie gelöst und dennoch der Schwund der Arten und Lebensräume gestoppt werden, braucht es, mit anderen Worten, echte Zauberer.

Quick Fixes?

Die Zeit drängt für eine Umkehr des Trends. Das Risiko für die oben beschriebenen positiven Rückkopplungen nimmt mit jedem Jahr zu. Deshalb stellt sich automatisch die Frage, ob es wirklich keine Ansätze für technologische Lösungen im großen Stil gibt, die uns kurzfristig helfen könnten. Im Grunde sagt es eine Menge über den Ernst der Lage aus, wenn verschiedene Formen von Geoengineering die letzte Chance für eine Wunderheilung darstellen, um die Wärmebalance des Planeten doch noch zu beeinflussen oder die Ökosysteme zu aktivieren, um mehr CO_2 aus der Atmosphäre zu ziehen.

Der bereits erwähnte James Lovelock weist auf die Kernenergie als eine Möglichkeit hin, und es könnte wirklich sinnvoll sein, diese im Licht der bestehenden Herausforderungen noch einmal neu unter die Lupe zu nehmen.

Ich will mich hier gar nicht einer »Pest oder Cholera«-Diskussion hingeben, sondern lediglich darauf hinweisen, dass auch die Kernenergie ziemlich problembehaftet ist. Neben den offensichtlichen Gefahren stellt sich das Problem der Lagerung des Atommülls. Außerdem liegt es nahe, dass eine uneingeschränkte Nutzung der Atomenergie die Bemühungen um umweltfreundliche, erneuerbare Lösungen ausbremst. Überdies bietet auch die Kernkraft keine Lösung ohne Raubbau an der Natur, und neue Kernkraftwerke sind nicht im Handumdrehen gebaut.

Andere Vorschläge sind mindestens ebenso problematisch, wenn auch in anderer Hinsicht. So sind enorme Reflektoren im Weltraum im Gespräch, die einen Teil der Sonnenstrahlen zurückwerfen, oder – etwas realistischer – eine gezielte Anreicherung der Atmosphäre mit Partikeln oder Aerosolen. Ohne die globale Lichtabschwächung durch winzige Ruß- und Staubpartikel, die schon heute gegeben ist, wäre die Temperatur auf der Erde noch wesentlich höher. Der Kühleffekt liegt vermutlich in der

Größenordnung von 2 Grad. Um uns Zeit zu verschaffen, während wir an nachhaltigen Lösungen arbeiten, könnte ein erhöhter Rußeintrag in die Atmosphäre eine Lösung sein. Die Idee hört sich allerdings suspekt an, und das zu Recht: Zum einen würde ein solcher Eintrag auch das Pflanzenwachstum auf der Erde beeinträchtigen. Zum anderen hat sich gezeigt, dass das rasche Abschmelzen von Schnee und Eis in den Polarregionen in hohem Maß auf das Ausfallen von Ruß aus der Atmosphäre zurückgeht. Werden Eis und Schnee schmutziger und damit dunkler, absorbieren sie mehr Sonnenwärme und schmelzen schneller. Also haben wir es auch hier mit einer »Pest oder Cholera«-Situation zu tun. Es gab auch den Vorschlag, Schwefel in die Atmosphäre zu pumpen, um so mehr Wolken zu erzeugen, aber diese Idee ist wirklich schlecht.

Der gerade erwähnte Lovelock warf vor einigen Jahren selbst einen Vorschlag ins Rennen: Er stellte sich Hunderttausende von vertikalen Röhren vor, die im Meer platziert werden und mithilfe der Kraft der Wellen nahrungsreiches Tiefenwasser an die Oberfläche pumpen. Dort würde es das Wachstum von Phytoplankton stimulieren, das dann wiederum dazu beitragen würde, mehr CO_2 aus der Atmosphäre aufzunehmen. Die Idee ist weder bei Klimaforscher:innen noch bei Meeresbiolog:innen auf große Begeisterung gestoßen. Zum einen, weil es nicht einfach ist, eine hohe Zahl derart großer Röhren im Meer zu verankern, zum anderen, weil ein Großteil des zusätzlichen Kohlenstoffs beim Zerfall der Algen ja wieder freigesetzt würde.

CO_2 umzuwandeln, ist eine etwas realistischere Lösung, aber leider ist auch dieser Ansatz nicht unproblematisch. Das Pariser Abkommen basiert in beträchtlichem Maße auf dem Glauben an diese Lösung. Um die Zielsetzungen für 2030 zu erreichen, müssten in den nächsten 10 Jahren allerdings 8000 solcher Anlagen installiert werden. Dafür fehlen aktuell noch 7982.

Es gibt natürlich auch noch fantasievollere Vorschläge.

Aber jeder kreative Gedanke ist willkommen. Das etwas ernüchternde Fazit lautet aber, dass bis jetzt keine Maßnahme existiert, die es uns erlauben würde, auf politische und persönliche Entscheidungen zu verzichten. Wir müssen gewisse Opfer bringen und Prioritäten setzen.

Nicht einmal praktisch bewährte Gegenmaßnahmen sind kostenfrei. Der effektivste CO_2-Staubsauger, den wir kennen, ist die Fotosynthese. In einigen Regionen ist die Aufforstung deshalb eine sinnvolle Maßnahme. Große Freiflächen zu bepflanzen, hat aber auch, im wahrsten Sinn des Wortes, seine Schattenseite: Es macht die Erdoberfläche dunkler, wodurch weniger Wärme reflektiert wird, und außerdem beeinflusst es die Artenvielfalt. Wer weiß, wie es aussieht, wenn das karge offene norwegische Hochland mit dichten Fichten zuwächst, weiß auch, wovon ich rede, und wird das dankend ablehnen. Da ist es wirklich besser, die Wälder zu bewahren, die wir haben.

Es ist zutiefst ernüchternd, keine wirklich effektive, einfache Antwort geben zu können. Es war aber auch nicht meine Motivation, ein paar tröstende Worte von mir zu geben, um unser kollektives Klima- und Umweltbewusstsein zu erleichtern. Andererseits glaube ich, dass die Welt und die Menschheit bestehen bleiben werden, und das ist schon Trost genug. Es ist auch nicht so, dass nichts passiert, denn an vielen Fronten gibt es Veränderungen. Viele Menschen wachen auf. Nicht nur bei Greta Thunbergs Anhänger:innen, auch in Wirtschaft und Gesellschaft tut sich etwas. Die Frage ist nur, wie daraus schnell etwas wirklich Großes werden kann?

Kipppunkte III

Die in diesem Buch beschriebenen Rückkopplungen und Kipppunkte für die Ökosysteme und das Klima wirken ein bisschen wie Umschreibungen dafür, dass wir auf dem

Weg in den Abgrund sind. Aber so schlimm ist es nicht, jedenfalls nicht, wenn man das Ganze global betrachtet. Die Wahrscheinlichkeit, dass der Planet in einer Erwärmungsspirale landet, die aus der Erde so etwas wie die Venus macht, ist extrem klein. Das Leben gibt so schnell nicht auf, und es hat sich nach früheren Katastrophen auch immer wieder erholt. Viele Szenarien beschreiben eine Erde, deren Zukunft irgendwo zwischen der heutigen, paradiesischen Situation und einer Entwicklung liegt, durch die die Erde unbewohnbar wird.

Die Tatsache, dass die Dinge tatsächlich außer Kontrolle geraten könnten, hat vielen einen Schrecken eingejagt, es hat sie aber auch motiviert, sich neu bewusst zu machen, welche Gefahren uns bevorstehen. Der bereits erwähnte Artikel über das Hothouse Earth spricht auch die Möglichkeit an, dass dieses neue Risikobewusstsein zu der Kaskade von gesellschaftlichen Änderungen führen wird, die wir brauchen, um nicht in der Klimahölle zu landen. Dies war sogar die eigentliche Motivation für den alarmierenden Text. Er sollte uns in die richtige Richtung stoßen, was er sicher zu einem gewissen Grad auch getan hat.

Die Autor:innen halten fest, dass neben Neuorientierungen auf Regierungs- und Institutionsniveau auch eine Änderung des individuellen Konsumverhaltens nötig ist. Nicht nur die Klimaängste der Jugendlichen zeigen uns also, dass wir uns rein erkenntnismäßig einem Wendepunkt nähern. Die entscheidende Frage wird sein, ob wir diesen noch rechtzeitig erreichen: Kann die Gewissheit über die potenziellen ökologischen und klimatischen Kipppunkte zu den sozialen, technischen und verhaltensmäßigen Änderungen führen, die nötig sind, um wirklich dramatische Klimaänderungen und weitreichende Naturzerstörung zu vermeiden? Meine Meinung dazu ist ein verhaltenes »Ja«. Verhalten, weil wir schon lange wissen, was nötig ist, ohne dass wir dieses Wissen bislang konsequent genug umgesetzt hätten. Auch wenn die Technologie sich in Riesenschritten entwickelt, war die CO_2-Konzentration in der 300.000-jährigen Geschichte der Menschen niemals höher als 2022.

Wir, die wir den Kohlenstoffkreislauf und seine Ursachen und Konsequenzen erforschen, müssen erkennen, dass naturwissenschaftliches Fachwissen, Zahlen und Grafiken – ja sogar laut vorgebrachte Warnungen der Expertengruppen – nicht ausreichen, um die Entwicklung umzukehren, bevor auch das letzte Korn aus der Sanduhr gelaufen ist. Was wir jetzt brauchen, ist eine neue Allianz zwischen denjenigen, die die Rückkopplungen in der Natur erforschen, und jenen, die sich auf psychologische, soziale und politische Rückkopplungen verstehen. Wir müssen die unglaubliche Trägheit des Systems sowie einige psychologische Barrieren überwinden. Dafür braucht es fachlich wie politisch neue Formen der Zusammenarbeit. Aber heißt das, dass wir jetzt – endlich – an der Schwelle der so dringend benötigten politischen, sozialen und kulturellen Kipppunkte stehen?

Am Freitag, dem 20. September 2019, hatten sich weltweit schätzungsweise 4 Millionen Menschen zum Klimastreik versammelt. Im drückend heißen New York waren sogar 300.000 Menschen zusammengekommen, um Greta Thunbergs Appell zu hören. In London waren es 100.000, in Berlin 270.000. Sogar in der Kohlenation Australien demonstrierten 350.000 Menschen. Auch 73 Fachverbände und Gewerkschaften sowie 820 andere Organisationen unterstützten die Schüler:innen bei ihrem Streik oder demonstrierten Seite an Seite mit ihnen. Mehr als 3000 Firmen stellten an diesem Tag aus Solidarität mit der klimastreikenden Jugend die Arbeit ein. Ist Greta Thunberg damit die Erlöserfigur, die wir brauchen? Kann sie die Massen bewegen und den Schneeballeffekt in Gang setzen, sodass wir aus unserer Gleichgültigkeit gerissen werden? Kurz gesagt: Stehen wir vor einer globalen Umweltschutz-Erweckungsbewegung?

Da es von Vorteil ist, abrupte Umwälzungen etwas abzufedern, bevor sie uns voll treffen, werden Kipppunkte und Schwellenwerte intensiv erforscht. Ein Phänomen, nachdem man dabei häufig Ausschau hält, ist das *flickering*, womit eine Art Flimmern oder Zittern gemeint ist. Beginnende Änderungen erkennt man an kleinen Abweichungen, die zunächst immer größer werden, bis sich schließlich alles auf einen Schlag ändert. Vielleicht sind die zunehmenden Demonstrationen parallel zu den Klimakonferenzen Vorwarnungen der kulturellen und politischen Veränderungen, die wir brauchen? [131]

Noch ist es nicht so weit. An vielen Punkten sind wir technologisch weiter als mental und normativ. Aber trotzdem habe ich das Gefühl, dass etwas geschieht. Zu Beginn verläuft die Entwicklung bei fast jeder Technologie langsam und zögerlich, bevor sie dann durch zunehmende Perfektionierung Fahrt aufnimmt. Beispiele hierfür sind Solartechnik, Elektroautos oder Gentechnologie. Einige Bereiche stehen überdies vor einem großen Entwicklungsschub, was Qualität, Quantität und Rentabilität angeht. Gerade die CO_2-freie Energiegewinnung macht große Fortschritte, ebenso wie die Forschung für eine größere Batteriekapazität. Das Problem mit Sonne und Wind ist, dass beides nicht immer verfügbar ist. Der Energiebedarf pausiert aber nie, weshalb die Batterietechnologie ein wichtiger Schlüssel sein wird. Hier wird mit hohem Einsatz geforscht. Gleichzeitig wird auch die Kernenergie immer sicherer. Ja, sogar Zement- und Kohleindustrie haben Null-Emissions-Visionen.

Was die Gesellschaft angeht, ist es vorläufig noch anders. Ich will die Freude über die technischen Fortschritte nicht dämpfen, aber wir leben noch immer in einem sozioökonomischen System, das uns im großen Stil von kohlenstoffbasiertem, ökonomischem Wachstum und

131 Sheffer (2009). Bernard u. Semmler (2015)

einem naturzerstörerischen Ressourcenverbrauch abhängig macht. Überdies sind auch viele der Ressourcen begrenzt, die von den neuen Technologien genutzt werden. Die Wiederverwertung muss sich in ganz anderen Maßstäben entwickeln, damit die grüne Wende nicht vollkommen paradoxerweise mit einer neuen Naturbelastung endet. Da die bisherigen positiven Entwicklungen noch keine Garantie dafür darstellen, dass gefährliche Rückkopplungen in der Natur ausbleiben, muss unser Konsum sinken und grüner werden. Verhalten, Normen und Werte müssen sich dafür aber von Grund auf ändern.

Ein höheres Bewusstsein dafür ist mittlerweile zu erkennen. Von Kindergärten bis hin zu Universitäten sind Nachhaltigkeit und Tragfähigkeit ein Thema. Zugang zu Bildung und Verhütungsmitteln haben das Bevölkerungswachstum in vielen Regionen reduziert, und auch der Badeurlaub auf Barbados bekommt nicht mehr so viele Likes. Vegetarier werden nicht mehr als Mitglieder einer abstrusen Sekte angesehen, und auf allen Ebenen der Lieferkette arbeitet man gegen die Lebensmittelverschwendung an. Wir erahnen die Konturen einer oder mehrerer normativer Änderungen, sind aber noch weit von dem ultimativen Kipppunkt entfernt, der dazu führt, dass die Nachhaltigkeit die Prämissen für die Weltwirtschaft setzt.

Menschen sind Rudeltiere, und die meisten von uns sind Konformist:innen. Wir folgen anderen, und wir folgen Trends, besonders wenn diese von prominenten, hoch angesehenen Menschen etabliert werden. Robert Boyd und Peter Richerson skizzieren in ihrem Buch *Culture and the Evolutionary Process* aus dem Jahr 1988 eine Aggregierungshypothese, nach der Individuen häufig bereits bestehende kulturelle Phänomene kopieren.[132] Dies kann als eine Art kultureller Schneeballeffekt betrachtet werden. Ist der Schneeball erst groß genug, kann er

132 Kultur und Evolution; Boyd u. Richerson (1988)

nicht mehr aufgehalten werden. Dies gilt nicht nur für große, potenziell katastrophale Tendenzen, sondern auch für kleine soziale Änderungen. Auch Malcolm Gladwell beschreibt das mit leicht zugänglichen Beispielen in The *Tipping Point.*[133] Er zeigt, wie kleine Zufälligkeiten zu sozialen Epidemien werden können, und dass dies recht oft passiert. Viele sind kultureller Natur und haben mit Musik oder Mode zu tun. Plötzlich hören alle dieselbe Musik oder wollen genau die Schuhe haben oder sich diese Frisur schneiden lassen. Schlaghosen kamen und gingen. Ebenso Elvis. Manche kulturellen Trends führen aber auch zu bleibenden Veränderungen. Handys sind gekommen, um zu bleiben, auch wenn sie fortlaufend den Charakter ändern und so sogar eigene Trends entwickeln.

Durch kulturelle und soziale Rückkopplungen kann sich rasch ändern, was »in« oder »out« ist. Als das Rauchverbot eingeführt wurde, gab es lautstarke Proteste, verbunden mit dem Argument, dass ein solches Verbot der Gastronomie das Rückgrat brechen würde. Inzwischen muss man sich dagegen die Frage stellen, warum das nicht eher gemacht wurde. Das Rauchen hat innerhalb kürzester Zeit sein Ansehen verloren. Und wenn das beim Rauchen möglich war, ist eine solche Normänderung vielleicht ja auch beim Fliegen oder beim Fleischessen möglich. Sollte es nicht möglich sein, dass die meisten von uns beides halbieren? Der Effekt wäre groß. Der Gedanke, dass quasi über Nacht eine ganze Reihe von Normänderungen eintritt (wie das beim Rauchen war), ist vermutlich zu optimistisch. Außerdem gab es beim Rauchen entsprechende Gesetze. Für das Klima gibt es so etwas noch nicht.

Erweitert man die Perspektive auf die gesamte Welt, wird die Lage deutlich komplexer. Verschiedene Formen von Systemträgheit müssen da überwunden werden, und

---

133 Gladwell, M. (2016): The Tipping Point: Wie kleine Dinge Großes bewirken können. Goldmann

starke Widerstände werden sich bemerkbar machen. Nehmen wir die Flugscham als Beispiel. »Scham löst keine Probleme«, heißt es immer wieder, ohne dass eine andere Lösung des Problems angeboten würde. In dieser Debatte mangelt es nicht an Stimmen, die uns versichern wollen, dass es keinen Grund gibt, sich zu schämen. Nicht selten basieren diese Aussagen auf den ökonomischen Interessen der Reisebranche. Die Zeitungen sind voll von verlockenden Annoncen, nicht selten Seite an Seite mit düsteren Reportagen über die neuesten Hiobsbotschaften zum Thema Klima. In allen sozialen Zusammenhängen scheinen Menschen gerade erst von einer Reise zurückgekommen oder auf dem Weg zu einem exotischen Ziel zu sein.

Die meisten Schneeballeffekte starten im Kleinen – sie können aber enorm groß werden. Wenn man zu Erkenntnissen gelangt, die einen schalen Beigeschmack haben, kann das schon ein mächtiger Motivator sein. An vielen Arbeitsplätzen, unter anderem meinem an der Universität Oslo, sehen wir einen immer kritischeren Umgang mit eigenen Flugreisen. Weniger Flüge sparen nicht nur Geld und CO_2, sondern manchmal auch Zeit. Morgens um 5 Uhr aufzustehen, um den Flieger nach Bergen zu bekommen, macht eher selten Spaß.

Wenn der Begriff Flugscham international Verbreitung findet – wieder mit Greta Thunberg als wichtiger Ideengeberin – und einzelne Analyst:innen auf längere Sicht bereits von einer Halbierung des Wachstums der Passagierzahlen ausgehen, haben wir es wirklich mit einem umfassenden kulturellen und sozialen Wendepunkt zu tun.[134] Vorläufig nimmt die Anzahl der Flugreisen zwar noch nicht ab, das Wachstum reduziert sich aber, was dazu führt, dass die Fluggesellschaften sich nicht mehr damit begnügen können, einzig und allein über den Preis

134 »Flight passenger growth could halve due to ›flight shame‹ says new research«. Independent, 2. Oktober 2019

im Wettbewerb zu stehen. Sie müssen mehr und mehr aufzeigen, dass sie auch umweltfreundlicher werden. Dies hat unter anderem dazu geführt, dass die Elektrifizierung der Luftfahrt ein immer wichtigeres Thema wird.

Auch wenn die Beiträge des sozialen Gewissens und normative Änderungen zum Klimaschutz nicht unterschätzt werden dürfen, müssen wir uns fragen, ob das reichen wird. Sind wir alle – also auch jene, die der Klimareligion folgen – reif genug, um auf Flugreisen zu verzichten? Und folgt nach der Flugscham die Fleischscham?

Trotz aller Empfehlungen, weniger rotes Fleisch zu essen, und trotz der zahlreichen grauenhaften Reportagen über die Massentierhaltung isst Norwegen Fleisch wie niemals zuvor, und auch in Deutschland sinkt der Fleischverzehr nur langsam.[135] Der Verzicht fällt uns so schwer, weil wir Fleisch lieben, insbesondere billiges Fleisch. Hier gibt es klare Parallelen zu den billigen Flugreisen.

Sowohl Fleisch als auch Flugreisen sind billig, weil die Umweltkosten nicht mit einberechnet werden. Sie werden noch immer als externe Kosten ausgewiesen, doch irgendwann müssen sie beglichen werden, wenn auch nicht von uns. Aber solange man uns versichert, dass wir uns deshalb nicht schämen müssen, machen wir natürlich weiter wie bisher.

Flugscham, Fleischscham und andere Normänderungen zugunsten der Umwelt sind Beispiele für »gute Kipppunkte«, die notwendig sein werden, um das umweltschädliche Wachstum zu begrenzen und ein Bedürfnis nach einer Lebensqualität zu wecken, die nicht mit Umweltbelastung einhergeht. Die Scham darüber, Essen wegzuwerfen, steckt bereits tief in uns, und vor nur ein oder zwei Generationen war es schlichtweg tabu, Essensreste

---

135 »Glem kjøttskam. Det virker ikke«. Aftenposten 4.. November 2019. https://www.ble.de/SharedDocs/Pressemitteilungen/DE/2023/230403_Fleischverzehr.html

wegzuwerfen. Die Aufrufe, kein Essen verderben zu lassen, fallen deshalb auf fruchtbaren Boden. Unser gutes oder schlechtes Gewissen ist damit ein Kompass für das »richtige« Verhalten in sozialen Zusammenhängen. Jetzt brauchen wir genau dies für Klima- und Umweltfragen.

Kulturelle Schneebälle und Gewissensqualen benötigen aber eine kräftige Anschubhilfe durch Preismechanismen sowie durch eine politische und juristische Regulierung, sollen diese Kipppunkte auch wirklich die gewünschten Effekte haben. Da ist es wenig motivierend, wenn z. B. unsere Regierung und führende Politiker:innen darum konkurrieren, uns allen einzureden, dass wir als norwegische Nation keine Form von Ölscham empfinden müssen. Im Laufe des letzten Jahrzehnts stand die Frage nach dem norwegischen Beitrag zur Klimaentwicklung ziemlich hoch auf der politischen Agenda. Gleichzeitig bekamen die Ölgesellschaften, die auf dem norwegischen Schelf operieren, Subventionen von etwa 100 Milliarden Kronen[136], um die Suche nach neuen Ölvorkommen fortzuführen. Nur ein paar unserer Politiker:innen sehen darin einen Konflikt mit unserem Selbstverständnis als Umweltnation.

Was die Gesetze angeht, finden sich aber Neuerungen, die erste Anzeichen eines Wendepunktes sein könnten. Die Legislative ist im Begriff, zu einer progressiven Kraft für die Umwelt zu werden. Dies liegt zum einen an dem deutlichen Engagement für *corporate responsibility* und zum anderen an der Tatsache, dass die Umweltgesetzgebung aktiver genutzt wird als früher. Hinzu kommen eine ganze Reihe von Umweltklagen. Norwegen ist sowohl ein bedeutender Produzent von Öl und Gas als auch eine Nation mit einem grünen Selbstbild. Deshalb überrascht es nicht, dass sogar das Grundgesetz herangezogen wurde, um Widerstand gegen staatliche umweltschädigende Tätigkeiten zu leisten. Der § 112

136 Etwa 10 Milliarden Euro

des norwegischen Grundgesetzes, in dem festgehalten wird, dass alle Anspruch auf eine intakte Umwelt und Gesundheit sowie auf eine Natur mit unbeeinträchtigter Produktivität und Vielfalt haben, ist zu einem zentralen Baustein der Umweltpolitik geworden. Die Kanzlei Wahl-Larsen unterstützt die Seite der Kläger:innen mit echtem Umweltengagement.[137] Es geht dabei um die Frage, ob zehn der Förderungsgenehmigungen für Petroleum, die in der 23. Konzessionsrunde erteilt wurden, im Widerspruch zu § 112 des Grundgesetzes stehen. Die Kanzlei beschreibt den Fall wie folgt:

Norwegens größter Beitrag zu den CO2-Emissionen stammt aus der Ölindustrie. Es ist dokumentiert und international anerkannt, dass die bereits entdeckten Erdölvorräte der Welt weit größer sind als das, was noch gefördert werden kann, wollen wir das 2-Grad-Ziel einhalten. Trotzdem werden weiterhin Fördergenehmigungen für noch nicht nachgewiesene Vorkommen erteilt, und das in den ökologisch höchst sensiblen Gebieten der Arktis. Es ist Norwegen noch nicht gelungen, seine Emissionen zu reduzieren, aber statt daran zu arbeiten, wird nach neuen Öllagerstätten gesucht.[138]

Natürlich hatte die Ölindustrie deutlich gewichtigeren juristischen Beistand als die Klageseite, und es kam folglich nicht überraschend, dass die Ölbranche und der Staat den Prozess für sich entschieden. Die Tatsache aber, dass der Fall großes Medieninteresse weckte und die Gerichte überhaupt bereit waren, aktiv zu werden, ist dennoch von Bedeutung. Es braucht viele Akteure, um einen Schneeball ins Rollen zu bringen.

Die institutionellen und politischen Maßnahmen müssen eng mit den Werte- und Normenänderungen

137 »Klimasøksmålet«. Morgenbladet, 8. November 2019

138 »Klimasøksmålet«. Morgenbladet, 8. November 2019

verknüpft sein, damit wir die große Prüfung bestehen, vor der die Menschheit steht. Trotzdem wäre es falsch, von den Menschen in Entwicklungsländern die gleichen Lebensstiländerungen und Verpflichtungen einzufordern wie von denen im wohlhabenden Westen. Auch wenn Indien zunehmend ein wichtiger Akteur für die globale Entwicklung des Klimas wird und das Land deshalb die Ambitionen haben sollte, einen anderen Kurs einzuschlagen als die USA, Norwegen und Saudi-Arabien, hat es keinen Sinn, indische Durchschnittsbürger:innen dafür verantwortlich zu machen. Schließlich ist ihr persönlicher Fußabdruck fünfmal kleiner als der einer Person aus dem wohlhabenden Westen.

Wollen wir eine Lösung finden, brauchen wir auch weiterhin übergeordnete Systeme wie die Vereinten Nationen oder die internationalen Klimaabkommen. Diese Institutionen machen die Maßnahmen, für die wir uns entscheiden, zu kollektiven Aufgaben. Nur so lässt es sich vermeiden, dass jeder nur auf seinen eigenen Teller schaut und sich einzig dafür interessiert, dass andere die Bürde der notwendigen Änderungen auf sich nehmen.

Die Nachhaltigkeitsziele der UN machen deutlich, dass auch soziale Ungleichheit, Gesundheit und Wohlfahrt mit der Frage nach unserer Beziehung zur Natur verknüpft sind. An guten Tagen kann man hoffen, dass die Welt kollektiv verpflichtende, funktionierende Lösungen findet. An schlechten liegt aber der Gedanke nahe, dass uns selbst das Pariser Abkommen in trügerischer Sicherheit wiegt.

Selbst wenn die von Kohlenstoff abhängige Wirtschaft das grundsätzlich zu lösende Problem ist, wird es innerhalb des zur Verfügung stehenden Zeitrahmens kaum möglich sein, Maßnahmen zu finden, wenn der Markt nicht mitspielt. Die Karikatur des Homo oeconomicus, die in Form des zynischen Gordon Gekko im Film *Wall Street* so treffend zum Leben erweckt wurde, scheint es noch immer zu geben. Seine Einstellung ist aber auch in der Wirtschaft auf dem absteigenden Ast. Auch die leitenden Firmenmanager:innen sorgen sich wie wir alle um ihre Kinder und Enkel. Das zentrale Problem ist aber, dass ein Geschäftsmodell, das auf einem zukünftigen Gewinn für Umwelt und Zukunft basiert, wirtschaftlich nie konkurrenzfähig sein wird. Investitionen müssen sich im derzeitigen wirtschaftlichen System relativ schnell amortisieren. Wirtschaftliche oder moralische Gewinne, die erst Generationen später eingefahren werden können, sind kein ausreichender Motivationsfaktor, wenn damit konkrete Verluste in der Gegenwart oder der nahen Zukunft verbunden sind. Sogar der norwegische Ölfonds folgt diesem eisernen Gesetz der Ökonomie. Trotzdem ist auch hier ein gewisses *flickering* zu spüren, das auf einen erkenntnismäßigen Kipppunkt im Lager der Ökonom:innen hindeuten könnte.

2006 beauftragte der damalige britische Premierminister Gordon Brown den britischen Ökonomen Nicholas Stern, die potenziellen Kosten zu überschlagen, die in Verbindung mit Klimawandel und Naturzerstörung auf uns zukommen. Das Ergebnis war der viel diskutierte Stern-Report,[139] in dem zu lesen war, dass die Kosten einer 5 Grad höheren Durchschnittstemperatur im Jahr 2100 sich auf 5 bis 20 Prozent des globalen Brutto-Nationalproduktes belaufen würden. Dagegen würde es nur 1 Prozent kosten, die Treibhausgasemissionen bis 2050 zu bremsen, sofern man damit sofort anfinge. Sowohl die 5-Grad-Prämisse als auch ein paar andere Aspekte des Berichts zogen Kritik auf sich, aber die Erkenntnis, dass die Kosten für das Nichtstun weitaus höher sein werden als für Maßnahmen, die Effekte haben können, ist heutzutage weitestgehend akzeptiert.

Die Versicherungsbranche hat das – wenig verwunderlich – schon vor langer Zeit erkannt. Schließlich sind

139 Stern (2007)

die Gedanken, die dem Stern-Bericht zugrunde lagen, die Basis ihres Geschäftsmodells. 2018 ging der Nobelpreis für Wirtschaft an William Nordhaus. Er wurde unter anderem ausgewählt, weil er den Balancepunkt der beiden beschriebenen Kosten errechnet hat. Nordhaus' Grundgedanke war, dass die optimale Kombination aus Kurzsichtigkeit und Weitsicht zum ökonomischen Leuchtturm werden müsse. Die CO_2-Abgabe war Teil seiner Berechnungen, aber auch Nordhaus ging grundsätzlich von weiterem wirtschaftlichen Wachstum aus. Er kam zu dem Schluss, dass der wirtschaftliche Idealpunkt bei etwa 3 Grad Erwärmung liegt. Diese würde jedoch aller Voraussicht nach zu einer ganzen Reihe von klimatischen und ökologischen Kipppunkten führen, die Nordhaus' gesamtes Denkmodell verschieben würden. Seine Rechnung ist aber ein Beleg dafür, dass sich mittlerweile auch Ökonom:innen in der Klimadebatte zu Wort melden – und gelegentlich ins Rutschen kommen.

Nordhaus verweist auf eine wichtige Erkenntnis, die auch ein Kernpunkt meiner eigenen Argumentation ist. Er hat den Begriff ökologische Ökonomie etabliert und meint damit eine Wirtschaft, die ökologische Prinzipien und die Gesundheit des Planeten an die erste Stelle setzt, statt nur so viel Ökologie zuzulassen, »wie die Wirtschaft verkraften kann«. Genau das brauchen wir jetzt. Angespornt von der Schlussfolgerung im Global Sustainable Development Report zieht auch Ove Jakobsen, Professor für ökologische Ökonomie, folgendes Fazit:

Die Wissenschaftler, die hinter dem UN-Bericht stehen, fragen sich, warum Wirtschaft und Politik erwarten, dass der Markt die Katastrophe schon irgendwie umschiffen wird. Dabei ist doch immer deutlicher zu erkennen, dass ein auf Wachstum und Konkurrenz angelegter Markt nicht die Lösung, sondern das eigentliche Problem ist. Verknüpft man die Lösungen für die Probleme von Umwelt und Gesellschaft mit dem

Werkzeugkasten der Marktwirtschaft, kann das zu einem Deckmantel für eine grüne Wirtschaft werden, die weiterhin auf der Jagd nach steigenden Profiten, Wachstum und zunehmendem Verbrauch ist.[140]

2019 publizierte eine Gruppe prominenter amerikanischer Wirtschaftswissenschaftler:innen, darunter 27 Nobelpreisträger:innen und vier frühere Zentralbankchefs und -chefinnen, ein kurzes Manifest im *Wall Street Journal* mit der klaren Botschaft, dass die USA möglichst schnell eine beträchtliche Kohlenstoffsteuer einführen sollten, um die Emissionen und den Klimawandel zu bekämpfen.[141] Besonders interessant an dem Vorschlag war, dass die Einnahmen aus der Steuer wieder an große Teile der Bevölkerung zurückfließen sollten.

Die Autor:innen kamen zu dem Schluss, dass dies, trotz der gestiegenen Energiepreise, für die meisten Leute eine Netto-Einnahme darstellen würde. Des Weiteren machten sie einen Vorschlag, wie verhindert werden könne, dass emissionsintensive Industrien in Länder mit niedrigeren Kohlenstoffsteuern abwanderten (*carbon leakage*). Die Idee waren hohe Zölle für Importe aus Ländern mit zu geringer CO_2-Steuer. Solche Zollmauern erleichtern es den Ländern, eine vernünftige Energiepolitik zu machen, ohne befürchten zu müssen, dass sie sich im globalen Wettbewerb ins Abseits manövrieren. Diese und andere Initiativen zeigen, dass in den meisten Fachgebieten und Gesellschaftskreisen mittlerweile wirklich ein Umdenken stattfindet.

Ich selbst saß viele Jahre im Ethikrat des norwegischen Ölfonds und habe miterlebt, wie viele der weltgrößten Firmen ihre Philosophie geändert haben. In regelmäßigen Abständen hatten wir Sitzungen mit den

140 Jakobsen (2019)

141 https://clcouncil.org/economists-statement/

leitenden Manager:innen dieser Firmen. Anfangs wurde die Umwelt nur pflichtschuldig irgendwo in einer Randnotiz des Jahresberichts erwähnt. Doch dann entwickelte sich echtes Engagement mit dem Ziel, nicht nur möglichst wenig Schaden anzurichten, sondern tatsächlich einen positiven Beitrag für die Umwelt zu leisten. Natürlich war dies auch wirtschaftlich motiviert. Immer mehr Investor:innen und Kund:innen erwarten mittlerweile ein klares Umweltprofil, weshalb es sich lohnt, nicht für die größte Verschmutzung verantwortlich zu sein. Was die Beziehung der Wirtschaft zur Umwelt und den damit verbundenen Herausforderungen angeht, reden wir hier also nicht mehr nur von Einschränkungen und Kosten, sondern auch von potenziellen zukünftigen Einnahmen. Der positive Effekt ist trotzdem derselbe. In der letzten Zeit habe ich an einer Reihe von Diskussionen mit verschiedenen Branchen teilgenommen – von der Zementindustrie über Banken bis hin zu Fondsmanager:innen. Thema war immer, was auf dem Spiel steht und wie die jeweilige Branche einen positiven Beitrag leisten kann. Zumindest in der norwegischen Wirtschaft herrscht eine progressive Einstellung, die diejenige in anderen Sektoren noch übertrifft. Wenn sich die Entwicklung neuer Umwelttechnologien auch wirtschaftlich lohnt, wird der Markt sofort reagieren. In dieser Hinsicht kann die Wirtschaft denjenigen Politiker:innen, die immer noch zögern, den Weg weisen.

Als die EU verkündete, bis 2050 CO_2-neutral sein zu wollen, schlossen sich weltweit 14 weitere Regionen, 398 Städte, 786 Firmen und 16 Investor:innen diesem Ziel an.[142] Die Anzahl der Betriebe, die das Pariser Abkommen übernommen haben, ist noch einmal doppelt so hoch. Diese Betriebe haben zusammen heute noch ebenso

142 https://www.capital.de/wirtschaft-politik/diese-staedte-wollen-klimaneutral-werden

hohe CO_2-Emissionen wie ganz Frankreich, weshalb es durchaus spürbar sein wird, wenn sie ihre Klimaziele erreichen. Außerdem statuieren sie so ein Exempel, dem andere folgen können und sollen.

Wollen wir ein Umdenken bei Bürger:innen und ganzen Wirtschaftsbranchen erreichen, kommt es in hohem Maße darauf an, wie die Diskussion über die Alternativen zu Wachstum, mehr Erdöl und einem generellen »Weiter so« geführt wird. Wenn die einzige Lösung der Klimaprobleme darin bestehen soll, maximal 14 Gramm Fleisch pro Tag zu essen[143], auf Reisen in den Süden dankend zu verzichten, die Wohnung weniger zu heizen und ganz generell asketischer zu leben (verbunden mit reduzierter Kaufkraft und höherer Arbeitslosigkeit), ist das nicht sonderlich verlockend. Erst recht nicht in einem Land, in dem es reichlich kalt ist, wir genug Geld für all diesen liebgewonnenen Luxus haben und die Werbung uns immer wieder versichert, dass »wir es uns wert sind«.

Zu konkretisieren, wie eine Zukunft mit geringerem ökologischem Fußabdruck aussehen wird, ist pädagogisch eine gewaltige Herausforderung – ganz zu schweigen von der Frage, wie wir dorthin kommen. In diesem Punkt dürfen wir nicht zu viel fordern und über das Ziel hinausschießen. Auch eine Halbierung der klimaschädlichen Gewohnheiten hat große Auswirkungen. Wir werden das nicht nur mit Appellen für mehr Umweltbewusstsein erreichen, ein Teil der Medizin wird das aber sein müssen. Vielleicht hilft dabei die Erinnerung daran, dass die wichtigsten Dinge im Leben zum Glück CO_2-frei sind? Wie gesagt, es kommt darauf an, deutlich zu machen, dass ein »Nein« zum Althergebrachten auch bedeuten kann, »Ja« zu etwas Gutem und Attraktiven zu sagen. In diesem Punkt können wir von Tesla lernen. Eine nachhaltige

---

143 Willett et al. (2019)

Alternative muss so cool und zukunftsorientiert sein, dass man ein Teil davon sein möchte.

Natürlich kann man trotz all der positiven Anzeichen das Gefühl haben, dass das alles nicht reicht und viel zu langsam vonstattengeht. Vielleicht hilft es aber, sich daran zu erinnern, dass die Geschichte voller Ereignisse ist, die den Lauf der Welt verändert haben. Schneeballeffekte und Kaskaden können plötzlich neue und bisher undenkbare Möglichkeiten eröffnen. So ging auch die Sklaverei zu Ende. Die Frauen bekamen Wahlrecht, Kinder durften nicht mehr geschlagen werden und schließlich durften auch Homosexuelle wie alle anderen leben. Auf jeden Fall fast, und fast überall. Steven Pinker schreibt in *Gewalt – Eine neue Geschichte der Menschheit*, dass viele dieser humanistischen Umstürze ein Resultat von Aufklärung und Einsicht sind.[144] Es ist also möglich, den Lauf der Geschichte auch ohne lautstarken Protest zu ändern. Nötig wären dafür unterschiedliche Schneeballeffekte. Auch die Proteste gegen den Vietnamkrieg begannen auf diese Art, und Rachel Carson setzte eine grüne Welle in Bewegung, die schließlich dazu führte, dass viele der schlimmsten Umweltgifte vom Markt verschwanden.

Staub kann schon durch einzelne Menschen oder Geschehnisse aufgewirbelt werden. Die Folgen können groß sein, der Staub kann aber auch dort wieder zu Boden sinken, wo er aufgewirbelt wurde. Ich war 1975 selbst eines der Gründungsmitglieder der lokalen Abteilung der Umweltschutzbewegung Natur og Ungdom in meiner Heimatstadt Lillehammer. Wir schrieben damals Leserbriefe für den Naturschutz und gegen Atomwaffen, bis uns die Handgelenke wehtaten. Die Reaktionen der Erwachsenen waren damals wie heute dieselben: »Es ist ja schön, dass die Jugend sich engagiert, aber …« Und

---

144 Pinker, S. A. (2011): Gewalt – Eine neue Geschichte der Menschheit. S. Fischer

mit diesem »aber« richteten sie den Blick auf die Realpolitik und die Wirklichkeit, mit großem W. Damals wie heute brauchte die Welt Einnahmen, Arbeitsplätze und Wachstum. Und was das Wettrüsten anbelangte, sollten wir uns doch bitte darüber bewusst sein, dass hinter dem Eisernen Vorhang ja auch Länder mit Atomwaffen lagen. Eine einseitige Abrüstung des Westens sei nicht nur naiv, sondern gefährlich, das würden wir schon einsehen, wenn wir erst erwachsen wären. Die Welt ist mittlerweile eine andere, das wissen wir. Trotzdem wird auch heute noch vielen Jugendlichen genauso bevormundend begegnet.

Sogar Greta Thunbergs einsame Demonstration wurde anfangs mit einer Mischung aus Kopfschütteln und nachsichtiger Überheblichkeit abgetan. So begann ihr Schneeball zu rollen. Vielleicht ist Thunbergs Rhetorik übertrieben, weil sie die Bedrohung durch den Klimawandel zu sehr verinnerlicht hat, aber sie hat ein Engagement katalysiert, das lange darauf gewartet hat, losgetreten zu werden. Vielleicht können wir sagen, dass die entscheidenden kulturellen und politischen Kipppunkte heute von 16-Jährigen kommen, angeführt von Thunberg? Natürlich werden auch sie in ihrem Alltag mit materiellen Notwendigkeiten konfrontiert werden, aber diese Generation hat definitiv ein anderes und grundlegenderes Verständnis der Probleme, die auf den vorangehenden Seiten beschrieben wurden. Sie dürfen nur nicht zu schnell erwachsen werden und mit der bereits erwähnten Wirklichkeit kollidieren. Die Jugend hat eingesehen – mit beiden Hirnhälften – dass sich unsere Werte ändern müssen. Aber wird das reichen? Werden wir anderen uns davon beeinflussen lassen? Gibt es Anzeichen, dass ihr Engagement hier in unserem Land Wellen schlägt – auch außerhalb des Kreises der bereits Überzeugten?

Das Land des Glücks

Eine in der Umweltdebatte häufig gehörte und durchaus verständliche Frage lautet: »Spielt es denn eine Rolle, was ich tue? Wenn nicht ich auf diesem Sitz im Flugzeug sitze, dann sitzt da doch jemand anderes.« Auch wenn jeder Chinese oder Inder mit größerem Recht argumentieren könnte, dass sein persönlicher Fußabdruck in dem großen Ganzen eine unbedeutende Rolle spielt, ist das auch für uns eine absolut relevante Frage.

Ich stamme aus Norwegen, weshalb es auf der Hand liegt, dass ich mich an norwegischen Verhältnissen orientiere. Dabei ist Norwegen als Beispiel für ein reiches, ölproduzierendes Land durchaus interessant. Auf globalem Niveau sind Norwegens Emissionen wie auch der ökologische Fußabdruck im Vergleich zu China sehr klein. Norwegens Rolle ist trotzdem nicht so nebensächlich, wie wir es gerne darstellen, wenn es uns gerade passt, während wir in anderen Zusammenhängen Wert darauf legen, eine große Rolle auf der internationalen Bühne zu spielen. Der global verursachte Umweltschaden kann als Summe des Konsums aller Individuen oder als Summe der Emissionen aller Länder betrachtet werden.

Norwegen ist ein Land des Glücks. Wir landen immer auf einem Spitzenplatz, was Lebensqualität und Zufriedenheit angeht, und vermutlich gilt das auch für den Punkt Selbstzufriedenheit. Wir dümpeln wie ein Korken auf den aufgewühlten Weltmeeren. Wir verfügen über Wasserkraft, haben die Ressourcen des Meeres und noch dazu Öl und Gas. Und offenbar haben wir auch einiges richtig gemacht. Die Verwaltung des norwegischen Ölvermögens ist vorbildlich, auf jeden Fall rein ökonomisch betrachtet. Es sieht aber so aus, als hätte das Glück unsere Sinne benebelt, was die Bereitschaft und den Willen zu Änderungen angeht. 2012 war sich das politische Norwegen einig, dass Norwegen bis 2050

CO_2-neutral sein sollte. 2020 sollten unsere Emissionen im Vergleich zu 1990 bereits um 30 Prozent gesenkt sein. Doch statt das ambitionierte Ziel anzugehen, wurde lange und ausführlich diskutiert. Schließlich kam man zu dem Schluss, dass Norwegens Beitrag zu dem globalen Schnitt 30 Prozent der Emissionen im Jahre 1990 entsprechen sollte. Nimmt man das Klimaabkommen noch genauer unter die Lupe, erkennt man, dass Norwegen bis 2020 lediglich eine Verpflichtung zur Verpflichtung zur Reduzierung eingegangen ist – in welcher Höhe ist nach wie vor ungeklärt. Fakt ist, dass die Emissionen seit 1990 um 24 Prozent zugenommen haben. Im gleichen Zeitraum hat Dänemark seine Emissionen um 45 Prozent gesenkt, Schweden um 24, Deutschland um 31 und England sogar um 53 Prozent. Natürlich ist es leichter, die Emissionen zu senken, wenn man bisher nicht auf Wasserkraft, sondern auf Kohle gesetzt hat, aber trotzdem: Stolz können wir darauf eigentlich nicht sein.

Nun ist es nicht leicht, all die verschiedenen Möglichkeiten der Berechnung von Verpflichtungen und Emissionsreduktionen zu durchschauen. Was sind relative Reduktionen, was absolute? Was wird durch Quoten ausgeklammert und was positiv angerechnet? Als Verschwörungstheoretiker:in liegt der Gedanke nahe, dass das extra so konzipiert wurde, um möglichst viele Schlupflöcher offenzuhalten.

Norwegen hat sich durch das Pariser Abkommen verpflichtet, bis 2030 40 Prozent der Emissionen gegenüber 1990 einzusparen. Damals lagen die Emissionen bei 51 Millionen Tonnen CO_2-Äquivalente. Die für das nächste Jahr erwarteten Emissionen belaufen sich ebenfalls auf 51 Millionen Tonnen. Als der Staatshaushalt 2020 vorgestellt wurde, musste die Regierung dann auch einräumen, dass die Klimaziele nicht erreicht wurden. Des Weiteren profitiert Norwegen davon, dass im Pariser Abkommen festgelegt wurde, dass jede Nation nur für die im Inland anfallenden Emissionen verantwortlich ist. Wir können das Abkommen also einhalten, indem wir das Norwegische Schelf elektrifizieren und dann dank dieser Elektrifizierung weiterhin Öl fördern und exportieren, das letztlich in den Bilanzen der anderen Länder auftaucht.

Zwischen der politischen Rhetorik und Realität klafft noch immer eine große Lücke. So verkündete das Öl-Direktorat 2018 noch voller Optimismus: »Bilanz für das Norwegische Schelf 2018 – unser Öl- und Gasmärchen ist noch lange nicht am Ende.«[145] Weiter heißt es: »Auf dem Norwegischen Schelf herrscht nach wie vor große Aktivität. Die Produktionsprognosen für die nächsten Jahre sind vielversprechend und lassen hohe Einnahmen für Betriebe und Gesellschaft erwarten. Das Interesse an der Suche nach weiteren Öl- und Gasvorkommen ist groß.«

2018 wurden 53 Probebohrungen durchgeführt, etwa gleich viele im Jahr 2019. 2017 waren es 36. 38 der 2018 genehmigten Bohrungen lagen überdies in der ökologisch sensiblen Barentssee. Die Prognosen gehen davon aus, dass weitere, förderbare Ölvorkommen gefunden werden. Insgesamt gehen die Schätzungen für das Jahr 2023 von bis zu 7,5 Milliarden Barrel Öl aus. Norsk Petroleum kalkuliert überdies damit, dass 48 Prozent der insgesamt existierenden Ressourcen auf dem Norwegischen Schelf noch unentdeckt sind. Ein Großteil davon befindet sich in der Barentssee.[146] Die Gerüchte über den baldigen Tod der Ölbranche sind also reichlich übertrieben, im Gegenteil, die »goldenen« Zeiten werden bald wieder zurück sein. Unmittelbar vor der Kommunalwahl im September 2019 hielt *Dagens Næringsliv* in einer Reportage fest: »In den nächsten Jahren werden die weltweit größten

145 https://www.npd.no/fakta/publikasjoner/rapporter/sokkelaret/sokkelaret-2018/

146 https://www.norskpetroleum.no/leting/leteaktivitet/

Ölgesellschaften ihre Investitionen deutlich erhöhen.«[147] Ein Journalist wagte in diesem Zusammenhang die Frage: »Die Klimafrage hat in der Debatte über die weitere Entwicklung der Ölindustrie eine wichtige Rolle gespielt. Ist das Zeitalter des Öls nicht vorbei?« Als Antwort wurde ihm beruhigend versichert, dass viele Prognosen von einer steigenden Nachfrage nach Öl ausgingen.

Eine Demokratie ist wie ein Riesentanker. Sie ist ausgerichtet auf einen geradlinigen Kurs mit nur langsamen Korrekturen. Die Demokratie ist zweifelsohne die beste Regierungsform, die wir haben. Sie schützt uns vor den übelsten Formen von Populismus. Die Achillesferse der Demokratie ist aber, dass Kurzsichtigkeit und politische Strategien gefördert werden, die sicherstellen sollen, dass man bei der nächsten Wahl wiedergewählt wird. Ein solches politisches System ist zu keinen wirklich großen Kursänderungen in der Lage, da viel zu viele Hände am Lenker sind und nicht wenige ihre größte Chance in einem »Weiter so« sehen. Echte Kurswechsel sind deshalb schwierig, bis wir plötzlich einer anderen, bedrohlicheren Wirklichkeit in die Augen blicken.

Ein Kernproblem ist, dass in einer Demokratie immer auch spezielle Interessen berücksichtigt werden, die mehr oder weniger berechtigt sind. Überdies vertreten bezahlte Lobbyist:innen die Interessen derjenigen mit den dicksten Börsen, wodurch diese ungleich größeren Einfluss auf die Entwicklung der Gesellschaft bekommen. Dazu kommen mächtige Akteure, die sich fast instinktiv aus kurzsichtigen Eigeninteressen jedweder Veränderung widersetzen.

In Norwegen basiert die gesamte grüne Wende auf einem großen Technologie-Optimismus. Eine andere Schlussfolgerung ist unmöglich, da die Ölwirtschaft

---

147 »Ny SEB-rapport: Oljeinvesteringene vil øke kraftig framover«. Dagens Næringsliv, 6. September 2019

anscheinend unantastbar ist. Ein Großteil der Voraussetzungen für das 2020-Ziel basierte deshalb auf der Prämisse einer erfolgreichen Kohlenstoffspeicherung. Noch vor wenigen Jahren ging man davon aus, dass hierzulande bis 2020 zwischen drei und zehn große CO_2-Abscheider gebaut werden könnten. Heute kennen wir die bittere Wahrheit. Es gibt nicht eine einzige solche Anlage. Und wie ich schon früher geschrieben habe, deutet auch nichts darauf hin, dass die Speichertechnologie für Kohlenstoff international auch nur ansatzweise dazu in der Lage sein wird, unsere Klimaprobleme zu lösen.

Die fossilen Energiereserven, in die bereits investiert wurde, machen etwa das Dreifache des Restbudgets an atmosphärischem CO_2 aus (basierend auf dem 2-Grad-Ziel). Diese Investitionen werden zu sogenannten *stranded assets*, also unrealisierten Investitionen, sollten die Reserven im Boden verbleiben. Kein:e Investor:in will so etwas – auch nicht der norwegische Staat. Wer das Öl unberührt lassen soll, ist deshalb zu einer brennenden politischen Frage geworden, die sich in Zukunft noch zuspitzen wird. Allem Anschein nach wird der Nahe Osten seine Förderung nicht drosseln. Und was ist mit Russland? Den USA? Uns?

Als Rex Tillerson, der frühere Außenminister der USA, CEO von ExxonMobil war, hielt er fest, dass *stranded assets* inakzeptabel seien. Er sei den Aktionär:innen verpflichtet, nicht dem Klima. Kurz zuvor hatte er 40 Milliarden Dollar für die Suche nach Öl in den sensibelsten Regionen der Welt genehmigt – vom zentralen Amazonas-Urwald bis in die westliche Antarktis.

Die fossilen Ressourcen, in die bereits investiert wurde und in die noch investiert werden wird, werden nach Tillersons Logik also auch gefördert werden. Auch wenn sich nur wenige so klar ausdrücken wie er, folgen auch die anderen großen Player auf dem Markt der fossilen Energien dieser Prämisse – auch der norwegische Staat. Dieselben Nationen, die mit Sorgenfalten auf der Stirn zu den Klimakonferenzen reisen, subventionieren die Suche nach fossiler Energie durch ein für die Ölgesellschaften lukratives Steuersystem. Man sollte nie unterschätzen, welche Macht Vorbilder haben können. Mit einem »Weiter so« ist auch Norwegen im Begriff, seine Chancen zu verspielen, anderen einen Weg aus der Krise zu zeigen, in die wir uns selbst manövriert haben.

Ein klassisches Argument der Debatte lautet, dass Norwegen, sollten wir die Ölproduktion jährlich um ein paar Prozent mindern, damit nur erreichen wird, dass Länder wie Russland, Saudi-Arabien oder die USA entsprechend mehr produzieren und so die 300 Milliarden Kronen einstreichen, auf die wir verzichten wollen. Durch die dort üblichen, weniger effektiven Fördermethoden würden die CO_2-Emissionen damit sogar noch steigen. Und das sei doch wohl keine gute Umweltpolitik?

Diese Argumentation hat ein paar große Schwächen. Die Sozioökonomin Katinka Holtsmark hat nachgewiesen, dass die weltweite Ölförderung kein Nullsummenspiel ist, in dem weniger Förderung am einen Ort durch mehr an einem anderen kompensiert wird. Sie schließt daraus, dass es kosteneffektiv sein kann, die Förderung vor der eigenen Haustür zuerst zu drosseln.[148] Die Aversion gegen ein solches Vorgehen, wie auch gegen Umweltabgaben, die tatsächlich spürbar sind, ist ein globales Dilemma und führt zu den bekannten Schlussfolgerungen, dass es weder der Umwelt noch der Wirtschaft dient, wenn Norwegen die Ölförderung einstellt. Und leider findet sich dieses Argument auch in anderen Ländern. Folgen wir dieser Logik, sind wir beinahe dazu verdammt, alle Ölvorräte bis zum letzten Tropfen zu fördern. Dieselbe Logik lässt sich im Übrigen auch auf die Kohle anwenden. Norwegen ist daran zwar nicht beteiligt, aber das spielt keine Rolle. Entscheidend ist, dass wir nicht das

148 Holtsmark (2019)

gesamte Öl fördern können, und auch nicht die gesamte Kohle.[149]

Ideell betrachtet sollte Norwegen deshalb die Führung bei den Bemühungen übernehmen, unsere Abhängigkeit vom Kohlenstoff zu verringern. Gleichzeitig ist es nicht zu verhindern, dass einige Länder zu Trittbrettfahrern werden und die verbesserte Umwelt und die gestiegenen Ölpreise genießen, ohne die eigene Produktion zu reduzieren. Das Klügste wäre es deshalb, die Nachfrage noch stärker anzugreifen als die Produktion. Die Nachfrage nach Öl muss sinken, und in diesem Zusammenhang sind reduzierter Verbrauch, weniger Flugreisen, höhere CO_2-Steuer und Ausbau der alternativen Energien die Stichworte. Eine weitere Möglichkeit wären Absprachen zwischen den großen Ölproduzenten, um die Produktion zu begrenzen.[150]

Die Reaktion des Marktes auf die knappere Ware wären höhere Preise, was den Verbrauch weiter reduzieren würde. Und solange der reduzierte Verbrauch durch höhere Preise kompensiert wird, ist das für die ölproduzierenden Länder nicht unbedingt ein wirtschaftlicher Verlust. Allerdings müsste dafür irgendjemand – warum nicht Norwegen – vorangehen.

Die Umweltprobleme sind global. Auch Lösungen müssen deshalb global sein. Zusätzlich muss es aber auch nationale, lokale und individuelle Maßnahmen geben. Es mag stimmen, dass die Entwicklung in Norwegen kaum Einfluss auf die Schieflage der Welt hat. China, Indien und die USA liefern den Löwenanteil der Emissionen. Und die Artenvielfalt ist in Brasilien, Afrika und Australien am stärksten bedroht. Was bringt es also, sich selbst zu kasteien? Ist das nicht bloß aufgeblasene Symbolpolitik?

Ich bin nicht dieser Meinung. Neben dem selbstver-

149 The Production Gap (2019)

150 Aasheim et al. (2019)

ständlichen Argument, dass jeder vor seiner eigenen Haustüre kehren muss, ist Norwegen kein ganz so kleiner Akteur, wie wir das gerne hätten. Wir sind ein bedeutender Ölproduzent, wir importieren viel Fleisch und Soja, und wir haben die weltgrößten staatlichen Investmentfonds – gespeist aus den Öleinnahmen.

In unserer Kultur neigen wir dazu, Moral auch im Blick auf die Umwelt als Moralismus abzutun. Dabei ist es alles andere als Moralismus, aufzuzeigen, dass wir zurzeit weit über unsere Verhältnisse leben. Es ist eine Tatsache und überdies eine existenzielle Frage, die wir im Namen all jener, die in 50, 100 oder 1000 Jahren hier leben wollen – und vielleicht ja auch noch in 100.000 Jahren – stellen müssen. Es ist eine ethische Verantwortung, die weit über uns hinausgeht. Millionen von anderen Arten sind ebenfalls betroffen.

Es ist mehr als einmal darauf hingewiesen worden, dass kaum ein Land bessere Voraussetzungen hat als Norwegen, um in dieser unsicheren Zeit einen Weg zu weisen. Norwegen ist eine reiche, aufgeklärte Demokratie mit der unausgesprochenen Ambition, umweltpolitisch so etwas wie ein Leuchtturm zu sein. Gleichzeitig ist Norwegen das Königreich der Doppelmoral, was die Umwelt angeht. Es ist deshalb nur folgerichtig, dass der Blick sich auf Norwegen richtet, wenn es um die Ursachen und Lösungen der globalen Probleme geht.

Man würde ja auch erwarten, dass eine liberale und aufgeklärte Demokratie wie Norwegen mit seinem Selbstverständnis als Umweltnation eine Bevölkerung hat, die sich mehr für Klima und Umwelt verantwortlich fühlt als die meisten anderen. Aber das Gegenteil scheint der Fall zu sein.

Vorbild sein ist alles

Als das Weltwirtschaftsforum Ende Januar 2019 zu Ende ging, hatten rund 1500 Privatflugzeuge auf den Flughäfen in der Nähe von Davos in der Schweiz Station gemacht. Die Ironie des Ganzen blieb nicht unbemerkt, denn das Treffen hatte für seine Durchführung das ISO-Zertifikat für Nachhaltigkeit bekommen. Den Gästen waren sogar Spikes für die Schuhe ausgehändigt worden, verbunden mit der Empfehlung, die Wege über die verschneiten Straßen doch zu Fuß zu bewältigen. Im Grunde ist das so, als genehmige man sich selbst ein langes Wochenende irgendwo an einem exotischen, weit entfernten Ort, während man zu Hause als Ablasshandlung den Müll sortiere.

Die Teilnehmer:innen des Weltwirtschaftsforums haben natürlich gute Gründe, warum sie so reisen, wie sie reisen. Es sind viel gefragte Menschen mit zu wenig Zeit. Sie, wie auch viele andere, rationalisieren mit diesen Argumenten ihre Klimasünden weg. Es gibt, nebenbei gesagt, genug Wissenschaftler:innen, darunter sogar Klimaforscher:innen, die in ähnlicher Weise für die gute Sache um die Welt fliegen. Andere machen sich weniger Gedanken. Die Zeitschrift *Kapital* berichtete mit einer Mischung aus Bewunderung und Irritation von einer ganz besonderen Einladung zum Lunch.[151] Immobilienmagnat Edgar Haugen hatte seine engsten Geschäftsverbindungen, 180 an der Zahl, auf die exklusive Insel Iles Sainte-Marguerite vor Cannes geladen. Die Abreise von Gardermoen fand um 6:30 Uhr mit einem gecharterten Privatflugzeug statt. Um 22 Uhr waren die Gäste wieder zurück.

Natürlich ist das vulgär, aber möglicherweise kommen einem solche Ideen ja, wenn man es sich leisten kann? Je besser es einem geht, desto mehr wird geflogen. Das ist

151 https://kapital.no/inSeite/2019/08/flyr-180-gjester-pa-lunsjtur-til-rivieraen

eine Tatsache. Auch »normale« Menschen fliegen reichlich, was nicht verwunderlich ist, wenn ein Flug nach Rom weniger kostet als ein paar Schuhe in derselben Stadt.

Als der Milliardär, Hotelkönig und Umweltvorkämpfer Petter Stordalen im Herbst 2019 die Chartergesellschaft Ving kaufte, feierte er das mit einem Flug in seiner Privatmaschine kreuz und quer durch den Norden. Auch er ist der Meinung, dass Flugscham keine Probleme löst.[152] Hier bei uns ist Ving verantwortlich für Emissionen in Höhe von 890.000 Tonnen CO_2 in den Jahren 2017/2018. Dem gegenüber stehen 1,3 Millionen Tonnen der inländischen zivilen Luftfahrt in derselben Periode. Stordalen räumte selbst ein, dass das umweltmäßig natürlich ein Dilemma sei, verteidigte sich aber damit, dass man ohne Flugzeug ja nicht nach Gran Canaria käme. Das mag stimmen, aber sollte man sich nicht stattdessen fragen, ob man wirklich nach Gran Canaria muss, bzw. wie oft? Stordalen bezeichnet sich selbst gerne als »nachhaltigen Kapitalisten«, und ich will sein Umweltbewusstsein gar nicht bezweifeln. Gleichzeitig ist er aber ein gutes Beispiel für das Problem des Greenwashings von Reisegesellschaften, die angeblich besser als andere sind. Es ist sicher nicht Stordalens Absicht, weniger Menschen in den Süden zu fliegen. Wenn diejenigen unter uns, die im Blick der Öffentlichkeit stehen, leugnen, dass es eine Berechtigung für Flugscham gibt, kann man kaum davon ausgehen, dass die Gäste von Ving sich auch nur Gedanken über dieses Thema machen, wenn sie ihr Ferienziel auswählen.

Unter den 60 Staatspräsident:innen, die im Januar 2019 mit ihrem Privatflieger in Davos landeten, war auch der damals gerade gewählte brasilianische Präsident Jair Messias Bolsonaro. Bolsonaros Beitrag zur Klimaentwicklung war in erster Linie das beschleunigte Abholzen des

---

152 »Stordalen om Ving-kjøp: – Lever godt med a bli kalt hyklersk«. Aftenposten, 1. November 2019

Amazonas-Urwalds. Dies gehörte sogar ganz offen zu seiner Reformagenda. Die Erwartungen, dadurch (kurzfristige) Gewinne machen zu können, führte nach seiner Wahl zu positiven Reaktionen an der Börse. »Bolsonaro hat einen Reformplan. Ob der populistisch ist oder nicht, spielt für uns keine Rolle«, sagte Francesco Starace, Chef des großen italienischen Energiekonzerns Enel, damals. Es mag sein, dass Starace als Privatperson und Familienvater innerlich eine gewisse Unruhe über den Klimawandel und die Zukunft seiner Kinder verspürt, als Chef aber fühlt er sich verantwortlich für das wirtschaftliche Wachstum und die Aktionäre – und nur dafür. Norwegen äußerte sich kritisch zu Bolsonaros Amazonaspolitik. Die Antwort aus Brasilien lautete aber nur, wir sollten doch vor unserer eigenen Tür kehren, schließlich seien wir verantwortlich für einen großen Teil der Ölförderungen mit den damit verbundenen Emissionen.

Auch in Norwegen werden ökologische Konsequenzen den ökonomischen Rahmenbedingungen untergeordnet. Ministerpräsidentin Erna Solberg bestätigte das mit ihrer Aussage, dass eine geplante Abwicklung der norwegischen Ölindustrie ökonomisch gesehen kurzsichtig sei. Sie sagte dies in vollem Bewusstsein der Tatsache, dass eine rasche Umstellung auf eine Unabhängigkeit von fossilen Brennstoffen für Norwegen tatsächlich sehr gut wäre. Der Weg führt ohnehin dorthin, und umso länger wir warten, umso höher werden die Kosten für die Menschen.

Auch bei der Präsentation des Staatshaushaltes im Spätherbst 2019, eines Haushaltes, der mit Blick auf die Umwelt bestenfalls als halbherzig bezeichnet werden kann, brachte Solberg klar zum Ausdruck, dass die norwegische Ölpolitik einzig und allein von der Rentabilität gesteuert würde. Kurz darauf schrieb sie gemeinsam mit der damaligen Finanzministerin Siv Jensen als Reaktion auf die aufkommende Kritik über die fehlende Klimaperspektive: »Wir sind dabei, die norwegische Wirtschaft auf einen grünen Kurs zu bringen [...]. Eine zentrale Frage wird sein, wie wir eine Wirtschaft aufbauen können, die nachhaltiger und weniger vom Öl abhängig ist.«[153]

In einem Kommentar zu Greta Thunbergs Reise mit einem Segelboot zur Klimakonferenz in Madrid im Dezember 2019 nahm die Zeitung *Aftenposten* Bezug auf ein Interview mit der Psychologin Elke Weber, die über die Bedeutung von Vorbildern gerade in puncto Klimafragen promoviert hatte.[154] [155] Weber betont darin, wie wichtig Beispiele seien. Wenn die Trendsetter, seien es Wissenschaftler:innen oder selbst ernannte Klimakämpfer:innen, das Gegenteil von dem tun, was sie eigentlich tun sollten, sind sie nicht glaubwürdig. Gleiches gilt für Länder, die ökologisch vorangehen wollen. Buchhalterische Winkelzüge, z. B. über CO_2-Handel, werden dabei von anderen Nationen wie von den eigenen Bürger:innen durchschaut.

Mit anderen Worten: Die junge Generation muss der älteren etwas beibringen – und die Welt muss Norwegen etwas lehren und sich nicht von Norwegen belehren lassen. Norwegen hatte eine offensive Rolle in den Klimaverhandlungen, und über den Regenwaldfonds haben wir einen wichtigen Beitrag geleistet. International mögen wir einen guten Job gemacht haben, ein grüner Leuchtturm sind wir aber definitiv nicht. Was wir tun, erinnert eher an Brundtlands Erklärung, dass wir da draußen eine Kursänderung brauchen, kombiniert mit einem stabilen »Weiter so« im Inland. Und irgendwie drängt sich die Frage auf, ob wir uns überhaupt bewegt haben, seit ihr Bericht 1987 erschienen ist.

---

153 »Vi vil gjøre gode valg for Norge«. Aftenposten, 11. September 2019

154 »Forskere: Klimaforskeres troverdighet er avhengig av hvordan de selv oppfører seg«. Aftenposten, 2. Dezember 2019

155 Attari et al. (2019)

Dreieinigkeit

In seiner Zeit als Ministerpräsident sprach Jens Stoltenberg in seinen Neujahrsansprachen gerne auch über die Umweltsituation in der Welt. Seine Äußerungen waren gut und ehrlich. Jedes Mal schloss er damit, dass etwas getan werden müsse. Gleichzeitig entmündigte er seine Wähler:innen mit seinen Versicherungen, dass wir uns deshalb auf keinen Fall Sorgen machen müssten. Er wollte seinen Landsleuten kein schlechtes Gewissen machen. Wie Brundtland glaubte auch Stoltenberg fest daran, dass die Technologie die entstandenen Probleme schon lösen werde. Die Geschichte hat uns gezeigt, dass dies nicht gerade erfolgreich war.

Während die eine große Trennlinie im Hinblick auf mögliche Lösungen zwischen Propheten und Zauberern verläuft, gibt es einen weiteren Konflikt bei der Frage, wer denn aufräumen muss, wenn die Party erst zu Ende ist. Einige Leute sind der Meinung, dass auch jede:r Einzelne von uns eine Verantwortung trägt, während andere überzeugt davon sind, dass einzig und allein die Politiker:innen die Naturzerstörung und die Treibhausgasemissionen in den Griff bekommen müssen. Letztere haben verschiedene Begründungen für ihre Standpunkte. Man kann zu diesem Blickwinkel kommen, und natürlich ist er bequem. Vielleicht wünscht man sich ganz einfach, weiterhin fliegen zu können, ohne dafür an den Pranger gestellt zu werden? Oder man ist der Überzeugung, dass es zu nichts führt, an individuelle Verhaltensänderungen zu appellieren, da diese ohnehin nicht ausreichen und im Widerspruch zu unseren natürlichen materiellen Interessen stehen.

Als die Kommission zur Minderung der Emissionen 2007 eine Reihe von konkreten Maßnahmen präsentierte, um Norwegens Emissionen um 70 Prozent zu senken – wovon kaum eine realisiert wurde – schloss sie bereits in ihrem Vorwort, dass der individuelle Konsum nicht

Teil der Diskussionen über mögliche Emissionsreduktionen sein solle. Interessant ist die Begründung für diese Prämisse: »Eine radikale Änderung des norwegischen Lebensstils hin zu mehr Klimafreundlichkeit würde die zukünftigen Emissionen deutlich reduzieren«, heißt es. »Die Kommission empfiehlt diese Maßnahmen trotzdem nicht, weil sie sie für politisch unmöglich hält.«[156]

Nach vielen Jahren, in denen ich immer wieder dafür argumentiert habe, dass das Individuum Verantwortung für den Planeten übernehmen und seinen Verbrauch reduzieren muss, bin ich mittlerweile – zugegeben etwas resigniert – an einem Punkt angelangt, an dem ich zu derselben Schlussfolgerung gelange. Es besteht kein Zweifel daran, dass eine solche Änderung sehr schwierig wäre. Wer sich politisch für einen reduzierten Verbrauch einsetzt, muss mit großen Widerständen rechnen. Das ändert aber nichts an meiner Kernaussage, dass der Verbrauch verändert und reduziert werden muss. Es braucht dafür aber mehr als fromme Wünsche und Gewissensappelle. Gleichzeitig halte ich an meinem Glauben fest, dass eine Änderung von Normen und Einstellungen uns auf den richtigen Weg helfen kann.

Das Meer ist die Summe aller Tropfen, aus dem es besteht, und die globalen Umweltschäden die Summe des weltweiten Konsums, der wiederum die Summe der Verbrauchsentscheidungen von jedem von uns ist. Industrie und Transport sind die großen Emissionssektoren, die Haushalte bilden isoliert betrachtet nur einen marginalen Beitrag zu den nationalen oder globalen Emissionen. Man muss sich allerdings die Frage stellen, für wen all diese Waren produziert und transportiert werden, wenn nicht für uns?

Der Konsum der norwegischen Haushalte hat sich seit 1958 verdreifacht. Deshalb liegt die Verantwortung nicht allein bei den Politiker:innen, den Einzelpersonen oder

156 NOU (2006)

den Produzent:innen. Entscheidend ist ihr Zusammenspiel. Es braucht deshalb politische Rahmenbedingungen, wollen wir die Umweltherausforderungen wirklich lösen. Umweltschutz muss dafür – um nur ein Beispiel zu nennen – lukrativer sein als Umweltverschmutzung. Doch dafür braucht es den Markt – und damit jede:n Einzelne:n von uns. Wir haben es in der Hand, die für die Umwelt besten Politiker:innen zu wählen, uns für die umweltfreundlichsten Lösungen zu entscheiden und weniger zu konsumieren. Das alles hat Einfluss auf das endgültige Ergebnis.

Natürlich haben wir es hier auch wieder mit einem demokratischen Dilemma zu tun, denn Politiker:innen dürfen nicht zu weit vorausgehen, wollen sie ihre Wähler:innen nicht verprellen. Gleichzeitig darf erwartet werden, dass Politiker:innen Visionen haben und nicht dem Motto folgen: »I am their leader, I must follow them.«

Winston Churchill verlor keine Wählerstimmen, als er nichts als Blut, Schweiß und Tränen versprach, aber das passierte natürlich angesichts der kollektiven Erkenntnis, dass alle gegen einen äußeren Feind kämpften. Zu dieser Erkenntnis sind wir im Kampf für Klima und Umwelt noch nicht gelangt, und es ist leider anzunehmen, dass das auch noch eine ganze Weile dauern wird. Eines der Probleme ist, dass wir es hier eher mit einer inneren Bedrohung als einem konkreten äußeren Feind zu tun haben.

Es gibt also mehrere Schlüssel für die Klimalösungen, und einen davon hält jeder einzelne Mensch in den Händen. Würden wir die demokratischen Werkzeuge nutzen, die wir als Bürger:innen haben, um den politischen Kurs zu beeinflussen, selber weniger konsumieren und überdies diejenigen Produzent:innen belohnen, die mehr Gewicht auf die Umwelt als auf den Preis legen, würde schon vieles in die richtige Richtung gehen.

Leider läuft es nicht so, und ein Teil der Erklärung liegt auf einer evolutionspsychologischen Ebene. Über den

Menschen kann man durchaus viel Gutes sagen, wir sind voller guter Absichten mit Blick auf die Gemeinschaft und auch auf die Zukunft, aber in unserem Inneren tobt der ewige Kampf zwischen unserer kurzsichtigen und der weitsichtigen Rationalität. Daniel Kahneman zeigt in *Thinking, Fast and Slow*, dass überraschend oft die weitsichtige Rationalität den Kürzeren zieht.[157]

Aus evolutionärer Sicht ist es vollkommen verständlich, wenn wir unseren persönlichen Besitz maximieren, jedenfalls dann, wenn wir von einer Welt mit wenigen Menschen und unbegrenzten Ressourcen ausgehen. Inzwischen hat sich da allerdings einiges geändert, was wir intellektuell erkennen, ohne dass wir deshalb aber frei wären von unseren alten, bewährten Instinkten. Genau das macht die Sache so schwer. Die meisten von uns haben Schwierigkeiten, mit dem zufrieden zu sein, was wir haben, insbesondere wenn der oder die Nachbar:in mehr hat; oder unsere Erwartungen zugunsten der Gesellschaft herunterzuschrauben, ob es sich nun um Weideland, Fischgründe oder die Obergrenze für CO_2 in der Atmosphäre handelt.

Unser Talent für *reality distortion*, also eine psychologisch bedingte Verfälschung unangenehmer Fakten, gepaart mit dem individuellen Hang zum Hedonismus, lässt die Zuspitzung der Klimakrise als wahrscheinlichstes Szenario erscheinen. Noch während wir auf die große Erkenntnis warten, sollten wir daher eine Sache schleunigst tun, um den Schaden zu begrenzen: Wir müssen eine persönliche CO_2-Quote einführen, erst moralisch, dann juristisch.

Neben der Dreieinigkeit aus Politik, Verbraucher:innen und Produzent:innen können wir auch noch die Finanzmärkte der Welt in die Gleichung aufnehmen. In Norwegen haben wir eine Sonderstellung, weil wir einen öffentlichen Investor von internationaler Größe haben,

---

157 Kahneman D. (2012): Schnelles Denken, langsames Denken. Siedler Verlag

nämlich den Staatlichen Pensionsfonds Ausland (SPU). Norwegen hat sein Ölvermögen, aus nationaler Perspektive betrachtet, vorbildlich verwaltet. Während in einigen Ländern die Einnahmen durch das Öl nur in die Hände einer kleinen Elite geflossen sind (woraus dann nicht selten die reinsten Kleptokratien entstanden sind), und andere den fossil bedingten Wohlstand sehr schnell ausgegeben haben, hat Norwegen das Vermögen über den Ölfonds so effektiv verwaltet, das der Fonds heute mit seinen 10.000 Milliarden Kronen[158] der weltweit größte staatliche Fonds ist. Der Fonds stellt damit eine bedeutende finanzielle Größe dar, und sein Einfluss wächst im Takt mit dem rasch steigenden Vermögen.

Das Vermögen im Ölfonds ist nicht nur im Besitz der norwegischen Bevölkerung, sondern wird überdies mit dem expliziten Mandat verwaltet, dass es auch noch den kommenden Generationen von Norwegern zur Verfügung stehen soll. Gleichzeitig sollen die Investitionen im Einklang mit unserem kollektiven Gewissen sein. Jedenfalls weitestgehend. Die Frage, die wir uns nun stellen sollten, lautet, ob nationale Interessen mit einer Strategie gekoppelt werden können, damit der Fonds auch als ein globaler Antreiber für Klimaschutz und Biodiversität fungiert. Vergessen wir nicht, dass es das Öl ist, das die Grundlage für den Fonds gelegt hat, und dass wir, die wir davon profitieren, unser CO_2-Gewissen erleichtern könnten, wenn die Investitionen des Fonds an bestimmte Umweltstandards gebunden wären.

Zurzeit ist der Ölfonds in erster Linie ein Instrument für das staatliche Sparen. Auch in den ethischen Richtlinien des SPU wird dieser Aspekt an erster Stelle genannt: Der Fonds soll hohe Renditen abwerfen, damit auch die kommenden Generationen davon profitieren. Als zweiter Punkt kommt der Hinweis, dass nicht in Gesellschaften

158 1.000 Milliarden Euro

investiert werden darf, die grob unethisch operieren. Stichpunkte sind hier Menschenrechte, Kinderarbeit und Umweltschutz. Es ist nicht die Aufgabe des Ethikrates, die Investitionsstrategie bezüglich ethischer und ökologischer Aspekte zu überprüfen. Es geht lediglich darum, sicherzustellen, dass die Gesellschaften, in die investiert wird, nicht grob unethisch handeln.

Gleichzeitig gibt es noch eine automatische Filterung von Gesellschaften, die mit der Tabak- oder der Rüstungsindustrie verknüpft sind. Der Effekt dieser Einschränkungen sollte nicht unterschätzt werden, da die Investitionen des Fonds dank seiner Größe auf dem internationalen Markt spürbar sind. Trotzdem sollte man viel mehr tun können. Es gibt die Chance, aktiv Einfluss zu nehmen, indem man den eigenen Aktienanteil nutzt, um die Stoßrichtung eines Betriebs zu beeinflussen. Bei einem Portfolio von 8000 Gesellschaften ist es natürlich nur begrenzt möglich, aktiv Einfluss zu nehmen, zurzeit wird dies aber so gut wie gar nicht getan.

Nicht ganz unverdient hat Norwegen den Ruf bekommen, eine Nation der Güte zu sein. Die norwegische Außenpolitik hat die preiswürdige Ambition, die Welt zu einem etwas besseren Ort zu machen, und sie hat im großen Stil zu einem zivilisierten Kapitalismus beigetragen, in dem ethische Richtlinien berücksichtigt werden. Gleichzeitig legen wir eine auffallend defensive Haltung gegenüber dem norwegischen Ölvermögen an den Tag. Das Finanzministerium hat klar festgehalten, dass der Fonds kein politisches Mittel sein soll. Als der Ölfonds sich nach langem Zögern widerstrebend aus reinen Kohle-Gesellschaften zurückgezogen hat – viele andere Investor:innen hatten das längst getan – basierte auch das auf rein finanziellen Beweggründen. Der Effekt war allerdings bedeutsam, denn durch die Größe und Solidität des Fonds war die Vorbildwirkung enorm, sodass viele weitere Investor:innen sich von der Kohle verabschiedet haben.

In der aktuellen Situation und in Anbetracht der Tatsache, dass der Fonds weitsichtig und verantwortungsvoll verwaltet werden soll, ist es höchste Zeit, dass die Umwelt auch auf der Investitionsseite als Kriterium hinzukommt. Es war deshalb befreiend, als Jonas Gahr Støre auf der Zerokonferenz, der wichtigsten nationalen Klimakonferenz Norwegens, im November 2019 klar zum Ausdruck brachte, dass wir uns an den Gedanken gewöhnen müssen, dass unser Pensionsfonds ein politisches Mittel ist.[159] Natürlich ist er das, und er sollte auch klimapolitisch genutzt werden. Vermutlich wäre das nicht nur gute ökologische Führung, sondern auch ökonomisch sinnvoll. Auf jeden Fall ist es im Einklang mit den Leitlinien des Fonds. Außerdem darf man fragen: Wenn nicht die 10.000 Milliarden Kronen des norwegischen Ölfonds, verdient mit der Förderung von Öl und der Freisetzung von CO_2, bei umweltgerechten Investitionen vorangehen, wer soll es dann tun?

Die Spitzen der Ölwirtschaft, angeführt von der Regierungschefin, zogen sofort gegen die ketzerischen Gedanken Støres zu Felde. Als der Fonds 2018 nach langem Tauziehen entschieden hatte, die Kohle fallen zu lassen, war noch ausdrücklich betont worden, dass diesem Entschluss rein finanzielle Erwägungen zugrunde lägen. Die Logik lautete vermutlich: Wirtschaft ist nur Wirtschaft, während Ökologie Politik ist – und damit der Ökonomie untergeordnet. Nachhaltigkeit mag ja schön und gut sein, solange sie nichts kostet und nicht das Wachstum bedroht.

Dank Støre ist nun endlich von einem führenden norwegischen Politiker ausgesprochen worden, was längst überfällig war – der Schneeball sollte damit zu rollen beginnen. Støre bekam auch später noch einmal Widerstände

---

159 »Store på klimakonferanse: – Vi må venne oss til a si at vårt pensjonsfond er et politisk redskap«. Dagens Næringsliv, 6. November 2019

zu spüren, aber es ist zu hoffen, dass er sich langfristig durchsetzen wird. Zwei Tage nach Støres Äußerung lud auch die Norwegische Bank zu einem Seminar über das Klimarisiko, was von Umweltinvestor Jens Ulltveit-Moe als sensationelle neue Realitätsorientierung bezeichnet wurde.

Norwegen darf seine eigene Rolle als Ölförderer, finanzieller Akteur und als potenzielles Vorbild nicht unterschätzen. Als internationale treibende Kraft hat Norwegen durchaus einen Ruf zu verlieren. Trotzdem sind wir zu bequem, unsere eigene Rolle zu erkennen, zur Freude der Wirtschaft. Wir alle sind in der Verantwortung, dies zu ändern, und Verantwortung zu übernehmen, ist wahrlich nichts Schlechtes. Man leistet damit einen Dienst für die Gemeinschaft – man gehört dazu, und erkennt, dass man auch als einzelnes, kleines Individuum einen Unterschied ausmachen kann.

AUS DER EWIGKEITSPERSPEKTIVE

Es ist ein blinder Reflex von vielen, mit etwas Positivem abschließen zu wollen. Kein:e Politiker:in würde das Fazit ziehen, dass er oder sie ein Pessimist ist, und selbst für die Klimaforscher:innen ist es nicht leicht, allzu optimistische Phrasen zu umschiffen. Gerne heißt es, man sei bedingt optimistisch. Auch ich passe in diese Kategorie. Ich bin definitiv optimistischer als David Wallace-Wells. Ich glaube nicht, dass alles zur Hölle geht und die Erde unbewohnbar werden wird. Wobei es vielleicht unterschiedliche Grade der Hölle gibt. Lokale Hitzehöllen wird es sicher geben, aber das muss nicht zwangsläufig heißen, dass alles eskaliert und zu einem globalen Untergang führt. Der Planet hat schon andere Probleme überstanden, und er hat Thermostatregulationen auf Lager, die ihn am Leben halten werden. Dies wird auch uns Menschen zugutekommen. Gut ausgehen wird es damit aber noch lange nicht, denn für Einiges ist es bereits zu spät. Die Emissionen, die wir uns über lange Zeit erlaubt haben, werden uns noch Hunderte, ja vielleicht Tausende von Jahren verfolgen. Die Technologie entwickelt sich nicht schnell genug, um das zu verhindern, und die Botschaft, ein weniger materialistisches Leben zu führen, hat bis jetzt nur eine kleine Minderheit erreicht.

Es fällt schwer, Alternativen zu den Triebkräften zu erkennen, die uns dorthin gebracht haben, wo wir heute sind. Die Kernfrage lautet deshalb, ob die notwendigen Änderungen noch in dem existierenden ökonomischen System stattfinden werden. Ich weiß es nicht. Wir haben keine zweite Natur, aber wir haben auch keine zweite Art von Mensch. Wir können auf substanzielle kulturelle Wendepunkte hoffen, sollten aber nicht damit rechnen, dass diese Schneebälle schnell genug rollen. Es gibt aber noch einen weiteren Grund, weshalb wir nicht mit einem verlegen grinsenden »Das wird sich schon richten« schließen sollten. Und dieser Punkt erhält am wenigsten Aufmerksamkeit: Ich bin tatsächlich optimistischer, was das CO_2 und das Klima angeht, als was die Vielfalt unserer Natur betrifft. Hier sind viele Änderungen bereits eingetreten, und sie sind irreversibel. Eine verlorene Art kommt nicht zurück.

Für einen eher nüchtern-optimistischen Versuch einer Beschreibung, was aktuell in der Kristallkugel zu sehen ist, kann der Bericht der DNV zum Energy Transition Outlook herangezogen werden.[160] Er basiert auf der Annahme steigender CO_2-Emissionen bis 2025 und einem reduzierten globalen Energieverbrauch ab etwa 2030. Dies setzt eine Verachtfachung der erneuerbaren Energieproduktion bis 2030 voraus, und eine 50-fach höhere Batterieproduktion, um die dann angenommenen 50 Millionen Elektroautos auch versorgen zu können.

Der Bericht basiert auf dieser und einer ganzen Reihe anderer Annahmen und kommt zu dem Schluss, dass wir im Jahr 2100 mit einer Erwärmung um 2,5 Grad rechnen müssen. In diesem Szenario steckt bereits ein nicht unerheblicher Technologie-Optimismus, ganz unrealistisch erscheint es aber nicht. Bezüglich der Weltwirtschaft geht der Bericht von einem Wachstum um 130 Prozent bis 2050 aus, wobei erwartet wird, dass das Volumenwachstum durch die verbesserte Effektivität mehr als kompensiert wird. Auch hier ist also die Entkopplung das Zauberwort. Eine solche Entwicklung basiert auf erhöhter Nachfrage nach seltenen Metallen wie Nickel, Mangan, Chrom und Kupfer, um den enormen Bedarf des Marktes nach Strom aus Wind und Sonne zu stillen, sowie für die notwendigen Batterien und andere Elektronik. Dieser Aspekt könnte zum größten Knackpunkt des ganzen Szenarios werden.

---

160 Energy Transition Outlook (2019)

In dem Bericht gehen die Autor:innen nämlich davon aus, dass diese Rohstoffe nicht zum *show stopper* werden. Diese Voraussetzung ist etwas fragwürdig, ansonsten zeugen die Aussagen des Energy Transition Outlook meiner Meinung nach von einem nüchternen Optimismus. Allerdings geht er von einer fundamentalen Neuorientierung aus – und von einer weltweiten Zusammenarbeit. Eine weitere Prämisse ist, dass niemand betrügt, dass kein Land zum Schwarzfahrer wird – und keiner auf Kosten von anderen lebt. Trotz dieser positiven Annahmen landen wir in 80 Jahren bei einer Erwärmung um 2,5 Grad. Es wird eine Erde sein, auf der man noch leben kann, aber auch eine Erde voller Stürme, Fluten und Trockenperioden, mit den damit verbundenen Flüchtlingsströmen und politischen Umstürzen.

Fast alle unsere Prognosen sehen 2050 als eine Art magischen Wendepunkt. Die meisten, die heute schon geboren sind, werden das Jahr 2050 erleben, und die jüngsten vermutlich auch das Jahr 2100. Es ist also nicht mehr sonderlich weit entfernt. Sprechen wir über gute Lebensbedingungen für »kommende Generationen«, sollten wir unseren Blick noch 100 Jahre weiter in die Zukunft richten. Und wollen wir über eine wirklich sinnvolle Perspektive für die Menschheit sprechen, sollten wir noch weiter über den Tellerrand hinausschauen und einige Hundert bis Tausend Jahre in die Zukunft blicken. Die Art Homo sapiens existiert seit 300.000 Jahren, und prinzipiell spricht nichts dagegen, dass sie noch weitere 300.000 Jahre auf der Erde wandelt – und vermutlich noch länger.

Was wir jetzt tun, hat etwa eine solche Zeitperspektive. Was ausgerottete Arten angeht, ist das Todesurteil bereits vollstreckt. Hier ist wirklich etwas für alle Ewigkeit verschwunden.

Klimaprognosen werden umso unsicherer, je weiter sie in die Zukunft reichen, deshalb ist bislang 2100 für die meisten davon eine Art Endpunkt. Die Kaskaden, die wir durch unsere Emissionen möglicherweise in Gang setzen, werden wie Wellen aber noch Jahrhunderte weiterrollen. David Archer betont in *The Long Thaw*, dass unsere Emissionen das Klima des Planeten noch in 100.000 Jahren beeinflussen können.[161] Es ist nicht unmöglich, dass wir, die wir jetzt leben, die nächste Eiszeit verschieben oder gar verhindern, aber dies ist kein Argument für ein »Weiter so«. Die Wellen hingegen, und das Meeresniveau, sind ein treffenderes Bild für das, was unsere Nachkommen aller Wahrscheinlichkeit nach erwartet. Wenn das Meer bis 2050 um einen Meter ansteigt, hört sich das vielleicht gar nicht so erschreckend an, obwohl Stürme und Sturmfluten da natürlich noch hinzukommen. Initiieren wir damit aber einen Kaskadeneffekt, sodass der erste Meter nur der Beginn eines Meeresspiegelanstiegs um 10 Meter über die nächsten 1000 Jahre ist, verbunden mit immer kräftigeren und häufigeren Extremereignissen, ist das nicht mehr trivial, nicht einmal für ein Land mit einer Felsenküste wie Norwegen. Die Effekte der bereits emittierten Treibhausgase werden mit Blick auf die Eisschmelze wohl erst nach 2100 voll durchschlagen, da es sich hierbei um Systeme handelt, die nur langsam in Gang kommen.[162] Dieselbe langsame Dynamik gilt auch für das Auftauen des Permafrosts.

Aus wirklich großer, geologischer Perspektive betrachtet, kann man natürlich sagen, dass alles, was wir unternehmen, nur ein Kräuseln auf der Wasseroberfläche ist. Epochen kommen und gehen, so war es schon immer. Eiszeiten werden kommen und all unsere Spuren verwischen, ebenso Katastrophen von oben wie Meteoriten oder Sonnenstürme. Überdies wird die Erde durch gewaltige Vulkanausbrüche verändert werden. In 100 Jahren wird nicht alles vergessen sein, wohl aber in 100 Millionen

161 Das lange Tauwetter; Archer (2008)

162 Van Renssen (2019)

Jahren. Der Planet hat mehrere Hundert Millionen Jahre vor sich, um eine neue Artenvielfalt aufzubauen, bis die Sonne ihn schluckt und unwiderruflich Schluss ist. Ich glaube, diese Zeitperspektive erklärt, warum einige Geolog:innen das Gerede um anthropogene Klimaänderungen für Hysterie halten. Wenn ihre Perspektive Millionen von Jahren sind, sind 100 Jahre nur ein Wimpernschlag der Geschichte.

2100 ist in weniger als 80 Jahren. Auch vor 80 Jahren, also 1945, stand die Welt an einem Kipppunkt, und es mussten Kämpfe ausgefochten werden, die weit mehr Todesopfer gefordert haben, als wir jetzt befürchten müssen. Damals war die Bedrohung aber so konkret und real, dass keine Zweifel an dem bestanden, was zu tun war. Die Welt ist in vielerlei Hinsicht als ein besserer Ort aus den damaligen Prüfungen hervorgegangen. 1940 lag das CO_2-Niveau bei 300 ppm. Der Großteil der Regenwälder war noch intakt, während die Bevölkerungszahl bei 2,5 Milliarden lag, also einem Drittel von heute. Nach dem Krieg war deshalb alles bereit für grenzenloses Wachstum und Fortschritt.

Am Ende möchte ich noch einmal auf die einzige in diesem Buch verwendete Abbildung zurückkommen, die Grafik über das exponentielle und das logistische Wachstum: Zurzeit erleben wir ein Zwischending zwischen den beiden beschriebenen Verläufen. Auch wenn wir, wie alles andere Leben, dem eisernen Gesetz der Tragfähigkeit unterliegen, haben wir diese mittlerweile um mindestens einen Planeten überschritten. Möglich war das, indem wir die Party mit Krediten bezahlt haben, die wir eigentlich nicht zurückzahlen können. Wir haben auf Kosten kommender Generationen gelebt und unsere Mitgeschöpfe in Tier- und Pflanzenreich beraubt.

Die einzige reale Kursänderung, für die unsere Fantasie reicht, ist weiteres Wachstum verbunden mit einer Entkopplung. Die Weltwirtschaft hat keinen Plan B. Wir klammern uns an das Wachstum und hoffen auf eine magische Unabhängigkeit von begrenzten Ressourcen und Tragfähigkeit. Und nach der Entkopplung? Was kommt dann, wenn nicht weiteres Wachstum? Effektivierung und neue Technologien können die Fallhöhe etwas reduzieren, tragen ihrerseits aber dazu bei, dass wir immer weiter hinaufklettern, bis in alle Ewigkeit. Wenn wir uns irgendwann dann den Kopf stoßen oder den Halt verlieren, der Absturz beginnt und wir dem Abgrund entgegenblicken, wird die Kursänderung ganz sicher kommen. Sie wird uns teilweise aufgezwungen werden, teilweise werden wir selber neue Wege gehen. Not macht bekanntlich erfinderisch. Wir können nur hoffen, dass es nicht in einem Kampf jeder gegen jeden endet, wie wir ihn aus zahlreichen Katastrophenfilmen kennen, sondern dass wir verstehen, dass wir nur gemeinsam zum Ziel kommen. Wenn wir erkennen, dass wir alle auf derselben Seite gegen einen Feind kämpfen, den wir selbst geschaffen haben, werden wir endlich in der Lage sein, etwas zu tun. Es ist wirklich so, als würden wir bei unserem Absturz erst in Höhe des fünften Stockwerks die Reißleine ziehen. Es wird reichen, damit wir nicht auf dem Asphalt zerschmettern, sondern nur zerschlagen in irgendwelchen Büschen im Schatten der Hochhäuser landen.

Von dort erkennen wir dann vielleicht, dass viele unserer Mitgeschöpfe ganz offensichtlich keine Fallschirme hatten. Trotzdem werden wir uns aufraffen, uns den Staub von den Kleidern klopfen und uns vielleicht etwas klüger wieder erheben.

NACHTRAG: CORONA ALS KIPPPUNKT

Am 10. März 2020 diskutierten wir die letzten Details für die Veröffentlichung dieses Buches. Als Datum war der 17. März vorgesehen. Es sollte die erste Veranstaltung in dem neuen Klimahaus des Naturhistorischen Museums in Oslo-Tøyen sein. Die Informationen über die neue Pandemie, verursacht durch das Coronavirus SARS-CoV-2, dominierten die Nachrichten. Dass dieses Virus zuerst auf den Märkten in Wuhan in China auftauchte, wurde ziemlich gut dokumentiert. Die Verhältnisse in Norditalien waren bereits alarmierend, und das Virus verbreitete sich beunruhigend schnell auf der ganzen Welt. Trotzdem ging ich davon aus, dass die Buchlancierung wie geplant stattfinden würde.

Beim Einkaufen am Donnerstag, den 12. März, fiel mir schon beim Betreten des Ladens ein junges Paar an der Kasse auf. Beide trugen Mundschutz, und sie hatten zwei Einkaufswagen voller Klopapier und Konservendosen. Hinter diesen beiden stand eine endlose Reihe anderer Kund:innen mit übervollen Wagen. Auch an den Regalen herrschte eine beinahe panische Stimmung, manche Menschen schnappten blitzschnell die letzte Labskausdose vor den Nasen der anderen weg. Noch am selben Tag wurden sowohl die Schulen als auch mein Arbeitsplatz geschlossen. Schüler:innen und Student:innen wurden nach Hause geschickt.

In diesem Augenblick herrschte eine Art »The Day After Tomorrow«-Stimmung – der Rest des Tages war dann geprägt von politischen Ermahnungen über Zusammenhalt und Solidarität. Thomas Hobbes und Jean-Jacques Rousseau hätten sicher unterschiedliche Prognosen über den weiteren Verlauf gehabt: »Jeder ist sich selbst genug« oder »Gemeinsam sind wir stark«. Historische Belege gibt es für beide Varianten, aber auch wenn der Drang, den

Klopapiervorrat der Familie zu sichern, auffällig war, sind die eigentlichen Charakterzüge des Menschen Sozialität, Empathie und Zusammenarbeit. Als Konsequenz dieser Solidarität wurden alle Veranstaltungen erst einmal in eine Warteschleife verschoben. Die Buchvorstellung im Klimahaus wurde abgesagt – stattdessen hielt ich digital einen Vortrag. Dies führte, auf jeden Fall bei mir, zu der Erkenntnis, dass es in einer neuen Zeit auch neue Möglichkeiten gibt. Im Vergleich zu den etwas mehr als 100 Plätzen im Klimahaus wurde dieser Vortrag, also mein digitales Vorstellungsvideo, mittlerweile rund 10.000 Mal gestreamt.

Wäre dieses Buch ein paar Monate später erschienen, hätte ich in einem letzten Kapitel diskutiert, ob die Pandemie mit ihrem unmittelbaren Effekt auf das Klima und die lokale Umweltverschmutzung den ultimativen Kipppunkt repräsentiert, den die Welt so dringend braucht. In der ersten Ausgabe war dies nicht möglich, wohl aber in einer späteren, die dieser Übersetzung zugrunde liegt.

Wünschenswerte soziale, politische, ökonomische und technologische Änderungen – gerne auch Kipppunkte – sind notwendig, damit uns unerwünschte Änderungen von Klima- und Ökosystemen erspart bleiben. Solche Kursänderungen reichen tief. Die vielen Zahlen und Grafiken der letzten 30 Jahre, die Aufforderungen und Warnungen, hatten vermutlich einen gewissen Effekt – sie haben aber nur zu bescheidenen Korrekturen geführt, nicht zu einem vollkommen anderen Kurs. Dies hat nicht nur mit Ignoranz oder fehlendem politischen Willen zu tun, sondern auch mit unseren mangelnden Fähigkeiten. Wir sind nämlich mental und ökonomisch vollkommen auf weiteres Wachstum eingestellt. Wie im Hauptteil des Buches erwähnt, war die Finanzkrise 2008 eine vergebene Chance zum Umdenken. Stattdessen hieß das Rezept nur »laufen und mehr kaufen«, damit die Räder sich weiterdrehen.

Jetzt sind wir in einer anderen Situation – aber dürfen wir deshalb auf einen anderen Ausgang hoffen? Dass die Klimakrise bitterer Ernst ist, ist deutlich zu erkennen, überdies ist erneuerbare Energie auch preismäßig eine reale Alternative, und nicht zuletzt mehren sich die Anzeichen, dass fossile Energie endlich ist. Auf der anderen Seite ist die ökonomische Situation schlechter, als sie es 2008 war. Es ist deshalb zu befürchten, dass die angeschlagene Wirtschaft zu den billigsten fossilen, naturzerstörerischen Mitteln greift.

Wir befinden uns damit in einer 50/50-Situation. Die Welt balanciert auf einem schmalen Grat, und dieser Kipppunkt ist erst durch die Corona-Krise deutlich geworden. Häufig werden diese Situationen mithilfe einer Kugel beschrieben, die auf einer Anhöhe zwischen zwei Senken liegt. Genau an diesem Punkt befinden wir uns gerade. Die Frage ist nun, ob wir dieser imaginären Kugel einen kleinen Stoß geben können, was essenziell wäre: Wir können nicht einfach passiv zuschauen und abwarten. Wir müssen die Chance ergreifen!

Der Konflikt zwischen »Weiter so« und einer Kursänderung, von dem weite Teile dieses Buches handeln, ist bis jetzt zugunsten des Ersteren ausgefallen. Es ist ganz einfach leichter, so weiterzumachen wie bisher, als die fossile Wachstumsökonomie komplett auf den Kopf zu stellen. Jahrzehnte mit zunehmend krasseren Warnungen, auch von der Natur selbst, sind aber nicht spurlos an uns vorbeigegangen. Die Erkenntnis, dass wir nicht nur neu denken, sondern auch effektiv handeln müssen, verbreitet sich immer weiter. Null-Emissions-Visionen sind ein Begriff, mit dem die meisten Politiker:innen und Industriellen etwas anfangen können. Die Umwelt ist Teil politischer Prozesse, und es gibt einen ganz neuen Willen, grün und anders zu denken – und zwar von der Schwerindustrie bis hin zur Finanzbranche. Der Wille muss »nur« in Handlung umgesetzt werden.

2019 war eine Art Wendepunkt in der Aufmerksamkeit für Umweltprobleme. Zum Teil war das eine Konsequenz der katastrophalen Waldbrände und Überschwemmungen, des Abschmelzens der Polkappen, der extremen Hitze und der alarmierenden Berichte des IPCC. Greta Thunberg wurde zu einem Sprachrohr und einem Katalysator für ein breites Engagement. 2020 sollte deshalb ein Jahr der Handlung werden – doch dann kam Corona.

Noch ist der Ausgang offen, aber die Frage, die viele sich in den letzten Monaten gestellt haben, lautet, ob die resoluten Handlungen, um das Virus zu stoppen, nicht sogar einen doppelt positiven Umwelteffekt haben können. Zum einen, weil die Kugel dadurch vielleicht den Stoß in die richtige Richtung erhält, zum anderen, weil wir ja sehen, dass wir können, wenn wir nur wollen. Vielleicht ist dies ja der eigentliche Kipppunkt.

Corona, Klima und Krisen

Bereits am 5. März 2020 fragte der *Guardian*-Kommentator Owen Jones: »Warum reagieren wir auf die Klimakrise nicht mit demselben Ernst wie auf die Corona-Krise?«[163] Es stimmt, was er sagt. Die Klimakrise hat nicht nur dieselben ernsthaften Auswirkungen auf Gesundheit und Wirtschaft wie die Pandemie, sie ist bereits jetzt wesentlich ernster und wird sich mit der Zeit verschlimmern, während die Corona-Pandemie weitgehend zu Ende ist. Natürlich hat sich diese Frage nicht nur Owen gestellt. Die Antwort liegt allerdings auf der Hand. COVID-19 war und ist eine direkte Bedrohung. Durch die ikonische

163 »Why don't we treat the climate crisis with the same urgency as coronavirus?« The Guardian, 5. März 2020. https://www.theguardian.com/commentisfree/2020/mar/05/governments-coronavirus-urgent-climate-crisis?

Darstellung einer Kugel mit roten Tentakeln wurde das unsichtbare Virus für uns noch dazu greifbar. COVID-19 hat überdies direkt zugeschlagen, und die Krankheit trifft Menschen, die wir kennen. Ja, jeder von uns kann ernsthaft krank werden und im schlimmsten Fall sterben. Außerdem hatte die Viruskrise auch durch das »Herunterfahren« der Gesellschaft ganz konkrete Auswirkungen auf uns. Man denke nur an die verlorenen Arbeitsplätze, das Reiseverbot, die Pflicht zum Händewaschen und Mundschutztragen sowie die generellen Einschränkungen unserer Freiheit. Wochenlang waren die Nachrichten geprägt von besorgten Aussagen von Politiker:innen und Mediziner:innen, die immer wieder den Ernst der Lage betonten – was dazu führte, dass wir »in einer kollektiven Anstrengung« die Einschränkungen akzeptierten, die uns auferlegt wurden. Ja, an Ostern durfte man nicht einmal auf die Hütte fahren. Wir haben das nicht ohne Murren akzeptiert, wir haben es aber getan.

Auch der Herbst 2020 war noch von Corona geprägt. Infektionszahlen und Quarantäneregeln dominierten die Nachrichten wie die Gespräche auf der Straße. Und es war richtig, auf die COVID-19-Bedrohung resolut zu reagieren.

Im Gegensatz dazu ist die Klimakrise für die meisten diffus, unsichtbar und weniger konkret. Sie kann jemanden treffen, den wir nicht kennen, vermutlich irgendwo in einem anderen Teil der Welt oder in einer für viele irrelevanten Zukunft. Deshalb fühlt sie sich für die meisten von uns nicht wie eine ebenso akute Krise an. Das kumulative menschliche Leid und die Einbußen für die Wirtschaft, die wir als Folge des Klimawandels zu erwarten haben, sowie der damit verbundene Naturverlust werden aller Voraussicht nach sowohl Corona als auch die meisten anderen großen Krisen, die die Menschheit erlebt hat, in den Schatten stellen. Trotzdem ist die Handlungsbereitschaft umgekehrt proportional zum Risiko. Entscheidend dafür ist die Geschwindigkeit, die plötzliche Veränderung, die wir mit Corona erlebt haben. Die Klimakrise hingegen wird immer noch nur als schleichende, ferne Bedrohung wahrgenommen.

Das ist kein Wunder. Wir sind evolutionär darauf eingestellt, auf eine Gefahr unmittelbar und konkret zu reagieren, während wir uns deutlich weniger gut darauf verstehen, zugunsten der Zukunft oder kommender Generationen auf irgendetwas zu verzichten. Außerdem ist uns der volle Umfang dessen, was uns erwartet, noch nicht bewusst – auch wenn sich hier etwas tut.

Ein Cartoon aus dem Frühjahr 2020 drückt das Essenzielle der Situation gut aus: Zwei Männer in weißen Kitteln betrachten die bekannten Corona-Kurven. Der eine sagt zu dem anderen: »Ich bin froh, wenn das vorbei ist.« Was keiner von beiden sieht, sind die wesentlich dramatischeren Klimakurven, die hinter ihnen wie eine Springflut ansteigen. Vielleicht sind wir mental nicht dazu in der Lage, uns auf mehr als eine Krise zu konzentrieren, sodass das Coronavirus den längeren Strohhalm gezogen hat. Es ist zutiefst menschlich, sich auf die konkretesten, persönlichsten und naheliegendsten Herausforderungen zu konzentrieren, aber manchmal sollte man trotzdem den Blick heben und über den Tellerrand schauen (oder einen Blick über die Schulter werfen).

Im Frühjahr 2020 wurde in unzähligen Foren die Frage gestellt, ob die Corona-Krise dabei helfen könnte, die Perspektive zu ändern. Ob es nicht möglich sei, auf dem Weg zurück zur Normalität einen neuen Kurs einzuschlagen? Ach ja. Die Annahme einer schnellen Rückkehr zur Normalität, auf die viele gehofft hatten, erwies sich als naiv. COVID-19, und seine zukünftigen Ableger, sind gekommen um zu bleiben. Die Frage, was die Pandemie für das Klima und die Natur bedeutet, ist bis heute unbeantwortet geblieben.

Post-Corona

Vielleicht ist es trotzdem möglich, etwas dazu zu sagen, wie die Welt aussehen wird, wenn wir es endlich durch den Tunnel geschafft haben? Nicht auszuschließen ist, dass auch in dem Coronavirus irgendwo etwas Gutes steckt. Die Pandemie wurde befeuert durch die Bevölkerungsdichte und unsere Reiselust. So gesehen ist es die Ironie des Schicksals, dass die Flugbranche, die mehr als alle anderen Branchen zur Verbreitung des Virus beigetragen hat, auch diejenige war, die am schnellsten und am härtesten von den Maßnahmen getroffen wurde. Der Flugverkehr hat in den letzten Monaten wieder zugenommen, es ist aber fraglich, ob er sein früheres Niveau wieder erreichen wird. Die Prognosen für das zukünftige Wachstum wirken aktuell noch ziemlich übertrieben.

Wir alle haben seit dem März 2020 neue, elektronische Treffpunkte kennengelernt, ja selbst Disputationen und internationale Konferenzen wurden digital abgehalten – mit überraschend guten Resultaten. Wenn wir diese Erfahrungen mit in die Post-Corona-Zeit nehmen, erspart uns das viele unnötige Wege, inklusive dem dazugehörigen Stress. Wir gewinnen Zeit und mindern unsere CO_2-Emissionen.

Vielleicht lernen wir die Langsamkeit auch schätzen. Viele haben die Natur um sich herum neu kennengelernt, haben den Frühling erlebt, der einem in dem ansonsten hektischen Alltag häufig wie Sand zwischen den Fingern hindurchrinnt. Wir haben einen kurzen Eindruck von »dem reichen Leben mit einfachen Mitteln« bekommen. Ob es bei diesem kurzen Eindruck bleibt oder ob die Erfahrung zu einem bleibenden kulturellen Wandel führt, bleibt abzuwarten. Es ist möglich, dass eine wirtschaftliche Rezession uns zu einem einfacheren Leben zwingt, und dann kommt es darauf an, uns gegenseitig daran zu erinnern, dass die wichtigsten und sinnvollsten Dinge des Lebens CO_2-frei und erschwinglich sind.

Vielleicht haben wir auch ein besseres Verständnis für die Verwundbarkeit der Gesellschaft bekommen, wie auch dafür, dass nicht unbedingt gesagt ist, dass der nächste Tag wie der vergangene wird und der Wohlstand immer weiterwächst.

Auf jeden Fall gibt es Grund zur Annahme, dass diejenigen, die plötzlich einen blauen Himmel erlebt und in der Ferne schneebedeckte Berge gesehen haben, heftiger als früher protestieren werden, wenn die Kohlekraftwerke in ihrer Nähe wieder ans Netz gehen. Man kann sich daran gewöhnen, beständig in Smog und Abgase eingehüllt zu sein, solange die Verschlechterung langsam und schleichend vor sich geht. Dies ist wieder ein Beispiel für die *shifting baselines*, aber wenn sich das verheißene Land buchstäblich offenbart, sobald der Smog sich lichtet und man in den Kanälen von Venedig plötzlich wieder Fische sieht, erwacht man aus seiner Lethargie und erkennt, dass es so einmal gewesen ist – und man es so auch in Zukunft haben will.

Der Glaube daran, dass wir – die ganze Menschheit – bestimmte Aspekte unseres persönlichen Verhaltens ändern werden, ist also durchaus berechtigt. Wir werden weniger fliegen – und diejenigen, die für diese Erkenntnis offen sind, werden erkennen, dass das Gras auf der anderen Seite der Erde auch nicht grüner ist und deshalb vielleicht häufiger Naturerlebnisse in der näheren Umgebung suchen. All das ist gut und schön, ein richtiger Systemwechsel mit neuen Werten ist es aber nicht. Die unmittelbare Abnahme der CO_2-Emissionen und auch der anderen Umweltverschmutzungen ging auf Kosten gesellschaftlicher Einschränkungen, die niemand auf Dauer haben will. Die Corona-Maßnahmen haben gezeigt, welche Reduktionen man erreichen kann, wenn man muss. Des Weiteren haben sie bewiesen, dass es eine Bereitschaft gibt, große Opfer zu bringen, wenn man an die Notwendigkeit glaubt. Vorläufig wissen wir aber nicht, ob dies als der Beginn einer neuen Ära in die Geschichte eingehen wird.

CO_2 in der Badewanne

Die Corona-Maßnahmen erreichten ihren maximalen Effekt am 7. April 2020. Im Laufe der Krise war dies der niedrigste Punkt für die CO_2-Emissionen wie auch für die wirtschaftliche Aktivität. Für die Umwelt war dies der beste Tag. Die CO_2-Emissionen lagen global 17 Prozent unter dem Durchschnitt des Jahres 2019, was in etwa den Emissionen von 2006 entsprach.[164] Einzelne Länder hatten sogar einen Emissionsrückgang von bis zu 30 Prozent gegenüber 2019. Der größte Rückgang war in den USA festzustellen, vermutlich aufgrund des drastisch eingeschränkten Transports, gefolgt von China und Indien, dort bedingt durch ihre verminderte industrielle Aktivität und den dadurch gesunkenen Energiebedarf. Chinas Reduzierung betrug im Laufe der ersten 4 Monate des Jahres 2020 315 Millionen Tonnen CO_2, was etwa den jährlichen Emissionen von Frankreich entspricht. Danach sind die Emissionen langsam aber stetig wieder angestiegen, sodass die Jahresemissionen im Jahr 2020 schließlich nur 5 bis 8 Prozent unter denen des Jahres 2019 lagen. Dies wäre trotzdem ein gutes Resultat, wäre es der Beginn einer neuen Ära mit sinkenden Emissionen. Wollen wir global unter 1,5 Grad Temperaturerhöhung bleiben, bräuchte es allerdings jedes Jahr aufs Neue Emissionssenkungen in dieser Größenordnung, und das bis zum Jahr 2050. Nur wenige halten so etwas für möglich. Faktisch wurde die höchste bislang gemessene CO_2-Konzentration im Mai 2020 gemessen. Der neue Rekord liegt bei 418 ppm, eine Größenordnung, die der Planet seit vermutlich 3 Millionen Jahren nicht mehr erlebt hat. (Inzwischen sind wir bei 420 ppm.) Ohne die coronabedingten Einschränkungen wäre das Rekordniveau aber nur 0,4 ppm höher gewesen. Ja, selbst wenn Corona die Weltwirtschaft bis weit in das

164 Le Quere et al. (2020)

Jahr 2021 in die Knie gezwungen hätte, wäre das für das Klima nicht mehr als ein Kräuseln der Wasseroberfläche – vorausgesetzt, wir fallen anschließend in die alten Gewohnheiten zurück.

Wie kann das sein, und ist dann überhaupt irgendetwas von Nutzen?, fragt man sich automatisch. Im Spätsommer 2020 zeigten aktuelle Analysen, dass das Abschmelzen in Grönland 2019 ein neues Rekordniveau erreicht hatte. Der Eisverlust war um 15 Prozent höher als beim früheren Rekord 2012.[165] Gleichzeitig erreichten die Temperaturen und die Waldbrände in Kalifornien einen neuen Höhepunkt. Mitte August wurden im Death Valley 54,5 Grad gemessen. Zeigt das nicht, dass das Rennen verloren ist? Wenn wir mit den Reduzierungen auf dem Niveau von 2020 nicht zufrieden sein können und noch dazu Jahr für Jahr ähnlich hohe Absenkungen bis zum Jahr 2050 brauchen, nimmt einem das den Mut und die Zuversicht. Zusätzlich brauchen wir Geduld. Die positiven Effekte stellen sich nicht sofort ein, was den Glauben an den Nutzen noch weiter bedrängt.

Eine Badewanne ist ein gutes Bild für die Dynamik zwischen Emissionen, Aufnahme und der Menge an CO_2 in der Atmosphäre.[166] Ältere Wannen haben in der Regel einen Sicherheitsabfluss oben unter dem Wasserhahn, damit man keine Überschwemmung riskiert, sollte man vergessen, das Wasser abzudrehen. Solange nicht mehr Wasser in die Wanne fließt, als dieser Abfluss aufnehmen kann, bleibt der Wasserstand stabil. Nur die Wasserrechnung ist dann etwas höher. Eine Badewanne fasst viel Wasser, wir wissen aber, wie hoch die Kosten werden können, wenn mehr Wasser zufließt, als abfließen kann. Die Ökosysteme tragen selbst zu den größten CO_2-Emissionen

165 Sasgen et al. (2020)

166 Hessen, D. O. (2019): C – Die vielen Leben des Kohlenstoffs. Kommode Verlag. Borunda (2020)

in das »atmosphärische Becken« bei, sie nehmen aber auch CO_2 auf, und diese Aufnahme ist etwas höher als die Emissionen. Diese natürliche Mehraufnahme stellt den Sicherheitsabfluss im globalen Klimasystem dar. Wenn die CO_2-Konzentration in der Atmosphäre trotzdem zunimmt, liegt das daran, dass wir mehr CO_2 hinzufügen, als das Sicherheitsventil schlucken kann. Es ist in etwa so, als würden wir einen zweiten Badewannenwasserhahn montieren, der nicht so groß wie der Haupthahn ist, aber groß genug, um das Fassungsvermögen des Sicherheitsabflusses zu überschreiten. Selbst wenn wir den Zufluss durch diesen Extrahahn um 8 Prozent reduzieren, steigt der Wasserstand (bzw. die CO_2-Konzentration in der Atmosphäre) weiter. Will man das vermeiden und etwas tun, damit der Wasserstand effektiv sinkt, muss der Extrahahn mehr und mehr geschlossen werden, bis schließlich gar nichts mehr kommt, sodass der Sicherheitsabfluss das überschüssige Wasser, das sich in der Wanne angesammelt hat, ableiten kann.

Im Gegensatz zu anderen Formen der Verunreinigung, wie etwa Feinstaub in der Atmosphäre, verschwindet das Klimaproblem also nicht schlagartig, wenn die CO_2-Emissionen reduziert werden. Es gibt eine Verzögerung von einigen Jahrzehnten, bis unsere Emissionsreduktionen positive Effekte bewirken.[167] Anders als bei Partikeln und Smog ist der Effekt auch nicht mit dem bloßen Auge zu sehen. Wir müssen stattdessen darauf vertrauen, dass unsere Modelle und Messungen uns zeigen, dass wir auf dem richtigen Weg sind.

Apropos Feinstaub: Während der Coronazeit wurde sein Ausstoß stark reduziert, was das pessimistische Motto unterstützt, dass in allem Guten auch etwas Schlechtes steckt. Aerosole haben nämlich einen abkühlenden Effekt. Sie blockieren einen Teil des Sonnenlichts. Dies führt

---

167 Samset et al. (2020)

dazu, dass weniger Smog tatsächlich mehr Erwärmung bedeuten kann, ohne dass ich damit eine Lanze dafür brechen möchte, mehr Ruß in die Atmosphäre zu blasen.

Seit dem Tiefpunkt im April 2020 ist die CO_2-Konzentration angestiegen. Die Flugzeuge sind wieder in der Luft. Auch der private Verkehr und der Transportsektor sind erneut aktiv. Überdies haben auch die anderen CO_2-generierenden Tätigkeiten wieder zugenommen. Einer weltweiten Mobilitätsstudie, basierend auf digitalen Spuren, ist zu entnehmen, dass die Reiseaktivität in den 125 Ländern, in denen während der akuten Krise Daten gesammelt wurden, während der Pandemie um mindestens 10 Prozent abgenommen hat. Mancherorts nahm sie sogar um bis zu 80 Prozent ab, was direkte Effekte auf die CO_2-Emissionen und andere Arten von Luftverschmutzung hatte. Schon Anfang August näherte sich das Verkehrsaufkommen in Asien aber wieder dem Normalniveau.[168] Die Welt rückt zurück auf den Ausgangspunkt, auch wenn dies infolge der Launen des Coronavirus nicht ganz geradlinig passiert. Vielleicht kommt es sogar schlimmer. Eine der großen Fragen lautet, ob wir wieder zum »normalen« Verhalten zurückkehren, also zurück dahin, wo wir Anfang 2020 waren, oder ob wir überkompensieren und versuchen werden, das Verlorene irgendwie nachzuholen.

China hat im Laufe der ersten Monate des Jahres 2020 mehr neue Kohlekraftwerke in Betrieb genommen als im gesamten Jahr 2019. Wieder liegt der Gedanke nahe, dass alle Opfer vergebens sind. Dazu kann man nur sagen, dass Chinas Energiekurs die Welt beeinflussen wird. Viele Expert:innen sind allerdings der Meinung, dass der Markt auch China dazu bringen wird, in Zukunft weniger in Kohle zu investieren. Kohle ist finanziell ein totes Pferd, das nicht wieder zum Leben erweckt werden kann. Das

---

168 Forster et al. (2020)

musste auch Donald Trump erfahren. Das Öl ist noch am Leben, aber auch dieses Pferd, um bei dem Bild zu bleiben, galoppiert langsam in Richtung Sonnenuntergang. Diese Tatsache ist mehrfach beschrieben worden, unter anderem auch von Knut Mork in *Oljeeventyret – som kom og gikk.*[169] Die Kombination aus vollen Öllagern, Überproduktion und einem dramatischen Absinken der Ölpreise hat im Frühjahr 2020 zu der verblüffenden Situation negativer Ölpreise geführt. Auch wenn der Preiskollaps vorübergehend war, wird dadurch immer deutlicher, dass die Welt all diese Kohle und all dieses Öl nicht mehr braucht. Dies wird noch deutlicher werden, sollte die verminderte Produktivität der Weltwirtschaft anhalten, ob nun durch die Spätfolgen der Corona-Epidemie, aus Angst vor einem neuen Virus oder aus der Erkenntnis, dass es tatsächlich eine reale – und noch dazu notwendige – Alternative gibt.

Somit reden nicht nur die traditionell Umweltengagierten über eine einzigartige Möglichkeit. Auch im Finanz- und Industriesektor sind viele überzeugt davon, dass es sowohl aus ökologischen als auch aus finanziellen Gründen eine grüne Wende braucht. Corona hat diese Erkenntnis beschleunigt. Die Frage ist nun, ob dies auch zu Änderungen führt, die einen Effekt haben.

Der frühere norwegische Ministerpräsident Lars Korvald erreichte große Berühmtheit durch seine Aussage »Norwegen ist ein Land in der Welt«. Man kann sich über die Formulierung amüsieren, aber manchmal ist es wirklich gut, daran erinnert zu werden. Es geht auch nach Corona nicht nur um China, Indien oder die USA, sondern darum, wie die Weltgemeinschaft reagiert – und damit auch Norwegen. Da wir hier über einen schnelleren Übergang in eine Zukunft sprechen, die unvermeidbar vor uns liegt, sollten wir nicht nur über Entbehrungen und Verzicht sprechen.

169 Das Ölmärchen – wie es kam und ging; Mork (2020)

Es geht ebenso um Innovationen und neue Geschäftsideen. Auch wenn erst noch ein Engpass vor uns liegt, warten auf der anderen Seite große Möglichkeiten.

Der UN-Generalsekretär António Guterres und der IEA-Chef Fatih Birol haben wie viele andere Autoritäten darauf hingewiesen, wie wichtig es ist, den Druck auf die Klimapolitik auch in der Corona-Krise aufrechtzuerhalten. Beide setzten sich dafür ein, die gezahlten Corona-Subventionen wenigstens zum Teil an umweltfreundliche Reformen zu knüpfen. In Norwegen brach eine große Debatte los, als die tonangebenden Ökonom:innen vorbrachten, dass Subventionen für die Ölwirtschaft nicht der richtige Weg seien, um eine grüne Wende zu erreichen.[170] Ja, sogar Ministerpräsidentin Erna Solberg betonte, wie wichtig es sei, dass die norwegische Politik Rückgrat zeige und dem Druck der Öllobby standhielte.[171] Der norwegischen Ölindustrie ist es mit ihrem Lobbyeinsatz trotzdem gelungen, sich großzügige staatliche Zuschüsse in Form von Steuererleichterungen zu sichern. Begründet wurde das mit dem altbekannten Argument, dass eine starke Ölkonjunktur die Voraussetzung für die teure grüne Wende sei. Ja, die Ölgesellschaften bekamen im Frühjahr 2020 mehr Subventionen als bislang für konkrete Maßnahmen für die Umstellung z. B. in der Zulieferindustrie eingesetzt wurden.

Korvald hat durchaus recht: Wir sind ein Land in der Welt – und dabei kein unbedeutendes. Wir können nicht erwarten, dass andere Länder in die Bresche springen für eine schnelle grüne Wende, während wir selbst den angenehmen Umweg über weitere Ölförderung im großen Stil machen. Es geht darum, eine Tragödie für die

---

170 https://www.aftenposten.no/meninger/kronikk/i/vQMqlL/subsidier-til-oljenaeringen-gir-ikke-omstilling-aatte-tidligere-og-naav

171 https://www.dn.no/politikk/erna-solberg/olje-og-gass/hoyre/solberg-viktig-asta-imot-press-fra-oljelobbyen/2-1-821389

Allgemeinheit zu vermeiden, und zwar sowohl auf nationalem wie auch auf persönlichem Niveau. Wir müssen uns gegen das Argument wehren, dass es doch unerheblich ist, was Norwegen tut – oder jede:r Einzelne von uns. Genau dieser Gedankengang ist die Ursache für die meisten Umweltprobleme. Er verhindert Veränderungen, obwohl uns genau damit gedient wäre. In diesem Fall geht es nicht nur darum, dass Klima und Umwelt von der Umstellung profitieren würden. Es ist auch ökonomisch richtig, sich in die grüne Richtung zu bewegen – solange man den Blick nur etwas weiter nach vorne richtet als gewöhnlich.

Die Rache der Natur?

Der grüne Faden, der sich durch die vorangegangenen Kapitel zieht, handelt von den Umweltherausforderungen, die an mehr hängen als nur an CO_2. Es geht auch um die Konsequenzen einer Wachstumskultur, die fraglos zu Fortschritt und Wohlstand für die Art Homo sapiens geführt hat, allerdings auf Kosten der übrigen Arten dieser Erde. Mittlerweile sieht es so aus, als ob diese Kultur ihren Zenit überschritten hätte. In immer stärkerem Maße erkennen wir, dass wir nicht nur ein Teil der Natur sind, der wir entstammen und die wir zu kontrollieren versucht haben, sondern dass wir von dieser Natur auch abhängig sind. Die Natur selbst erinnert uns daran mit immer klarerer Stimme. Die COVID-19-Epidemie ist paradoxerweise ein Resultat von zu intimem Kontakt mit eben jener Natur. Die Weise, wie wir mit ihr umgehen, ist weder für uns noch für sie gut.

Einige erachten die Corona-Epidemie deshalb als eine Art moderne Sintflut, nur mit dem Unterschied, dass nicht Gott die Menschen straft, sondern »die Natur selbst«. Sie schlägt zurück und wehrt sich damit gegen die Zerstörung des Planeten. Auch wenn noch Unsicherheiten über die Ursachen und Konsequenzen von COVID-19 bestehen, können wir uns ganz sicher sein, dass die Natur frei von derart metaphysischen Intentionen ist. Ganz zufällig kam die Epidemie aber trotzdem nicht. Das Coronavirus ist eine von zahlreichen Zoonosen – Infektionen, die vom Tier auf den Menschen überspringen können. Sie entstehen aus unserem engen Umgang mit Tieren. Viele menschliche Krankheiten haben ihren Ursprung in unserer Nutztierhaltung. Das betrifft sowohl Bakterien als auch Viren. Die gefährlichsten und schwersten Epidemien gehen jedoch auf Viren zurück. Ein Grund dafür ist, dass Viren schnell mutieren, eine andere, dass Antibiotika gegen sie nutzlos sind. Ein Virus steht auf der Schwelle zwischen Tod und Leben. Es ist auf faszinierende Weise so etwas wie ein Komplementärpartikel der Biologie, das sich problemlos durch das Erbmaterial vieler Organismen bewegen kann – und dieses Mal hat eine neue Variante sich uns ausgesucht.

Die meisten haben mitbekommen, dass die Tiermärkte in China aller Wahrscheinlichkeit nach der Ausgangspunkt dieser Epidemie waren, wie schon oft zuvor. Dicht gedrängte Bestände verschiedener Tierarten sind die Brutstätte neuer Viren, die von Individuum zu Individuum, von Art zu Art springen. Nicht selten entstehen dabei immer neue Mutationen, die das Virus dann irgendwann auch für den Menschen passend machen. Fledermäuse sind ein Reservoir für viele Virusarten, und ein enger Kontakt mit Fledermäusen (die auf diesen Märkten verkauft und serviert werden) trägt seinerseits zur Verbreitung bei. Es ist möglich, dass Schuppentiere, diese charismatischen, bedrohten Wesen, die in China selbst auf der Speisekarte stehen, bei der Entwicklung des Coronavirus ein Zwischenglied zwischen Fledermaus und Mensch waren. Es kommen aber auch noch andere Tierarten dafür infrage. Als erste Maßnahme, um weitere Epidemien zu verhindern (die noch deutlich schlimmer ausfallen könnten), sollten wir diesen Märkten mit örtlichen Wildtieren ein Ende machen. Und das sage ich nicht nur uns zuliebe.

Neben den Märkten verursacht auch eine Reihe von weiteren Eingriffen in die Natur Epidemien. Dass wir immer weiter in neue Regenwaldgebiete vordringen, wo wir Fledermäuse, Affen und andere Arten aus ihren Lebensräumen vertreiben, ist eine wichtige Quelle gefährlicher Kontakte. Dabei kann es auch zu Komplikationen in die andere Richtung kommen. Tiere, insbesondere die großen Affenarten, können an »unseren« Viren erkranken, und zurzeit macht man sich ganz konkret Sorgen um Corona-Infektionen bei Schimpansen, Gorillas und Orang-Utans.

Diese Probleme sind bei Weitem nicht neu. Seit Jahren wird vor Tiermärkten, *bushmeat* und der Naturzerstörung gewarnt. Eine umfassende Analyse von 6800 Ökosystemen auf sechs Kontinenten zeigt die Mechanismen hinter dem Zusammenhang zwischen Naturzerstörungen und Pandemien auf.[172] Sowohl Ebola, Aids und Tollwut als auch eine akronymreiche Gruppe von Krankheiten wie MERS, SARS, H1N1 und Nipah gehen auf den engen Kontakt zwischen Mensch und Tier zurück. Trotzdem brauchte es die Corona-Pandemie, damit das Problem endlich ernst genommen wurde.

In den letzten Jahren gab es eine deutliche Zunahme an Zoonosen. Ein Hauptgrund dafür ist, dass wir mit unseren Nutztieren in neue Bereiche vordringen, dass wir Wälder roden und Ökosysteme fragmentieren, weshalb wir immer öfter in Kontakt mit Wildtieren kommen. Dies fördert die Verbreitung von Viren, Bakterien und anderen Pathogenen für Menschen, entweder direkt oder über die Haustiere.[173] Eine weitere Ursache für die zunehmenden Zoonosen ist die Tatsache, dass die reduzierte biologische Vielfalt Arten begünstigt, die großes Potenzial für die Verbreitung von Keimen haben, wie Ratten, Fledermäuse oder einzelne Primaten. Insbesondere die Fledermausbestände

---

172 Tollefson (2020). Gibb et al. (2020)

173 Bloomfield et al. (2020)

sind ein Virenreservoir, das unter anderem verantwortlich ist für Ebola, Nipah, SARS – und jetzt also COVID-19. Wenn die natürlichen Lebensräume dieser Tiere zerstört werden, sind sie gezwungen, ihre Nahrung dort zu suchen, wo die Menschen sich mit ihren Haustieren aufhalten, wodurch die Ansteckungsgefahr steigt.

Obwohl diese Zusammenhänge bekannt sind, widmen wir Impfungen und Behandlungsmöglichkeiten deutlich mehr Aufmerksamkeit als der Vorbeugung vor diesen Krankheiten. Impfungen sind notwendig, aber wie die Klimaprobleme und alle anderen Umweltprobleme sind auch Zoonosen besser an den Wurzeln zu packen als an den Symptomen. Damit ist COVID-19, wie auch andere Zoonosen, ein weiteres Argument für die Bewahrung unberührter Naturräume.

Gemeinsinn und Systeme

Die mit der Naturzerstörung verbundenen Kosten sind in jeder Hinsicht bedeutsam, COVID-19 hat aber mit aller Deutlichkeit gezeigt, wie astronomisch hoch die Kosten für Gesundheit und Wirtschaft werden können, wenn es erst zu einer Pandemie kommt. Sollte man bislang noch gezögert haben, steht jetzt außer Frage, dass es wirtschaftlich richtig und sinnvoll ist, die Natur zu schützen.[174]

In der ersten Phase der Epidemie gab es viele Bilder von Chinas Märkten. Offiziell sind diese später geschlossen worden, aber weder das noch der Naturschutz ist leicht zu kontrollieren. Diejenigen, die die schnellen Gewinne einstreichen, sind selten diejenigen, die später für die Folgekosten aufkommen. Deshalb ist ihre Motivation, ihr Verhalten zu ändern, äußerst gering.

---

174 Dobson et al. (2020)

Zoonosen sind überdies nur ein Teil der komplexen Geschichte der Übernutzung der Natur und der Art und Weise, wie wir mit den anderen Arten umgehen. Manche Akteure werden von Profitgier und Zynismus angetrieben, manche sehen aber auch wegen ihrer Armut keinen anderen Ausweg. Es ist also wieder einmal das System selbst, das wir ändern müssen, oder genauer gesagt: unsere Wertebasis und die Zielsetzungen für weiteres Wachstum.

2020 wird in die Geschichtsbücher als ein historisches Ausnahmejahr eingehen. Der Trend fallender CO_2-Emissionen und geringerer Umweltzerstörung, den wir während der Corona-Krise erlebt haben, wird sich nicht ohne Weiteres fortsetzen lassen. Die Welt wird sich normalisieren, andererseits gibt es auch ein neues Bewusstsein. Wir wissen jetzt, dass unser Streben, die Natur zu kontrollieren, unerwünschte Nebenwirkungen haben kann, und dass COVID-19 nur eine von mehreren möglichen Krisen war, die irgendwie mit uns und unserer Ausbreitung auf dem Planeten zu tun haben. Diese neue Erkenntnis der Verletzlichkeit und des Risikos muss früher oder später zu Aktivität führen. Die erste Hälfte des Jahres 2020 zeigte die Fähigkeit und den Willen, eine Krise zu meistern und dabei das Leben und die Gesundheit als wichtiger zu erachten als die Wirtschaft. All die Appelle an den Gemeinsinn und zur Nachbarschaftshilfe wirken im Nachhinein möglicherweise etwas gezwungen – wie die Forderung, mindestens einen Meter Abstand zu halten und sich die Hände zu waschen – aber trotzdem war während der Krise ein deutliches Verantwortungs- und Gemeinschaftsgefühl zu spüren.

Interessanterweise zeigte eine Untersuchung im Auftrag der Zeitung Aftenposten Ende Juni 2020, dass die Hälfte der Befragten bereit wären, ähnlich strenge Einschnitte wie bei Corona auch für die Rettung des Klimas zu akzeptieren.[175] Auch wenn solche Aussagen immer mit etwas Vorsicht betrachtet werden müssen, zeigen sie, dass der Gedanke für die Menschen nicht mehr ganz fremd ist. Noch weniger abwegig wird er uns erscheinen, wenn die durch die Klimaänderung und den Naturverlust bedingten Kosten erst richtig deutlich werden.

2020 hat der Welt gezeigt, dass wir uns an einem Kipppunkt befinden und vielleicht auch reif für eine Wende sind. In der Krise hat sich globale Handlungsfähigkeit und die Fähigkeit gezeigt, aus der Gegenwart zu lernen, um die Zukunft zu sichern. Die Coronawelle mag Geschichte sein, die Klimawelle wird aber immer größer. Es ist verständlich, wenn man mutlos wird, wohlwissend, dass lieber jetzt als gleich ein neuer Trend losgetreten werden müsste, wollen wir einen dramatischen Temperaturanstieg verhindern. Die Erfahrungen aus den letzten Jahren geben aber auch Hoffnung, dass wir die dafür erforderlichen gesellschaftlichen und technologischen Kipppunkte noch erreichen können. Wir dürfen nur nicht passiv bleiben. COVID-19 hat gezeigt, dass die Politik noch nicht aufgegeben hat, sondern in einer aktiven Demokratie funktionieren kann. Es passt deshalb, mit einem Plakat zu schließen, das ich erst kürzlich in Bergen gesehen habe. Auf wirklich elegante Weise wurde darauf das eigentliche Problem zusammengefasst: »Die größte Bedrohung für den Planeten ist der Glaube daran, dass andere ihn retten werden.«

175 https://www.nrk.no/norge/halve-norge-vil-vaere-med-pa-like-inngripendetiltak-for-a-bekjempe-klima--som-koronakrisen-1.15058385

QUELLEN

Aasheim, G. B. et al. (2019): The case for a supply side climate treaty. In Science 365, Seite 325–327. DOI: 10.1126/science.aax5011.

Alvarez, L. W. et al. (1980): Extraterrestrial cause of the Cretaceous–Tertiary extinction. In Science 208, Seite 1095–1108. DOI: 10.1126/science.208.4448.1095.

Anderson, T. R. et al. (2016): CO_2, the greenhouse effect and global warming: from the pioneering work of Arrhenius and Callendar to today's Earth System Models. In Endavour 40, Seite 178–187. DOI: 10.1016/j.endeavour.2016.07.002.

Archer, D. (2008): The Long Thaw: How Humans Are Changing the Next 100,000 Years of Earth's Climate. Princeton University Press.

Attari, S. Z. et al. (2019): Climate change communicators' carbon footprints affect their audience's policy support. In Climate Change 154, Seite 529–545. DOI: 10.1007/s10584-019-02463-0.

Arrhenius, S. (1906): Världarnas utveckling. Hugo Gebers Forlag.

Bar-On, Y. M. et al. (2018): The Biomass Distribution on Earth. In PNAS 115, Seite 6506–6511. DOI: 10.1073/pnas.1711842115.

Barnosky, A. D. et al. (2012): Approaching a state shift in Earth's biosphere. In Nature 486, Seite 52–58. DOI: 10.1038/nature11018.

Bernard, L. und W. Semmler (red.) (2015): The macroeconomics of global warming. Oxford University Press.

Bloomfield, L. S. P. et al. (2020): Habitat fragmentation, livelihood behaviors, and contact between people and nonhuman primates in Africa. In Landscape Ecology 35, Seite 985–1000. DOI: 10.1007/s10980-020-00995-w.

Borunda, A. (2020): Plunge in carbon emissions from lockdowns will not slow climate change. In National Geographic. https://www.nationalgeographic.com/science/2020/05/plunge-in-carbon-emissions-lockdowns-will-not-slow-climate-change/.

Boyd, R. und P. J. Richerson (1988): Culture and the evolutionary process. University of Chicago Press.

Bricker, D. und J. Ibbitson (2019): Empty Planet: The Shock of Global Population Decline, Robinson.

Brundtland et al. (1987): Vår felles framtid (Our Common Future). Tiden Norsk Forlag.

Carson, R. (1962): Silent Spring. Houghton Mifflin Company.

Chakrabarty, D. (2009): The Climate of History: Four Theses. In Critical Inquiry 35, Seite 197–222. DOI: 10.1086/596640.

Cox et al. (2018): Emergent constraints on equilibrium climate sensitivity from global temperature variability. In Nature 553, Seite 319–322. DOI: 10.1038/nature25450.

Crutzen, P. J. (2002): Geology of Mankind. In Nature 415, Seite 23. DOI: 10.1038/415023a.

Darwin, C. (1859): On the Origin of Species. John Murray.

Darwin, C. (1871): The Descent of Man, and Selection in Relation to Sex. John Murray.

Darwin. C. (2021): Die Entstehung der Arten, Die Abstammung des Menschen, Reise eines Naturforschers um die Welt. Nikol, Hamburg.

Diamond, J. (2005): Collapse: How Societies Choose to Fail or Succeed. Penguin Books, City of Westminster. UK.

Dobson, A. P. et al. (2020): Ecology and economics for pandemic prevention. In Science 369, Seite 379–381. DOI: 10.1126/science.abc3189.

Ehrlich, P. R. (1968): The Population Bomb. Sierra Club/Ballantine Books.

Eldredge, N. und S. J. Gould: Punctuated equilibria: an alternative to phyletic gradualism. In: T. Schopf (Ed), Models in Paleobiology, Seite 82–115. Freeman, Cooper and Co.

Energy Transition Outlook (2019): https://www.dnv.com/Publications/energy-transition-outlook-2019-168414.

Energy Transition Outlook (2022): https://www.dnv.com/Publications/energy-transition-outlook-2022-232649.

Eng, M. L. et al. (2019): A neonicotinoid insecticide reduces fueling and delays migration in songbirds. In Science 365, Seite 177–1180. DOI: 10.1126/science.aaw9419.

European Environmental Bureau (2019): Decoupling Debunked – Evidence and arguments against green growth as a sole strategy for sustainability. https://eeb.org/library/decoupling-debunked/.

Eurostat (2019a): In 2018, CO_2 emissions in the EU decreased compared with 2017. Newsrelease 81/2019. https://ec.europa.eu/eurostat/documents/2995521/9779945/8-08052019-AP-EN.pdf.

Eurostat (2019b): Greenhouse gas emission statistics. https://ec.europa.eu/eurostat/statistics-explained/index.php?title=Greenhouse_gas_emission_statistics_-_emission_inventories#Trends_in_greenhouse_gas_emissions.

Forster, P. M. et al. (2020): Current and future global impacts resulting from COVID-19. In Nature Climate Change 10, Seite 913–919. DOI: 10.1038/s41558-020-0883-0.

Franzen, J. (2018): The End of the End of the Earth. Farrar, Straus and Giroux.

Friedlingstein, P. et al. (2019): Global Carbon Budget 2019. In Earth System Science Data 11, S. 1783–1838. DOI: 10.5194/essd-11-1783-2019.

Gibb, R. et al. (2020): Zoonotic host diversity increases in human-dominated ecosystems. In Nature 584, Seite 398–402. DOI: 10.1038/s41586-020-2562-8.

Gladwell, M. (2000): The Tipping Point: How Little Things Can Make a Big Difference. Little, Brown and Company.

Gutjahr, M. et al. (2017): Very large release of mostly volcanic carbon during the Palaeocene–Eocene Thermal Maximum. In: Nature 548, Seite 573–577. DOI:_ 10.1038/nature23646.

Hallam, P. und A. Wignall (1997): Mass Extinctions and Their Aftermath. Oxford University Press, Oxford.

Hansen, J. (2011): Storms of my grandchildren. The truth about the coming climate Catastrophe and our last chance to save humanity. Bloomsdale Publishing Co.

Hallmann, C. A. et al. (2017): More than 75 percent decline over 27 years in total flying insect biomass in protected areas. In PLoS ONE 12, Seite e0185809, DOI: 10.1371/journal.pone.0185809.

Hessen, D. O. (2000): Carl von Linné. Gyldendal Norsk Forlag.

Hessen, D. O. (2015): C: Karbon – en uautorisert biografi. Cappelen Damm.

Hessen, D. O. (2016): Landskap i endring. Pax Forlag.

Hessen, D. O. und T. Hylland Eriksen (2013): På stedet løp. Konkurransens paradokser. Aschehoug.

Hoegh-Guldberg, O. et al. (2019): The human imperative of stabilizing global climate change at 1.5 °C. In Science 365, Seite eaaw6974. DOI: 10.1126/science.aaw6974.

Holtsmark, K. (2019): Supply-side climate policy in Norway. In Calmfors, L. und J. Hassler: Nordic Economic Policy Review 2019: Climate Policies in the Nordics. Nordisk Ministerrad.

Inger, R. et al. (2014): Common European birds are declining rapidly while less abundant species' numbers are rising. In Ecology Letters 18, Seite 28–36. DOI: 10.1111/ele.12387.

IPBES (2019a): The Global Assessment for Biodiversity and Ecosystem Services.

IPBES (2019b): Summary for policymakers of the global assessment report on biodiversity and ecosystem services (summary for policy makers). IPBES Plenary at its seventh session (IPBES 7, Paris, 2019), Seite 23. Zenodo. DOI: 10.5281/zenodo.3553458.

IPCC (2013): AR5 Climate Change 2013: The Physical Science Basis.

IPCC (2018): Special report: Global Warming of 1.5 °C.

IPCC (2019a): Special report: The Ocean and Cryosphere in a Changing Climate.

IPCC (2019b): Special report: Climate Change and Land.

Jakobsen, O. (2019): Økologisk økonomi. Et perspektiv fra fremtiden. Flux Forlag.

IPCC (2021): Climate Change 2021: The Physical Science Basis. Working Group I Contribution to the IPCC Sixth Assessment Report. doi: 10.1017/9781009157896.

Johnson, J. E. et al. (2015): Abiotic methane from ultraslow-spreading ridges can charge Arctic gas hydrates. In Geology 43, Seite 371–374. DOI: 10.1130/G36440.1

Kahneman, D. (2012): Thinking, Fast and Slow. Farrar, Straus and Giroux.

Kolbert, E. (2014): The Sixth Extinction: An Unnatural History. Henry Holt, New York.

Lenton, T. (2011): Early warning of climate tipping points. In Nature Climate Change 1, Seite 201–209. DOI: 10.1038/nclimate1143.

Lenton, T. und W. T. P. Hywel (2013). On the origin of planetary-scale tipping points. In Ecology Letters 28, Seite 380–382. DOI: 10.1016/j.tree.2013.06.001.

Lenton, T. et al. (2008): Tipping elements in the Earth's climate system. In PNAS 105, Seite 1786–1793. DOI: 10.1073/pnas.0705414105.

Lenton, T. et al. (2019): Climate tipping points – too risky to bet against. In Nature 575, Seite 592–595. DOI: 10.1038/d41586-019-03595-0.

Le Quere, C. et al. (2020): Temporary reduction in daily global CO_2 emissions during the COVID-19 forced confinement. In Nature Climate Change 10, Seite 647–653. DOI: 10.1038/s41558-020-0797-x.

Lovelock, J. E. (1979): Gaia: a new look at life on Earth. Oxford University Press.

Lovelock, J. E. (2007): The Revenge of Gaia: Earth's Climate Crisis & The Fate of Humanity. Basic Books.

Lovejoy, T. E. und V. C. Nobre (2018): Amazon Tipping Point. In Science Advances 4. DOI: 10.1126/sciadv.aat2340.

Macgregor, C. J. et al. (2019): Moth biomass has fluctuated over 50 years in Britain but lacks a clear trend. In: Nature Ecology & Evolution 3, Seite 1645–1649. DOI: 10.1038/s41559-019-1028-6.

Malthus, T. R. (1798): An Essay on the Principle of Populations. London.

Mann, C. C. (2018): The Wizard and the Prophet. Alfred A. Knopf.

Mann, M. M. (2012): The Hockey Stick and the Climate Wars. Columbia University Press.

Meadows, D. H et al. (1972): The Limits to Growth. Potomac Associates – Universe Books.

Mork, K. A. (2020): Oljeeventyret – som kom og gikk. Spartacus, Oslo.

NOU 2006: 18: Et klimavennlig Norge (Lavutslippsutvalget).

NOU 2013: 10: Naturens goder – om verdier av økosystemtjenester.

Oppenheimer, M. et al. (2019): Discerning Experts: The Practices of Scientific Assessment for Environmental Policy. The University of Chicago Press.

Paine, R. T. (1966): Food-web complexity and species diversity. In American Naturalist 100, Seite 65–75.

Pimm S. L. et al. (2014): The biodiversity of species and their rates of extinction, distribution, and protection. In Science 344, Seite 1246752. DOI: 10.1126/science.1246752.

Pinker, S. A. (2011): The Better Angels of Our Nature: Why Violence Has Declined. Viking.

The Production Gap (2019). http://productiongap.org/wp-content/uploads/2019/11/Production-Gap-Report-2019.pdf.

Ripple, W. J. et al. (2001): Trophic cascades among wolves, elk and aspen on Yellowstone National Park's northern range. In Biological Conservation 102, Seite 227–234. DOI: 10.1016/S0006-3207(01)00107-0.

Ripple, W. J. et al. (2020): World Scientists' Warning of a Climate Emergency. In BioScience 70, Seite 8–12. DOI: 10.1093/biosci/biz088.

Rosenberg, K.V. et al. (2019): Decline of the North American avifauna. In Science 366(6461), Seite 120–124, DOI: 10.1126/science.aaw1313.

Rosling, H. (2018): Factfulness - Ten Reasons We're Wrong About the World – and Why Things Are Better Than You Think. Flatiron.

Ruppel, C. D. und J. D. Kessler (2017): The interactions of climate change and Methane hydrates. In Reviews of Geophysics 55(1), Seite 126–168. DOI: 10.1002/2016RG000534.

Samset, B. H. et al. (2020): Delayed emergence of a global temperature response after emission mitigation. In Nature Communications 11, Seite 3261. DOI: 10.1038/s41467-020-17001-1.

Sánchez-Bayo, F. und K. A. G. Wyckhuys (2019): Worldwide decline of the entomofauna: A review of its drivers. In Biological Conservation 232, Seite 8–27. DOI: 10.1016/j.biocon.2019.01.020.

Sasgen, I. et al. (2020): Return to rapid ice loss in Greenland and record loss in 2019 detected by the GRACE-FO satellites. In Nature Communications Earth & Environment 1, Seite 8. DOI: 10.1038/s43247-020-0010-1.

Scheffer, M. (2009): Critical transitions in nature and society. Princeton University Press.

Schuur, E. A. G. et al. (2015): Climate change and the permafrost carbon feedback. In Nature 520, Seite 171–179. DOI: 10.1038/nature14338.

Seibold, S. et al. (2019): Arthropod decline in grasslands and forests is associated with landscape-level drivers. In Nature 574, Seite 671–674. DOI: 10.1038/s41586-019-1684-3

Shearer, C. et al. (2019): Out of Step. China is driving the continued growth of the global coal fleet. Global Energy Monitor. https://globalenergymonitor.org/report/out-of-step-china-is-driving-the-continued-growth-of-the-global-coal-fleet/.

Slon V. et al. (2018): The genome of the offspring of a Neanderthal mother and a Denisovan father. In Nature 561, Seite 113–116. DOI: 10.1038/s41586-018-0455-x.

Smil, V. (2019): Growth: from microorganisms to megacities. MIT Press.

Steffen, W. et al. (2018): Trajectories of the Earth System in the Anthropocene. In PNAS 115, Seite 8252–8259. DOI: 10.1073/pnas.1810141115.

Stern, N. (2007): The Economics of Climate Chang: The Stern Review. Cambridge University Press.

Tollefson, J. (2020): Why deforestation and extinctions make pandemics more likely. In Nature 584, Seite 175–176. DOI: 10.1038/d41586-020-02341-1.

https://www.ohchr.org/EN/NewsEvents/Pages/DisplayNews.aspx?NewsID=25032&LangID=E.

UNEP Emission Gap Report (2019).

Van Renssen, S. (2019): Looking past the horizon of 2100. In Nature Climate Change 9, Seite 349–351. DOI: 10.1038/s41558-019-0466-0.

Vogt, W. (1948): Roads to Survival. W. Sloan Associates.

Wallace-Wells, D. (2019): The Uninhabitable Earth: Life After Warming. Tim Duggan Books.

Weisman, A. (2007): The world without us. Virgin Books.

Willett, W. et al. (2019). Food in the Anthropocene: the EAT–Lancet Commission on healthy diets from sustainable food systems. In Lancet 393, Seite 447–492. (EAT-rapporten). DOI: 10.1016/S0140-6736(18)31788-4.

Wilson, E. O. (2006): The Creation; An Appeal to Save Life on Earth. W. W. Norton & Company.

Wilson, E. O. (2016): Half Earth; Our Planet's Fight for Life. Norton & Company.

WWF (2015): Living Planet Report.

WWF (2018): Living Planet Report. https://wwf.panda.org/knowledge_hub/all_publications/living_planet_report_2018/.

Yamin, F. (2019): Why I broke the law for climate change. In Nature 573, Seite 337–339. DOI: 10.1038/d41586-019-02736-9.

Yu, C. Q. et al. (2019): Managing nitrogen to restore water quality in China. In Nature 567, Seite 516–520. DOI: 10.1038/s41586-019-1001-1.

Zheng, X. et al. (2019): Drivers of change in China's energy-related CO_2 emissions. In PNAS 117, Seite 29–36. DOI: 10.1073/pnas.1908513117.

© Tor G. Stenersen

Dag O. Hessen ist Professor für Biologie an der Universität Oslo. Er hat viele wissenschaftliche Arbeiten zu Themen wie Ökologie und Evolution verfasst. Außerdem veröffentlichte er zehn populärwissenschaftliche Bücher über Evolution, Biologie und Umwelt. Seine Arbeit bewegt sich an der Schnittstelle von Biologie und Philosophie. Er hat mehrere Auszeichnungen für sein populärwissenschaftliches Engagement, darunter den Riksmålsprisen 2008. Seine erste populärwissenschaftliche Publikation mit dem Titel *C – Die vielen Leben des Kohlenstoffs* erschien 2019, ebenfalls im Kommode Verlag.